"十二五"职业教育国家规划教材
经全国职业教育教材审定委员会审定
高等职业教育新业态新职业新岗位系列教材

数字电路
（第3版）

徐新艳　主　编
孟建明　李厥瑾　副主编

电子工业出版社
Publishing House of Electronics Industry
北京·BEIJING

内 容 简 介

本书主要讲述数字电路的基本原理、外特性及其应用。内容包括数字电路基础知识、组合逻辑电路、时序逻辑电路、半导体存储器和可编程逻辑器件、脉冲电路、数模转换与模数转换电路。

本书内容深浅适度，在结构体系上有所创新；将教学内容整合、序化，以 8 个典型实用项目为载体，由易到难、梯次递进地讲述数字电路的基本知识，结合大量的"阅读""工程应用""应用实例"，通过"实验与技能训练"，提高学生的实践技能；通过每个单元的"专题讨论"，拓展学生的创新思维；通过融入思政元素，培养学生的工匠精神、爱国情怀。

本书适合作为高职高专和应用型本科电子信息类及相关专业的教材，也适合作为数字电子技术初学者和电子工程技术人员的参考教材。

未经许可，不得以任何方式复制或抄袭本书之部分或全部内容。
版权所有，侵权必究。

图书在版编目（CIP）数据

数字电路 / 徐新艳主编. -- 3 版. -- 北京 : 电子工业出版社, 2024. 8. -- ISBN 978-7-121-48423-0

Ⅰ. TN79

中国国家版本馆 CIP 数据核字第 2024AP6755 号

责任编辑：王昭松
印　　刷：北京雁林吉兆印刷有限公司
装　　订：北京雁林吉兆印刷有限公司
出版发行：电子工业出版社
　　　　　北京市海淀区万寿路 173 信箱　　邮编：100036
开　　本：787×1092　1/16　印张：16　字数：409 千字
版　　次：2007 年 9 月第 1 版
　　　　　2024 年 8 月第 3 版
印　　次：2024 年 8 月第 1 次印刷
定　　价：58.00 元

凡所购买电子工业出版社图书有缺损问题，请向购买书店调换。若书店售缺，请与本社发行部联系，联系及邮购电话：(010) 88254888，88258888。

质量投诉请发邮件至 zlts@phei.com.cn，盗版侵权举报请发邮件到 dbqq@phei.com.cn。
本书咨询联系方式：(010) 88254015，wangzs@phei.com.cn。

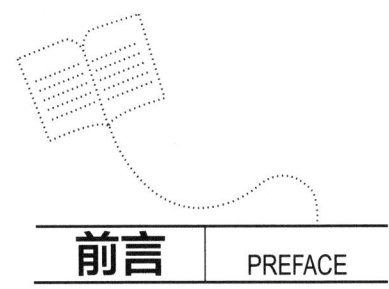

前言 PREFACE

尺寸课本、国之大者。教材是人才培养的重要支撑、引领创新发展的重要基础，必须紧密对接国家发展重大战略需求，不断更新升级，更好地服务于高水平科技自立自强、拔尖创新人才培养。为贯彻落实党的二十大对教材工作提出的新要求，本书编者认真学习党的二十大报告和党章，深挖课程中的思政元素，在编写过程中有机融入思政元素，激发学生的爱国情怀和科技报国的使命担当意识，实现知识传授、能力培养和价值引领的有机结合。

本书是"十二五"职业教育国家规划教材，山东省省级精品课程配套教材，在章节规划、内容编写、案例编排等方面全面落实"立德树人"的根本任务，把思想政治工作贯穿教育教学的整个过程，持续深化"三全育人"的改革实践，精心设计教学项目，在潜移默化中培养学生的爱国情怀、工匠精神、安全意识、劳动精神。本书所进行的教学改革主要体现在以下方面。

1. 突出知识应用

根据高职教育要求，本书在基础知识方面适当降低理论难度和深度，对较深层知识只进行定性解释，重点突出知识的应用，特别是所举实例，多与日常生活紧密结合，增强内容的实用性、趣味性。

2. 突出能力培养

本书中的"工程应用""应用实例""阅读"等多是对基础知识的扩充，设计为自学内容，既能锻炼学生的自学能力，又能让学生熟悉数字电路的应用，使学习更有针对性。

"实验与技能训练"分为三类：基本项目用于加强学生对所学知识点的认识，一般为验证实验；提高项目是对知识点的扩充，帮助学生学会举一反三、触类旁通，培养其工程应用能力；专题讨论项目采用启发和探究的形式，引导学生进行知识和技能的拓展，培养其创造能力，提高其学习兴趣，使其在独立解决问题的过程中树立创新意识、锻炼实践能力。

3. 体现新知识、新器件、新工艺

本书以中规模集成电路为重点，同时考虑专业基础课程的特点，把握好新知识与基础知识的衔接。此外，增加新器件、新工艺的介绍，使学生了解当前电子技术新工程的应用方法。

4．内容深浅适度，结构体系新颖

本书遵循职业教育教学规律和人才成长规律，以典型实用项目为载体，由易到难、梯次递进地介绍教学内容，适时插入的"工程应用""应用实例""阅读"对帮助学生扩充知识、锻炼自学能力非常有益。电路构成简化为模块化框图结构，每个模块即前期学过的电路，有些甚至简化为逻辑符号，一方面，降低了电路复杂度，同时在后续内容中融合了前期内容的应用，有助于突出电路新功能，帮助学生理解其原理；另一方面，电路构成框图化，增强了直观性，利教利学。本书练习题题量适中，题型丰富。每节都有思考与练习，便于学生有的放矢地复习和巩固学习内容。每个项目单元都有目标检测，方便学生对所掌握的知识和技能进行全面考核，通过扫描书中二维码能够获得题目答案，方便学生对考核结果进行自我评价。

5．配有丰富的教学资源

本书配有丰富的教学资源，包括电子教案、教学指南、习题答案、电子活页教材等。其中，电子活页教材附有插图，学生可利用电子终端设备自行阅读，教师也可根据上课要求按需选取，十分方便。读者可登录华信教育资源网（www.hxedu.com.cn）注册后免费下载。

本书由山东电子职业技术学院徐新艳担任主编，孟建明、李厥瑾担任副主编。山东建筑大学于佳编写导言和项目 1～项目 3，以及全部思政内容和专题讨论，山东电子职业技术学院孟建明编写项目 7 和全部实验与技能训练，李厥瑾编写项目 4 和项目 5，徐新艳编写其余部分并完成全书统稿工作。在本书的编写过程中，得到了山东奥太电气有限公司的帮助和支持，在此表示衷心感谢。此外，编者还查阅和参考了众多文献资料，在此也向文献资料的作者致以诚挚的谢意。

由于编者水平有限，书中若有疏漏和不妥之处，敬请广大读者提出宝贵意见，以利于本书得到进一步完善。请您将意见和建议发至邮箱 xuxinyan@sohu.com。

编　者

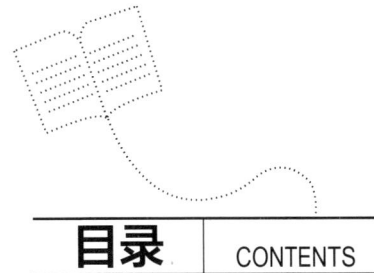

目录 | CONTENTS

导言 1
   0.1 数字信号与数字电路 1
   0.2 数字系统与数字技术 2

项目 1 **三人表决器电路** 3
   1.1 数制及其转换 3
      1.1.1 数制 3
      1.1.2 数制的转换 5
   1.2 码制 7
   1.3 逻辑代数 8
      1.3.1 逻辑代数与逻辑变量 8
      1.3.2 逻辑运算 8
      1.3.3 逻辑函数及其表示方法 10
      1.3.4 逻辑代数的基本定律与规则 12
   1.4 逻辑函数的化简 14
      1.4.1 公式化简法 15
      1.4.2 卡诺图化简法 16
      1.4.3 具有约束项的逻辑函数及其化简 20
   小结 22
   目标检测 1 23
   专题讨论 1 25

项目 2 **数控电动机运行控制电路** 26
   2.1 分立元件门电路 26
      2.1.1 分立二极管门电路 26
      2.1.2 分立三极管门电路 28
   2.2 TTL 门电路 30
      2.2.1 TTL 与非门 31
      2.2.2 其他功能的 TTL 门电路 39
      2.2.3 TTL 门电路的改进 43

2.2.4 TTL门电路使用常识 45
2.3 CMOS门电路 47
　　2.3.1 CMOS非门 47
　　2.3.2 其他功能的CMOS门电路 48
　　2.3.3 CMOS门电路使用常识 49
2.4 接口电路 53
　　2.4.1 TTL门电路驱动CMOS门电路 54
　　2.4.2 CMOS门电路驱动TTL门电路 55
　　2.4.3 4000系列与AHC系列间的接口电路 55
小结 57
实验与技能训练 57
目标检测2 62
专题讨论2 65

项目3 数码显示器电路

3.1 组合逻辑电路的分析与设计 67
　　3.1.1 组合逻辑电路的分析 68
　　3.1.2 组合逻辑电路的设计 69
3.2 常用的组合逻辑电路 70
　　3.2.1 加法器 70
　　3.2.2 编码器和优先编码器 72
　　3.2.3 译码器 75
　　3.2.4 数值比较器 83
　　3.2.5 数据选择器与数据分配器 84
　　3.2.6 算术逻辑单元 89
3.3 组合逻辑电路的竞争与冒险 92
　　3.3.1 竞争与冒险 92
　　3.3.2 冒险的判断 93
　　3.3.3 消除冒险的方法 94
小结 95
实验与技能训练 95
目标检测3 98
专题讨论3 100

项目4 多路抢答器电路

4.1 基本RS触发器 103
　　4.1.1 逻辑功能分析 103
　　4.1.2 逻辑功能描述 103
4.2 同步触发器 106
　　4.2.1 同步RS触发器 106

		4.2.2	同步 D 触发器	107
		4.2.3	电平触发方式的空翻现象	108
	4.3	主从触发器		108
		4.3.1	主从 RS 触发器	109
		4.3.2	主从 JK 触发器	111
	4.4	边沿触发器		113
小结				116
实验与技能训练				118
目标检测 4				119
专题讨论 4				121

项目 5 交通灯控制显示电路 122

- 5.1 计数器 123
  - 5.1.1 同步计数器 123
  - 5.1.2 异步计数器 129
  - 5.1.3 集成计数器构成 N 进制计数器的方法 131
  - 5.1.4 计数器的设计与分析方法 133
- 5.2 寄存器 138
  - 5.2.1 数码寄存器 138
  - 5.2.2 移位寄存器 140
- 5.3 移存型计数器 144
  - 5.3.1 环形计数器 145
  - 5.3.2 扭环形计数器 146
  - 5.3.3 最大长度移存型计数器 146
- 小结 147
- 实验与技能训练 148
- 目标检测 5 152
- 专题讨论 5 155

项目 6 PC 内存储器电路 158

- 6.1 半导体存储器 158
  - 6.1.1 RAM 158
  - 6.1.2 ROM 166
- 6.2 可编程逻辑器件 171
  - 6.2.1 PLD 一般组成与电路表示法 171
  - 6.2.2 PAL 172
  - 6.2.3 GAL 176
- 小结 180
- 实验与技能训练 181
- 目标检测 6 183
- 专题讨论 6 184

项目 7 数字钟电路 187

7.1 RC 电路 187
7.1.1 RC 微分电路 187
7.1.2 RC 积分电路 188
7.1.3 脉冲分压器 189

7.2 施密特触发器 192
7.2.1 集成门施密特触发器 192
7.2.2 集成施密特触发器 194

7.3 单稳态触发器 195
7.3.1 集成门单稳态触发器 196
7.3.2 集成单稳态触发器 197

7.4 多谐振荡器 201
7.4.1 基本多谐振荡器 201
7.4.2 简易多谐振荡器 202
7.4.3 晶体振荡器 203

7.5 555 定时器 204
7.5.1 555 定时器电路构成及功能 204
7.5.2 用 555 定时器构成脉冲电路 205

小结 209
实验与技能训练 209
目标检测 7 212
专题讨论 7 214

项目 8 数字电压表电路 216

8.1 DAC 217
8.1.1 D/A 转换的基本原理 217
8.1.2 D/A 转换的方法 218
8.1.3 DAC 的主要参数 222

8.2 ADC 225
8.2.1 A/D 转换的基本原理 225
8.2.2 ADC 的主要参数 227
8.2.3 A/D 转换的方法 229

小结 238
实验与技能训练 239
目标检测 8 240
专题讨论 8 241

附录 A 图形符号说明 243

参考文献 247

导 言

数化万物、智能网联，主要包括智能手机、数字电视、电子书等，而 AR、VR 和 AI 技术的融合应用，以及智慧教育、数字办公、气象和交通等各种信息、网上购物等，更是给人类的生活、学习和工作方式带来了巨大的变化，人们正强烈地感受着数字化带来的方便、迅捷和奇妙。

数字化的基础是数字技术，而数字技术的核心是数字电路。本书由数字电路项目案例展开，从数字电路的基础出发，深入探究数字电路的基本原理，掌握数字技术的基本应用，引领学生踏入数字化世界的技术殿堂。

在本导言中，我们将阐述数字电路的相关概念。即使你一开始并不完全理解这些概念，也不必担心。在后续的各项目中，我们将更充分地揭示这些概念的含义。

0.1 数字信号与数字电路

自然界中有许多物理量具有连续变化的特点，如温度、压力和距离，这类连续变化的物理量称为模拟量，表示模拟量的电信号称为模拟信号。还有一类物理量，它们的变化在时间上和数值上都是离散的，或者说是断续的，如学生成绩的记录、工厂产品的统计、电路开关的状态等，这类物理量可以用数字反映，称为数字量，表示数字量的电信号称为数字信号。

最常见的数字信号波形是矩形波，它能用数字 0 和 1 表示，如图 0-1 所示。通常规定：0 表示矩形波的低电平 U_L，1 表示矩形波的高电平 U_H。当然，也可以反过来规定。

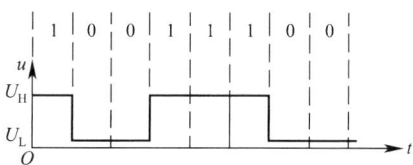

图 0-1 数字信号 10011100 对应的矩形波

处理数字信号的电路称为数字电路。数字电路重点考虑输出信号与输入信号状态（高低电平，即 1 和 0）之间的对应关系，这种关系称为逻辑关系。分析数字电路使用的方法是逻辑分析法，所以，有时又将数字电路称为逻辑电路，将数字电路的功能称为逻辑功能。

由于数字电路只需区分高低电平两种状态，因此高低电平有一定的允许范围。这相对模拟电路来说，对元器件参数精度的要求较低，易于电路集成，并且抗干扰能力强、保真度高，所以，数字电路在计算机、通信、智能控制、家用电器等领域得到了广泛应用。

目前，数字电路几乎都是集成电路。集成电路是将晶体管、电阻及连接导线等集中制作在一块半导体基片（又称芯片）上，并加以封装构成的具有一定功能的电路，简称 IC（Integration Circuit）。通常，单块芯片上集成的元器件数量称为集成度。据此把集成电路分为小规模、中规模、大规模、超大规模四类。小规模集成电路（Small Scale Integration Circuit，SSIC）包含 10～100 个元器件，如我们即将学习的集成逻辑门、触发器；中规模集成电路（Medium Scale Integration Circuit，MSIC）包含 100～1000 个元器件，如集成计数器、寄存器、译码器；大规模集成电路（Large Scale Integration Circuit，LSIC）包含 1000～10000 个元器件，如存储器和某些设备的控制器；超大规模集成电路（Very Large Scale Integration Circuit，VLSIC）包含 10000 个以上的元器件，如单片微型计算机。

0.2 数字系统与数字技术

数字系统是一个能对数字信号进行处理、传输和存储的实体，由实现各种功能的数字电路相互连接而成。例如，数字计算机就是一种最具代表性的数字系统。

数字技术是关于数字信号的产生、整形、编码、解码、计算（包括算术运算和逻辑运算、判断）、存储和传输的科学技术。数字技术被广泛应用于通信、广播、交通、航空、卫星导航等。例如，数字技术应用于卫星导航，是构成整个卫星导航系统的关键技术之一。

思考与练习

1．AR、VR 和 AI 分别代表什么技术？
2．什么是模拟信号？什么是数字信号？以上信号各具有哪些特点？
3．画出数字信号 0110111010010 的波形。
4．数字电路输入信号与输出信号之间的对应关系称为什么？
5．集成电路是怎样划分规模的？
6．试总结数字电路的特点。
7．数字系统的功能是什么？
8．专题讨论。
（1）数字化、数字技术。谈一谈对数字化、数字技术的概念、应用等方面的认识。
（2）数字技术的应用领域。除了卫星导航，谈一谈数字技术在其他领域的应用。
（3）数字与数字技术时代。谈一谈对我们已进入数字与数字技术时代的理解。

扫一扫观看视频：
北斗卫星导航系统

项目 1

三人表决器电路

三人表决器电路由逻辑门电路组成。逻辑门电路简称门电路,是构成数字电路的基本单元。最基本的门电路是与门、或门和非门,利用以上门电路能够组成表决器电路。

本项目首先介绍数字系统中数及代码的表示方法,然后介绍分析、设计数字电路的基本工具——逻辑代数,最后讨论三人表决器电路的实现。

思政目标

向老一辈科技工作者学习,激发学习动力,只争朝夕,发奋图强。

知识目标

1. 熟悉二进制、十进制、十六进制;熟悉 8421BCD 码,了解其他编码(循环码等)。会进行数制间的相互转换,以及 8421BCD 码与十进制数之间的相互转换。
2. 掌握基本逻辑关系及其表示方法,以及逻辑代数的基本运算和基本定律。
3. 掌握用公式法化简逻辑式为最简与或式,用卡诺图化简四变量及四变量以下逻辑式为最简与或式的方法。

技能目标

1. 能将逻辑式根据实际需要转换成不同的表示形式。
2. 能利用门电路按照要求组成具有一定功能的逻辑电路。

1.1 数制及其转换

1.1.1 数制

数制是进位计数制的简称。日常中经常使用的数制是十进制、二十四进制、六十进制。而在数字系统中,使用的是二进制,为了书写方便,有时也使用十六进制。

1. 十进制

十进制有 0, 1, …, 9 共 10 个数码。计数数码的个数称为基数,因此,十进制的基数是 10。超过 9 的数用多位数表示,低位向高位进位的规则是"逢十进一",故称为十进制。

任意一个 k 位整数、m 位小数的十进制数 N 可表示为

$$N_{10}=d_{k-1}d_{k-2}\cdots d_1d_0.d_{-1}d_{-2}\cdots d_{-m}$$
$$=d_{k-1}\times 10^{k-1}+d_{k-2}\times 10^{k-2}+\cdots+d_1\times 10^1+d_0\times 10^0+d_{-1}\times 10^{-1}+d_{-2}\times 10^{-2}+\cdots+d_{-m}\times 10^{-m}$$
$$=\sum_{i=-m}^{k-1}d_i\times 10^i \tag{1-1}$$

式中，i 表示位；d_i 表示第 i 位的系数，是 0~9 中任意一个数码；10^i 称为第 i 位的权，表示 d_i 所代表的数值大小。例如，将 7276 按权展开为 $7\times 10^3+2\times 10^2+7\times 10^1+6\times 10^0$，其中有两个数码是 7，但前一个 7 的权是 10^3，表示 7000；后一个 7 的权是 10^1，表示 70。可见，d_i 实际所代表的数值大小为 $d_i\times 10^i$。N 的下标 10 表示 N 是十进制数，有时也可用 D 代替。

2．二进制

二进制只有 0、1 两个数码，基数是 2，进位规则是"逢二进一"。任意一个二进制数 N 可表示为

$$N_2=d_{k-1}d_{k-2}\cdots d_1d_0.d_{-1}d_{-2}\cdots d_{-m}$$
$$=d_{k-1}\times 2^{k-1}+d_{k-2}\times 2^{k-2}+\cdots+d_1\times 2^1+d_0\times 2^0+d_{-1}\times 2^{-1}+d_{-2}\times 2^{-2}+\cdots+d_{-m}\times 2^{-m}$$
$$=\sum_{i=-m}^{k-1}d_i\times 2^i \tag{1-2}$$

式中，d_i 表示第 i 位的系数，取值为 0 或 1；2^i 表示第 i 位的权。N 的下标 2 也可用 B 代替。

3．十六进制

十六进制有 0, 1, …, 9, A, …, F 共 16 个数码，基数是 16，进位规则是"逢十六进一"。任意一个十六进制数 N 按权展开可表示为

$$N_{16}=\sum_{i=-m}^{k-1}d_i\times 16^i \tag{1-3}$$

式中，d_i 表示第 i 位的系数，是 0, 1, …, 9, A, …, F 中任意一个数码。N 的下标 16 也可用 H 代替。

表 1-1 列出了若干与十进制数相对应的二进制数、八进制数、十六进制数。

表 1-1 二进制数、八进制数、十进制数、十六进制数对照表

十进制数	0	1	2	3	4	5	6	7	8	9	10
二进制数	0	1	10	11	100	101	110	111	1000	1001	1010
八进制数	0	1	2	3	4	5	6	7	10	11	12
十六进制数	0	1	2	3	4	5	6	7	8	9	A
十进制数	11	12	13	14	15	16	17	18	32	64	100
二进制数	1011	1100	1101	1110	1111	10000	10001	10010	100000	1000000	1100100
八进制数	13	14	15	16	17	20	21	22	40	100	144
十六进制数	B	C	D	E	F	10	11	12	20	40	64
十进制数	128	256	512	1000	1024						
二进制数	10000000	100000000	1000000000	1111101000	10000000000						
八进制数	200	400	1000	1750	2000						
十六进制数	80	100	200	3E8	400						

1.1.2 数制的转换

1. 十进制与其他进制的转换

（1）非十进制数转换为十进制数。

非十进制数转换为十进制数时，将非十进制数按权展开求和即可得相应的十进制数。

【例 1-1】 将 1010.01_2、$4F.3A_{16}$ 转换为十进制数。

解：$\quad 1010.01_2 = 1\times2^3 + 0\times2^2 + 1\times2^1 + 0\times2^0 + 0\times2^{-1} + 1\times2^{-2} = 10.25_{10}$

$\quad 4F.3A_{16} = 4\times16^1 + F\times16^0 + 3\times16^{-1} + A\times16^{-2}$

$\quad\quad\quad\quad = 4\times16^1 + 15\times16^0 + 3\times16^{-1} + 10\times16^{-2} = 79.2265625_{10}$

（2）十进制数转换为非十进制数。

十进制数转换为非十进制数时，将整数部分与小数部分分别转换，合并两部分转换结果即可得相应的非十进制数。

整数转换采用除基取余法，即将十进制数逐次除以所求数的基数并依次记下余数，直到商为 0，首次所得余数为所求数的最低位，末次所得余数为所求数的最高位。

例如，将 11_{10} 转换为二进制数：

```
         余数
2 | 11
2 |  5 ……… 1   最低位
2 |  2 ……… 1     ↑
2 |  1 ……… 0
     0  ……… 1   最高位
```

所以，$11_{10} = 1011_2$。

小数转换采用乘基取整法，即将十进制小数乘以所求数的基数，首次乘积的整数为所求数的小数最高位，继续用小数部分乘以所求数的基数，所得乘积的整数为次高位，依次进行。如果乘基取整后的积最终能为 0，则可以精确转换，但有些小数乘基取整后的积永远不为 0，此时只能按转换精度要求，取有限位数后截断。

例如，将 0.223_{10} 转换为二进制数（要求精确到小数点后 4 位）：

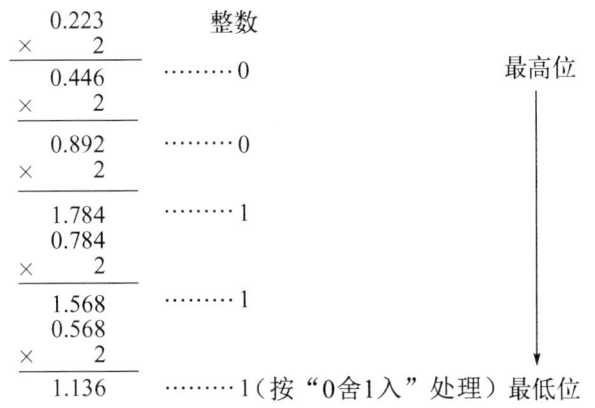

```
        0.223        整数
    ×     2
        0.446   ……… 0         最高位
    ×     2
        0.892   ……… 0
    ×     2
        1.784   ……… 1
        0.784
    ×     2
        1.568   ……… 1
        0.568
    ×     2
        1.136   ……… 1（按"0舍1入"处理）最低位
```

所以，$0.223_{10} \approx 0.0011_2$。

【例 1-2】 将 493.78125_{10} 转换为十六进制数。

解：

```
    16 │ 493                              0.78125
    16 │ 30    ……13(D)          ×         16
    16 │ 1     ……14(E)          12.50000  ……12(C)
         0     ……1                 0.5
                                ×   16
                                  8.0     ……8
```

所以，493.78125₁₀=1ED.C8₁₆。

2．二进制与十六进制的转换

二进制数转换为十六进制数采用"四位一并"方法，即从二进制数的小数点开始，分别向左、向右按每四位为一组进行分组，不足四位补0，写出每组对应的十六进制数。

【例1-3】将二进制数 1101111010.101101 转换为十六进制数。

解：

```
    11  0111  1010. 1011  01 = 0011  0111  1010 . 1011  0100
                                 ↓     ↓     ↓      ↓     ↓
                                 3     7     A  .   B     4
```

所以，1101111010.101101₂=37A.B4₁₆。

十六进制数转换为二进制数采用"一分为四"方法，只需将一位十六进制数用四位二进制数代替。

【例1-4】将十六进制数 678.FC 转换为二进制数。

解：

```
     6     7     8  .  F     C
     ↓     ↓     ↓     ↓     ↓
    0110  0111  1000 . 1111  1100
```

所以，678.FC₁₆ =11001111000.111111₂。

思考与练习

1. 将下列数按权展开。
   （1）272₁₀　　（2）50.675₁₆　　（3）32.6258₈　　（4）110010.10101₂

2. 将下列十进制数转换为二进制数。
   （1）51　　（2）32　　（3）0.125　　（4）5.4375

3. 将下列十进制数转换为十六进制数。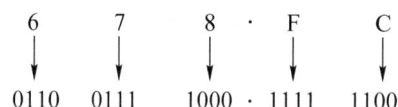
   （1）100　　（2）16383　　（3）2048.0625　　（4）376.125

4. 将下列十进制数转换为八进制数。
   （1）100　　（2）4096　　（3）550.75　　（4）512.5

5. 将下列各数转换为十进制数，其中下标O表示八进制。
   （1）1000000000.101ᴮ　　　　（2）100000 000ᴮ
   （3）550.75ₒ　　　　　　　　（4）7AF.Dₕ

6. 将下列二进制数分别转换为八进制数和十六进制数（提示：三位二进制数对应一位八进制数）。
   （1）1100100　　（2）11001110　　（3）111101011　　（4）111.1010111

7. 将下列八进制数转换为十六进制数（提示：转换步骤为八进制数→二进制数→十六进制数）。

（1）1000　　　　（2）376　　　　（3）207.5　　　　（4）570.3

1.2 码制

数码不仅可以表示数量的大小，还可以表示不同事物。在表示不同事物的情况下，数码没有了表示数量的含义，而是表示不同事物的代号，称这样的数码为代码，如305教室、学号1027中的"305""1027"。

为便于记忆和处理，在编制代码时总要遵循一定的规则，这些规则就是码制。

在数字电路中，经常使用二-十进制代码，简称 BCD（Binary Coded Decimal）码。BCD码用4位二进制数码表示1位十进制数。由于4位二进制数码可以表示16个数，用来表示十进制数时有6个数未用，因而就有多种BCD码。表1-2列出的是常用的BCD码。

表1-2　常用的BCD码

十进制数	编码种类				
	8421BCD码	2421BCD码	余3BCD码	余3循环码	BCD格雷码
0	0000	0000	0011	0010	0000
1	0001	0001	0100	0110	0001
2	0010	0010	0101	0111	0011
3	0011	0011	0110	0101	0010
4	0100	0100	0111	0100	0110
5	0101	0101	1000	1100	0111
6	0110	0110	1001	1101	0101
7	0111	0111	1010	1111	0100
8	1000	1110	1011	1110	1100
9	1001	1111	1100	1010	1000
10	00010000	00010000	01000011	01100010	00010000
权值或特点	有权码，权值从左至右为8、4、2、1	有权码，权值从左至右为2、4、2、1	无权码，由8421 BCD码加0011得到	无权码，相邻码仅一位不同	无权码、循环码，即相邻码仅一位不同

BCD码和十进制数之间的转换是直接按位转换，例如：

$13.9_{10}=(0001\ 0011.1001)_{8421}=10011.1001_{8421}$

$11011000010000_{8421}=(0011,0110,0001,0000)_{8421}=3610_{10}$

此外，国际上还有一些专门用于处理字母、数字和字符的二进制代码，如ISO码、ASCII码等，常用的汉字编码有GB2312、GBK。以上编码都用于通用领域，在一些特殊领域，如国防通信中，通信信号所承载的传输信息都有各自的编码规则，并采取一定的加密编码算法进行保护。

扫一扫观看视频：让"声音"跨越山海

思考与练习

1. 将下列十进制数转换为 8421BCD 码、2421BCD 码、余 3 循环码。
   （1）18_{10} （2）256.49_{10}

2. 将下列 8421BCD 码转换为十进制数。
   （1）$000100111001 0101_{8421}$ （2）101111000.001001_{8421}

3. 将下列 8421BCD 码转换为二进制数（提示：转换步骤为 8421BCD 码→十进制数→二进制数）。
   （1）00111000_{8421} （2）$1111001.010110010 11_{8421}$

4. 已知 5421BCD 码是有权码，权值从左至右依次为 5、4、2、1。试写出十进制数 0～9 对应的 5421BCD 码。

5. 请问将十进制数转换为 8421BCD 码的结果和用二进制数表示的结果是否相同？

1.3 逻辑代数

1.3.1 逻辑代数与逻辑变量

逻辑代数又称开关代数或布尔代数，是按一定逻辑规律运算的代数。逻辑代数中的变量称为逻辑变量，和普通代数一样，也用字母表示，但其取值只有 0、1 两种。这里的 0、1 不表示数量大小，只表示两种不同的逻辑状态，如电平高、低，晶体管导通、截止，事件真、假等。

1.3.2 逻辑运算

1. 基本逻辑运算

逻辑代数有 3 种基本逻辑运算：与运算、或运算、非运算。

（1）与运算。

首先结合如图 1-1（a）所示的电路说明与逻辑关系。在图 1-1（a）中，只有当开关 A、B 全部接通时，灯 Y 才亮；否则，灯 Y 不亮。由此可得出这样一种因果关系：当决定一个事件发生的全部条件（开关 A、B 接通）同时具备时，事件（灯 Y 亮）才发生，这种因果关系称为与逻辑。

若用 1 表示开关接通和灯亮，0 表示开关断开和灯不亮；用 A、B 表示条件（开关的状态），Y 表示结果（灯的状态），则可列出如图 1-1（b）所示的表。这种用 1、0 表示条件的所有组合及对应结果的表称为逻辑真值表，简称真值表。

为便于运算，常用等式表示一定的逻辑关系，称为逻辑方程。与逻辑方程为

$$Y = A \cdot B$$

式中，符号"·"读作"与"。在不发生混淆时，上式常简写为 $Y=AB$。

与逻辑又称逻辑乘。这是因为它和普通代数的乘法运算规律在形式上一致，即

$$0 \cdot 0 = 0; \quad 0 \cdot 1 = 0; \quad 1 \cdot 0 = 0; \quad 1 \cdot 1 = 1$$

实现与运算的电路称为与门。图 1-1（c）所示为与逻辑符号，它既用于表示与运算，又用于表示与门。

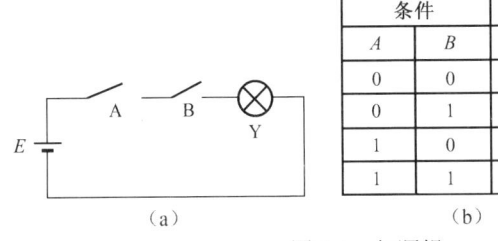

图 1-1　与逻辑

（2）或运算。

在如图 1-2（a）所示的电路中，只要开关 A 或 B 有一个接通，或者两个都接通，灯 Y 就亮。由此可得出另一种因果关系：当决定一个事件发生的各种条件（开关 A、B 接通）只要有一个或一个以上具备时，事件（灯 Y 亮）就发生，这种因果关系称为或逻辑。

采用前述对开关和灯的状态的规定，可以列出或逻辑的真值表，如图 1-2（b）所示。

或逻辑方程为

$$Y=A+B$$

式中，符号"+"读作"或"。从形式上看，上式和普通代数中的加法运算规律是一致的，所以或逻辑又称逻辑加，其运算规律为

$$0+0=0；0+1=1；1+0=1；1+1=1$$

或逻辑符号如图 1-2（c）所示。

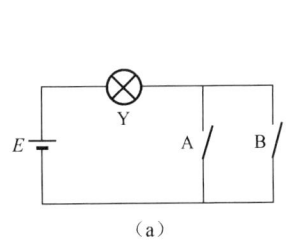

图 1-2　或逻辑

（3）非运算。

当事件发生的条件不具备时，事件发生，这种因果关系称为非逻辑。可见，非逻辑就是逻辑反。在如图 1-3（a）所示的电路中，开关接通与灯亮之间便是非逻辑，即开关 A 断开时（条件不具备），灯 Y 亮（结果发生）。图 1-3（b）所示为非逻辑的真值表。

非逻辑方程为

$$Y=\overline{A}$$

式中，符号"－"读作"非"。$\overline{A}$ 读作"A 非"或"非 A"，也可读作"A 反"。非逻辑符号如图 1-3（c）所示。

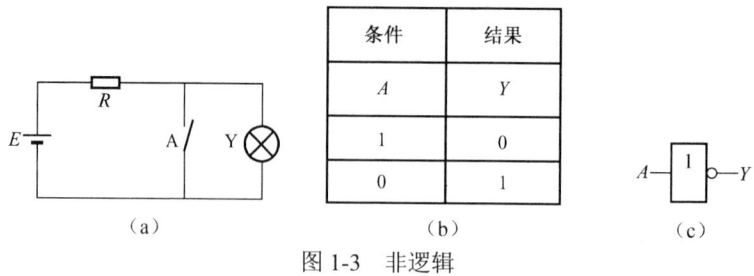

图 1-3 非逻辑

非运算规律为

$$\overline{0}=1; \quad \overline{1}=0$$

2．复合逻辑运算

实际的逻辑问题往往比单一的与、或、非复杂得多，但都可以用与、或、非的复合来实现。最常见的复合逻辑运算有与非、或非、与或非、异或、异或非（同或），其逻辑符号如图 1-4 所示。其中符号上的小圆圈表示非运算。图 1-5 所示为复合逻辑运算的真值表。

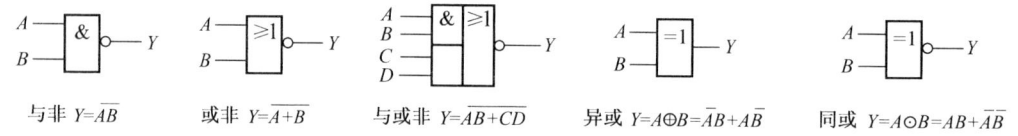

图 1-4 复合逻辑运算的逻辑符号

与非			或非			异或			同或		
A	B	Y	A	B	Y	A	B	Y	A	B	Y
0	0	1	0	0	1	0	0	0	0	0	1
0	1	1	0	1	0	0	1	1	0	1	0
1	0	1	1	0	0	1	0	1	1	0	0
1	1	0	1	1	0	1	1	0	1	1	1

与或非														
A	B	C	D	Y	A	B	C	D	Y	A	B	C	D	Y	A	B	C	D	Y
0	0	0	0	1	0	1	0	0	1	1	0	0	0	1	1	1	0	0	0
0	0	0	1	1	0	1	0	1	1	1	0	0	1	1	1	1	0	1	0
0	0	1	0	1	0	1	1	0	1	1	0	1	0	1	1	1	1	0	0
0	0	1	1	0	0	1	1	1	0	1	0	1	1	0	1	1	1	1	0

图 1-5 复合逻辑运算的真值表

1.3.3 逻辑函数及其表示方法

1．逻辑函数

在各种逻辑问题中，如果把条件作为自变量，结果作为因变量，那么自变量与因变量之间的逻辑关系就称为逻辑函数。以三变量逻辑函数为例，其一般式可表示为

$$Y=F(A,B,C)$$

式中，A、B、C 是三个自变量，又称输入逻辑变量；Y 是 A、B、C 的函数，又称输出逻辑变量；F 是函数关系。

2．逻辑函数的表示方法

逻辑函数常用的表示方法有逻辑函数表达式、真值表、逻辑图和卡诺图等。本节主要介绍前三种表示方法。

（1）逻辑函数表达式。

将输出逻辑变量按照对应逻辑关系表示为输入逻辑变量的复合逻辑运算形式，就可得到逻辑函数表达式。例如：

$$Y=A\overline{B}+\overline{A}B$$

注意：非号下面只有一个括号时，括号可以省去，如 $\overline{(A+B)}$ 可以写成 $\overline{A+B}$。

（2）真值表。

真值表已在前面介绍，其优点是能直观地反映输入逻辑变量与输出逻辑变量之间取值的对应关系。

真值表与逻辑函数表达式能够相互转换。由逻辑函数表达式转换为真值表时，只需将输入逻辑变量的所有取值组合代入逻辑函数表达式，求相应函数值并列表。表 1-3 所示为 $Y=A\overline{B}+\overline{A}B$ 的真值表。

由真值表转换为逻辑函数表达式时，先将表中函数值等于 1 的输入逻辑变量组合取出，并将输入逻辑变量为 1 的写成原变量，为 0 的写成反变量；再把各变量相与，这样，对应函数值为 1 的每种输入逻辑变量组合就写成一个"与项"；最后把这些与项相加，即可得到逻辑函数表达式。例如，在表 1-4 中，Y 等于 1 的输入逻辑变量组合有两种：00、11。由于每种组合对应一个与项，因此有 $\overline{A}\,\overline{B}$、$AB$ 两个与项。将这两个与项相加，即可得到逻辑函数表达式为 $Y=\overline{A}\,\overline{B}+AB$。

表 1-3　$Y=A\overline{B}+\overline{A}B$ 的真值表

输入		输出
A	B	Y
0	0	0
0	1	1
1	0	1
1	1	0

表 1-4　$Y=\overline{A}\,\overline{B}+AB$ 的真值表

输入		输出
A	B	Y
0	0	1
0	1	0
1	0	0
1	1	1

（3）逻辑图。

逻辑图是用逻辑符号及连线表示逻辑函数的电路图，它与逻辑函数表达式或真值表能互相转换。

由逻辑图转换为逻辑函数表达式。图 1-6 所示为逻辑图，从输出向输入反推可得 $Y=Y_1+Y_2=\overline{A}B+A\overline{B}$。当然，也可以从输入向输出推。

由逻辑函数表达式转换为逻辑图，将式中运算用逻辑符号表示，并依据运算优先顺序

把这些逻辑符号连接起来。例如，$Y=\overline{A}\,\overline{B}+AB$，其中，$\overline{A}$、$\overline{B}$ 都是非运算，用非门实现；$\overline{A}\,\overline{B}$、$AB$ 都是与运算，用与门实现；$\overline{A}\,\overline{B}$ 和 AB 之间是或运算，用或门实现，因此 $Y=\overline{A}\,\overline{B}+AB$ 的逻辑图如图 1-7 所示。

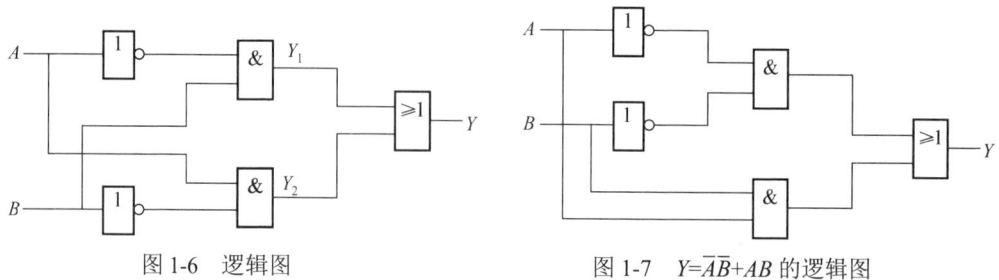

图 1-6　逻辑图　　　　　　　　图 1-7　$Y=\overline{A}\overline{B}+AB$ 的逻辑图

3．逻辑函数相等

设逻辑函数 Y_1 和 Y_2 均是变量 $A_1,A_2,\cdots,A_k$ 的函数，如果对应 $A_1,A_2,\cdots,A_k$ 任意一组取值，Y_1 和 Y_2 的值均相同，则称 Y_1 和 Y_2 相等，记作 $Y_1=Y_2$。也就是说，如果 $Y_1=Y_2$，那么 Y_1 和 Y_2 具有相同的真值表。因此，要证明两个逻辑函数相等，只需分别列出它们的真值表并加以比较。

1.3.4　逻辑代数的基本定律与规则

1．逻辑代数的基本定律

逻辑代数的基本定律如表 1-5 所示。这些定律对今后的逻辑运算及逻辑函数的化简有非常重要的作用。

表 1-5　逻辑代数的基本定律

名称	序号	定律	序号	定律	说明
0-1 律	1	$A+1=1$	1′	$A\cdot 0=0$	常量与变量之间的运算规律
自等律	2	$A+0=A$	2′	$A\cdot 1=A$	常量与变量之间的运算规律
重叠律	3	$A+A=A$	3′	$A\cdot A=A$	同一变量之间的运算规律
互补律	4	$A+\overline{A}=1$	4′	$A\cdot \overline{A}=0$	变量与反变量之间的运算规律
还原律	5	$\overline{\overline{A}}=A$			一个变量两次求反运算后还原为其本身
交换律	6	$A+B=B+A$	6′	$A\cdot B=B\cdot A$	
结合律	7	$(A+B)+C=A+(B+C)$	7′	$(A\cdot B)\cdot C=A\cdot (B\cdot C)$	改变变量之间运算的先后顺序
分配律	8	$A+B\cdot C=(A+B)(A+C)$	8′	$A\cdot (B+C)=AB+AC$	
反演律	9	$\overline{A+B}=\overline{A}\cdot \overline{B}$	9′	$\overline{AB}=\overline{A}+\overline{B}$	又称德·摩根定律
扩展律	10	$A=A(B+\overline{B})=AB+A\overline{B}$			
吸收律	11	$A+AB=A$	11′	$A(A+B)=A$	
	12	$A+\overline{A}B=A+B$			
	13	$AB+\overline{A}C+BC=AB+\overline{A}C$			BC 称为冗余项
		$AB+\overline{A}C+BCD=AB+\overline{A}C$			BCD 称为冗余项

2．逻辑代数的基本规则

逻辑代数有 3 个基本规则：代入规则、反演规则、对偶规则。

（1）代入规则。

代入规则是指任何一个逻辑等式，如果以同一逻辑函数替换式中某一变量，那么等式仍然成立。

代入规则用于扩展基本定律和证明恒等式。例如，已知两变量的反演律为 $\overline{A \cdot B} = \overline{A} + \overline{B}$，若用 $Y=BC$ 代替式中的 B，则 $\overline{A \cdot (BC)} = \overline{A} + \overline{BC}$，即 $\overline{A \cdot B \cdot C} = \overline{A} + \overline{B} + \overline{C}$。由此可得多变量的反演律为

$$\overline{A+B+C+\cdots} = \overline{A} \cdot \overline{B} \cdot \overline{C} \cdots$$

$$\overline{A \cdot B \cdot C \cdots} = \overline{A} + \overline{B} + \overline{C} + \cdots$$

（2）反演规则。

反演规则是指将逻辑函数 Y 中的"·"变为"+"，"+"变为"·"；"0"变为"1"，"1"变为"0"；原变量变为反变量，反变量变为原变量，得到的逻辑函数就是 Y 的反函数 $\overline{Y}$。

用反演规则求一个逻辑函数的反函数时应注意以下两点。

①Y 中与项最好先分别加括号，再用反演规则，这样不易出现运算顺序错误。

②覆盖两个及两个以上变量的非号时，非号下各变量、常量及运算符号变，而非号不变。

例如，$Y = \overline{A}B\overline{C} + C\overline{D}(EQ + \overline{E}\,\overline{Q}) + \overline{A+B} = (\overline{A}B\overline{C}) + \{C\overline{D}[(EQ)+(\overline{E}\,\overline{Q})]\} + \overline{A+B}$，则

$$\overline{Y} = (A+\overline{B}+C)\{\overline{C}+D+[(\overline{E}+\overline{Q})(E+Q)]\}\,\overline{\overline{AB}}$$

$$= (A+\overline{B}+C)[\overline{C}+D+(\overline{E}+\overline{Q})(E+Q)]\,\overline{\overline{AB}}$$

（3）对偶规则。

对偶规则是指将逻辑函数 Y 中的"·"变为"+"，"+"变为"·"；"0"变为"1"，"1"变为"0"；变量不变，得到的逻辑函数就是 Y 的对偶式 Y'，Y 与 Y' 互为对偶式。若 $Y=(A+\overline{B})(A+C)$，则 $Y'=A\overline{B}+AC$。

对偶规则是指逻辑等式等号两边表达式的对偶式也相等。若 $A+BC=(A+B)(A+C)$，则 $A(B+C)=AB+AC$。

在表 1-5 中，序号带撇与不带撇的定律互为对偶式。这样，只要记住一半公式，利用对偶规则便可推得另一半公式。

此外，在证明两个逻辑函数相等时，也可以通过证明它们的对偶式相等来完成，因为在有些情况下，证明它们的对偶式相等更加容易。

利用逻辑代数的基本定律及规则，可以将一个逻辑函数表示成不同的表达式。例如：

$$Y = AB + \overline{A}C \qquad \text{与或表达式}$$

$$\xrightarrow{\text{两次取非}} \overline{\overline{AB + \overline{A}C}}$$

$$\xrightarrow{\text{反演律}} \overline{\overline{AB} \cdot \overline{\overline{A}C}} \qquad \text{与非-与非表达式}$$

$$\xrightarrow{\text{反演律}} \overline{(\overline{A}+\overline{B})(A+\overline{C})} \qquad \text{或与非表达式}$$

$$\xrightarrow{\text{去括号}} \overline{\overline{A}A+\overline{A}\overline{B}+A\overline{C}+\overline{B}\overline{C}}$$

$$\xrightarrow{\text{吸收律}} \overline{A\overline{B}+\overline{A}\overline{C}} \qquad \text{与或非表达式}$$

📖 **思考与练习**

1. 逻辑变量有几种取值？逻辑变量的取值是否代表数量的多少？
2. 试举几个生活中的与、或、非逻辑的实例。
3. 画出如图 1-8（a）所示的逻辑门的输出波形，输入波形如图 1-8（b）所示（提示：与非门——输入有 0，输出为 1；输入全 1，输出为 0。或非门——输入有 1，输出为 0；输入全 0，输出为 1。异或门——输入相异，输出为 1。同或门——输入相同，输出为 1）。

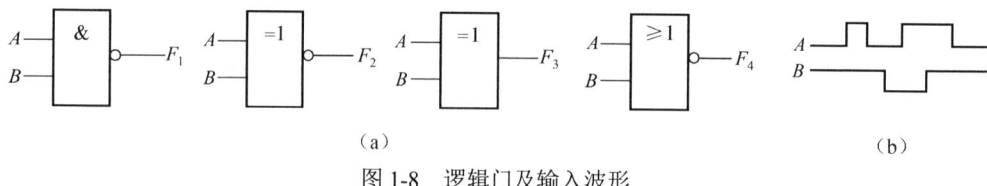

(a) (b)

图 1-8 逻辑门及输入波形

4. 何为真值表？如何用真值表表示一种逻辑关系？
5. 已知逻辑函数 Y 的真值表如表 1-6 所示。试写出相应的逻辑函数表达式，并画出逻辑图。

表 1-6 逻辑函数 Y 的真值表

输入			输出
A	B	C	Y
0	0	0	0
0	0	1	0
0	1	0	0
0	1	1	0
1	0	0	0
1	0	1	1
1	1	0	1
1	1	1	1

6. 试证明表 1-5 中的反演律。
7. 已知：异或运算 $A \oplus B = A\overline{B} + \overline{A}B$，同或运算 $A \odot B = AB + \overline{A}\,\overline{B}$。求证：异或运算和同或运算互为反运算，即

$$A \oplus B = \overline{A \odot B}; \quad A \odot B = \overline{A \oplus B}$$

8. 写出下列逻辑函数的对偶式。
(1) $Y_1 = \overline{\overline{\overline{ABC}}}$
(2) $Y_2 = (A+B+C)\overline{A}\,\overline{B}\,\overline{C}$
(3) $Y_3 = \overline{(\overline{A+B+\overline{C}+\overline{D}})\overline{AB}}$
(4) $Y_4 = A[\overline{E}+(C\overline{D}+\overline{C}D)B]$

9. 求下列逻辑函数的反函数。
(1) $Y_1 = AB + C$
(2) $Y_2 = A + \overline{B + \overline{C} + \overline{D+E}}$
(3) $Y_3 = \overline{\overline{A}\overline{B}} + ABC\overline{(A+B+C)}$
(4) $Y_4 = A[\overline{B}+(C\overline{D}+\overline{C}D)E]$

1.4 逻辑函数的化简

一般来说，一个逻辑函数的表达式越简单，相应的逻辑图越简单，使用的元器件越少，不但成本低，而且性能可靠性高。因此，有必要对逻辑函数进行化简。逻辑函数表达式不同，最简标准①也不同，以最常用的与或表达式为例，化简的最简标准有以下两条。

---

① 在用中规模、大规模集成电路设计数字电路时，通常以集成块最少、引线端最少为最简标准。

① 表达式中与项个数最少。
② 每个与项中变量个数最少。

1.4.1 公式化简法

公式化简法就是利用基本定律对逻辑函数进行化简的方法。下面介绍几种常用的公式化简法。

1．并项法

利用 $A+\bar{A}=1$，将两项合并成一项消去一个变量。例如，$Y=AB\bar{C}+ABC=AB(C+\bar{C})=AB$。

2．吸收法

利用 $A+AB=A$，消去多余与项。例如，$Y=AB+AB\bar{C}\bar{D}(\bar{E}+F)=AB[1+\bar{C}\bar{D}(\bar{E}+F)]=AB$。

3．消元法

利用 $A+\bar{A}B=A+B$，消去多余因子。例如，$Y=\bar{A}+AB+ADE=\bar{A}+B+DE$。

4．消项法

利用 $AB+\bar{A}C+BC=AB+\bar{A}C$ 及 $AB+\bar{A}C+BCD=AB+\bar{A}C$，消去冗余项 BC 或 BCD。例如，$Y=AC+A\bar{B}D+\overline{B+C}=AC+A\bar{B}D+\bar{B}\bar{C}=AC+\bar{B}\bar{C}+A\bar{B}D=AC+\bar{B}\bar{C}$。

又如，$Y=\bar{A}\bar{B}C+ABC+\bar{A}B\bar{D}+A\bar{B}\bar{D}+\bar{A}BC\bar{D}+BC\bar{D}\bar{E}=(\bar{A}\bar{B}+AB)C+(\bar{A}B+A\bar{B})\bar{D}+BC\bar{D}(\bar{A}+\bar{E})=\overline{(A\oplus B)}C+(A\oplus B)\bar{D}+C\bar{D}[B\overline{(A+E)}]=\overline{(A\oplus B)}C+(A\oplus B)\bar{D}$。

5．配项法

利用 $A=AB+A\bar{B}$，将某一与项乘以 $(A+\bar{A})$，先把一项变为两项，再与其他项合并化简。例如：

$$Y=A\bar{B}+\bar{B}C+\bar{B}C+\bar{A}B=A\bar{B}+\bar{B}C+\bar{B}C(A+\bar{A})+\bar{A}B(C+\bar{C})$$
$$=A\bar{B}+\bar{B}C+A\bar{B}C+\bar{A}\bar{B}C+\bar{A}BC+\bar{A}B\bar{C}$$
$$=(A\bar{B}+A\bar{B}C)+(\bar{B}C+\bar{A}\bar{B}C)+(\bar{A}BC+\bar{A}B\bar{C})=A\bar{B}+\bar{B}C+\bar{A}C$$

在实际化简时，往往是以上几种方法的综合运用。

【例 1-5】 化简 $Y=\bar{A}\bar{B}+AC+BC+\bar{B}\bar{C}D+\bar{B}\bar{C}E+\bar{B}CF$。

解：利用表 1-5 中的吸收律 13 添加冗余项 $\bar{B}C$，将 BC 与 $\bar{B}C$ 合并，化简得

$$Y=\bar{A}\bar{B}+AC+\bar{B}C+BC+\bar{B}\bar{C}D+\bar{B}\bar{C}E+\bar{B}CF=\bar{A}\bar{B}+AC+C+\bar{B}\bar{C}D+\bar{B}\bar{C}E+\bar{B}CF$$
$$=\bar{A}\bar{B}+C+\bar{B}\bar{C}D+\bar{B}\bar{C}E=\bar{A}\bar{B}+C+\bar{B}D+BE$$

以上例子都是对与或式进行的化简。如果是或与式，则可以利用对偶规则进行化简。

【例 1-6】 化简 $Y=\bar{A}(A+C)(\bar{B}+C)(B+\bar{C})(\bar{A}+\bar{C})$。

解：$Y'=\bar{A}+AC+\bar{B}C+B\bar{C}+\bar{A}\bar{C}=\bar{A}+C+\bar{B}C+B\bar{C}=\bar{A}+C+B\bar{C}=\bar{A}+C+B$

$$Y=\bar{A}BC$$

1.4.2 卡诺图化简法

采用公式化简法化简逻辑函数时,不仅要熟记逻辑代数的基本定律,还要具备一定的技巧,并且不易判断结果是否已是最简。采用卡诺图化简法,可以快而准确地得出逻辑函数的最简表达式。

1. 逻辑函数的卡诺图表示法

(1)最小项。

设有 k 个逻辑变量,组成具有 k 个变量的与项,每个变量都以原变量或反变量的形式在与项中出现且仅出现一次,这个与项就称为最小项,记作 m。k 个变量共有 2^k 个最小项。例如,A、B、C 三个变量,有 $2^3=8$ 个最小项。对于任意一个最小项,只有一组变量取值使它为 1,如表 1-7 所示。约定:对应最小项取值为 1 的变量取值组合就为该最小项的编号(用十进制数表示)。例如,使 $\overline{A}BC$ 取值为 1 的变量组合为 011,则 $\overline{A}BC=m_3$。

表 1-7 三变量最小项

变量取值 ABC	最小项取值							
	$\overline{A}\overline{B}\overline{C}$	$\overline{A}\overline{B}C$	$\overline{A}B\overline{C}$	$\overline{A}BC$	$A\overline{B}\overline{C}$	$A\overline{B}C$	$AB\overline{C}$	ABC
	m_0	m_1	m_2	m_3	m_4	m_5	m_6	m_7
000	1	0	0	0	0	0	0	0
001	0	1	0	0	0	0	0	0
010	0	0	1	0	0	0	0	0
011	0	0	0	1	0	0	0	0
100	0	0	0	0	1	0	0	0
101	0	0	0	0	0	1	0	0
110	0	0	0	0	0	0	1	0
111	0	0	0	0	0	0	0	1

任一逻辑函数都可以表示成唯一一组最小项之和,称为逻辑函数的标准与或式,又称最小项表达式。

【例 1-7】 将逻辑函数 $Y=AB+B\overline{C}+\overline{A}B\overline{C}$ 表示为最小项表达式。

解: 变量个数不同,最小项就不同。例如,与项 ABC 对三变量逻辑函数来说是最小项,对四变量逻辑函数来说就不是。因此,在求逻辑函数的最小项表达式时,首先需要判断变量个数。上式是一个包含 A、B、C 三变量的逻辑函数,因此,在与项 AB 中缺少 C,用 $(C+\overline{C})$ 乘以 AB;$B\overline{C}$ 中缺少 A,用 $(A+\overline{A})$ 乘以 $B\overline{C}$,再经一定的变换,即可得最小项表达式为

$$Y=AB+B\overline{C}+\overline{A}B\overline{C}=AB(C+\overline{C})+B\overline{C}(A+\overline{A})+\overline{A}B\overline{C}$$
$$=ABC+AB\overline{C}+AB\overline{C}+\overline{A}B\overline{C}+\overline{A}B\overline{C}$$
$$=ABC+AB\overline{C}+\overline{A}B\overline{C}$$

或写为

$$Y(A,B,C)=m_7+m_6+m_2=\sum m(2,6,7)$$

由于最小项对应的变量取值组合能够使函数值取 1,所以由最小项表达式可以直接写

出逻辑函数的真值表，如表1-8所示。

（2）卡诺图。

卡诺图也称为最小项方格图，是将最小项按一定规则排列而成的方格阵列。设逻辑函数输入变量数为k，则卡诺图中有2^k个方格，每个方格都和一个最小项相对应，方格编号和最小项编号相同，由方格行、列变量取值决定。图1-8所示为四变量卡诺图，其中，A、B是行变量，C、D是列变量。约定如下。

表1-8 最小项表达式与真值表的对应关系

A	B	C	所含最小项	Y
0	0	0		0
0	0	1		0
0	1	0	m_2	1
0	1	1		0
1	0	0		0
1	0	1		0
1	1	0	m_6	1
1	1	1	m_7	1

① 方格编号以行变量为高位组，列变量为低位组。例如，$AB=10$、$CD=01$的方格编号为1001，即最小项m_9，便在相应方格内填入m_9。

② 行、列变量按照循环码00、01、11、10的顺序排列。这样可以保证相邻方格只有一个变量取值不同，此特性称为卡诺图的相邻性。例如，m_5与m_7几何相邻，$m_5=\overline{A}B\overline{C}D$，$m_7=\overline{A}BCD$，只有变量$C$不同，这称为逻辑相邻。因此，按循环码标注逻辑变量取值顺序，能够用几何相邻实现逻辑相邻。

特别指出，卡诺图每行、列两端的最小项逻辑相邻，如图1-9中的m_0和m_2，m_4和m_6，m_{12}和m_{14}，m_8和m_{10}，m_0和m_8，m_1和m_9，m_3和m_{11}，m_2和m_{10}。

图1-10所示为二变量和三变量卡诺图。

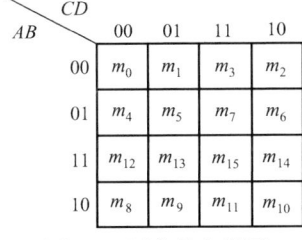

图1-9 四变量卡诺图

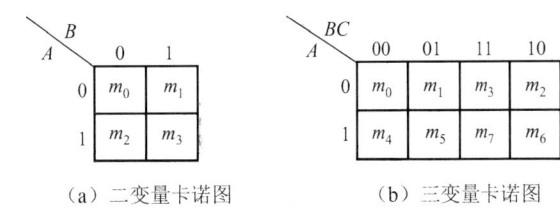

（a）二变量卡诺图　　　　（b）三变量卡诺图

图1-10 二变量和三变量卡诺图

（3）用卡诺图表示逻辑函数。

因为卡诺图的方格与最小项表达式或真值表是一一对应的，所以根据最小项表达式画卡诺图时，式中有哪些最小项，就在相应方格内填入1，而在其余方格内填入0。如果根据真值表画卡诺图，那么凡是使$Y=1$的变量取值组合，就在相应方格内填入1，在其余方格内填入0。

【例1-8】画出$Y=\overline{A}BC+A\overline{B}C+A\overline{B}\,\overline{C}+ABC+AB\overline{C}$的卡诺图。

解：Y是三变量逻辑函数。先画出三变量卡诺图，然后将Y所含最小项m_3、m_5、m_4、m_7、m_6填入对应方格并用1表示，如图1-11所示，在其余方格内填入0。

若逻辑函数不是与或式，则应先将其变成与或式（不必是最小项表达式），然后把含有各与项的最小项在对应方格内填入1，即可得卡诺图。

【例1-9】画出$Y=A\overline{B}C+\overline{A}BC+AB$的卡诺图。

解：$A\overline{B}C$、$\overline{A}BC$已是最小项。含有与项AB的最小项有ABC、$AB\overline{C}$。故在m_5、m_3、

以及 m_7、m_6 的相应方格内填入 1，如图 1-12 所示。

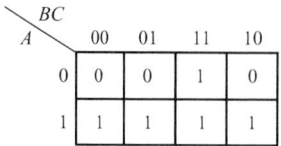

图 1-11　例 1-8 的卡诺图

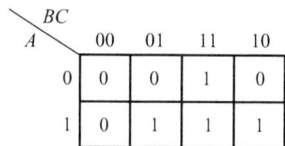

图 1-12　例 1-9 的卡诺图

2．逻辑函数的卡诺图化简法

（1）合并最小项规律。

根据卡诺图的相邻性，两相邻方格所表示的最小项能够合并为一项，同时消去一个互补（又称互反）变量；四相邻方格合并为一项，同时消去两个互补变量；八相邻方格合并为一项，同时消去三个互补变量。合并最小项规律以三变量、四变量卡诺图为例，如图 1-13 所示。在写每个卡诺圈所对应的与项时，利用"去异留同"的方法，即在与项中消去圈中取值既含有 1 又含有 0 的变量，而保留取值不变的变量，如在三变量卡诺圈(m_0+m_1)中，变量 A、B 取值不变且取值为 0，而变量 C 取值既含有 1 又含有 0，所以该卡诺圈所对应的与项不含 C，即 $m_0+m_1=\bar{A}\,\bar{B}$。

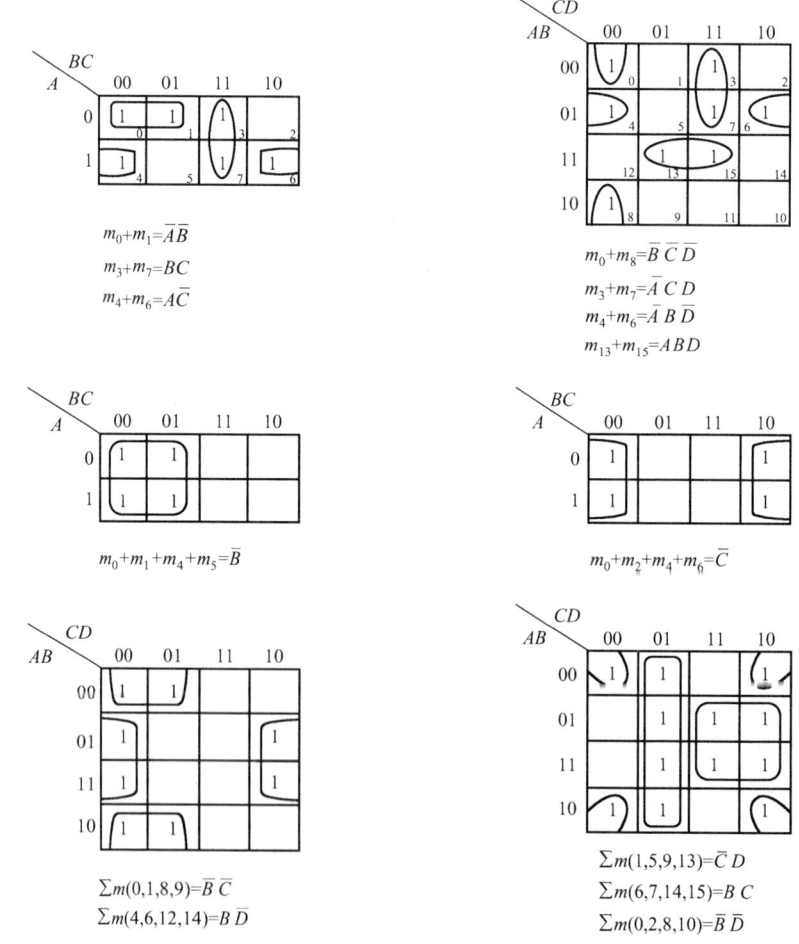

图 1-13　合并最小项规律

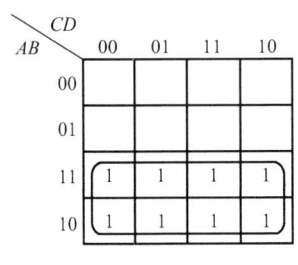

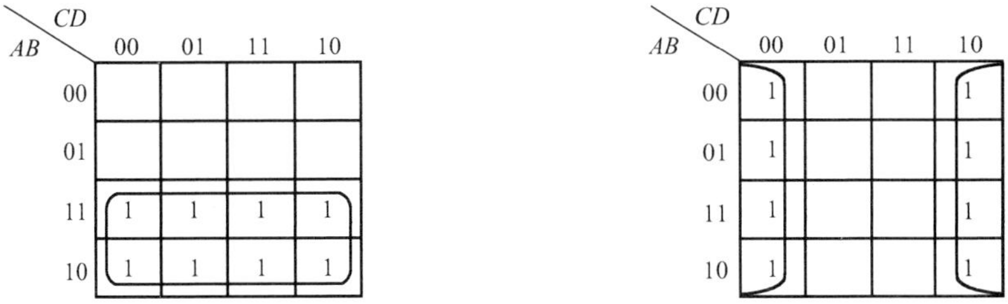

$\sum m(8,9,10,11,12,13,14,15)=A$ 　　　　$\sum m(0,2,4,6,8,10,12,14)=\overline{D}$

图 1-13　合并最小项规律（续）

（2）用卡诺图化简逻辑函数。

化简过程一般分为三步。

①将逻辑函数用卡诺图表示。

②按前述合并最小项规律将相邻 1 方格圈起来，直到所有 1 方格被圈完。

③将每个卡诺圈所表示的与项相加，得到最简与或式。

为得到最简与或式，圈 1 方格时应注意以下几点。

①圈尽量大，圈的个数尽量少。圈越大，消去的变量越多；圈的个数越少，与项越少。

②先圈八相邻方格，再圈四相邻方格，最后圈两相邻方格，孤立方格单独成圈。

③方格可重复被圈，但每圈必有新方格；否则，该卡诺圈所表示的与项是多余的。

【例 1-10】化简 $Y=ABD+A\overline{B}D+\overline{A}BCD$。

解：画出 Y 的卡诺图，按合并最小项规律圈 1 方格，如图 1-14 所示。由图 1-14 可见，$\sum m(9,11,13,15)=AD$；$\sum m(7,15)=BCD$。把每圈所表示的与项相加，得最简与或式为

$$Y=AD+BCD$$

【例 1-11】化简 $Y=\sum m(2,3,5,7,8,10,12,13)$。

解：由 Y 的最小项表达式可确定 Y 是四变量逻辑函数，画出 Y 的卡诺图并采用两种圈法，如图 1-15 所示。由图 1-15（a）按自左至右的顺序写出每个卡诺圈所对应的与项并相加得

$$Y=A\overline{C}\overline{D}+\overline{B}C\overline{D}+\overline{A}CD+\overline{B}C\overline{D}$$

由图 1-15（b）按自上至下的顺序写出每个卡诺圈所对应的与项并相加得

$$Y=\overline{A}\overline{B}C+\overline{A}BD+AB\overline{C}+A\overline{B}\overline{D}$$

以上两种圈法都可得最简与或式。此例说明，有时由于圈法不止一种而结果不唯一，但它们之间可以相互转换。

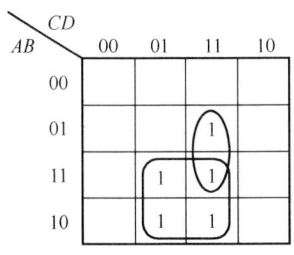

图 1-14　例 1-10 的卡诺图

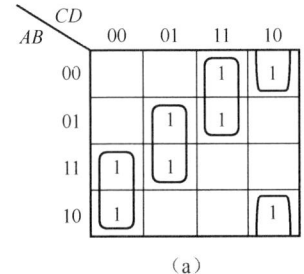

（a）

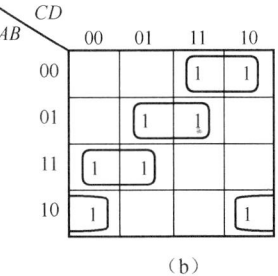

（b）

图 1-15　例 1-11 的卡诺图

【例 1-12】化简 $Y=\sum m(3,4,5,7,9,13,14,15)$。

解：画出 Y 的卡诺图并按合并最小项规律圈 1 方格，如图 1-16 所示。由图 1-16（a）可见，圈 $\sum m(5, 7, 13, 15)$ 中的方格均被其他圈圈过，所以该圈所对应的与项是多余的。由图 1-16（b）可得

$$Y=\bar{A}B\bar{C}+A\bar{C}D+\bar{A}CD+ABC$$

此外，利用合并最小项规律圈 0 方格，可以方便地求出逻辑函数的反函数的最简与或式。

【例 1-13】求 $Y=\sum m(0, 1, 4, 5, 9, 11, 13, 14, 15)$ 的反函数 $\bar{Y}$ 的最简与或式。

解：画出 Y 的卡诺图并按合并最小项规律圈 0 方格，如图 1-17 所示，写出与或式即 $\bar{Y}$ 的最简与或式为

$$\bar{Y}=\bar{A}C+A\bar{C}\bar{D}+A\bar{B}\bar{D}$$

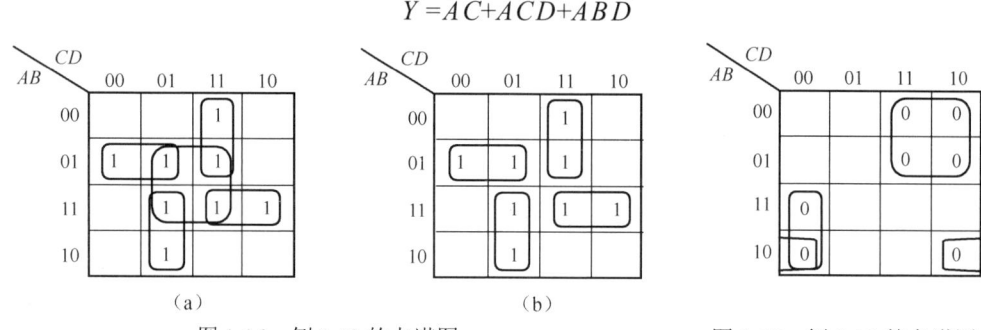

图 1-16　例 1-12 的卡诺图　　　　图 1-17　例 1-13 的卡诺图

1.4.3　具有约束项的逻辑函数及其化简

1. 约束项与约束条件

在实际中，逻辑函数的输入逻辑变量取值组合有时不是任意的，而是受到一定条件的限制。例如，用变量 $ABCD$ 按 8421BCD 码表示一位十进制数时只用 0000~1001 十种组合，而其余六种组合 1010~1111 是不允许出现的。通常，这种限制条件称为约束条件，不允许出现的变量取值组合所对应的最小项称为约束项，约束项对应的函数值用×或∅表示。

为方便起见，约束条件用全体约束项之和等于 0 的形式表示。这样，上述例子的约束条件便可表示为

$$A\bar{B}C\bar{D}+A\bar{B}CD+AB\bar{C}\bar{D}+AB\bar{C}D+ABC\bar{D}+ABCD=0$$

即

$$AB+AC=0$$

2. 具有约束项的逻辑函数的化简

由于约束项对应的变量取值组合不允许出现，所以把这些变量取值组合对应的函数值看作 1 或 0 对逻辑函数不会产生影响。因此，在化简中合理利用约束项，会使化简结果更加简单。

【例 1-14】化简 $F(A, B, C, D)=\sum m(0, 2, 3, 4, 8, 9)+\sum m_x(6, 7, 12, 13, 14, 15)$。

解：画出 F 的卡诺图并在约束项对应方格内填入×，如图 1-18 所示。按合并最小项规律画圈时合理利用约束项，即把有利于化简的约束项看作 1。在图 1-18 中，把 m_6、m_7、

m_{12}、m_{13} 看作 1，其余看作 0，化简得

$$F=\bar{C}\bar{D}+A\bar{C}+\bar{A}C$$

应当指出：①因为约束项与函数值无关，所以用卡诺图化简时不能单独圈×。

②利用约束项化简可使逻辑电路简单，但对输入逻辑变量也提出了要求，即输入逻辑变量必须满足给定的约束条件。如前述中，8421BCD 码不允许输入逻辑变量出现 1010～1111 的取值组合，否则将出现逻辑错误。

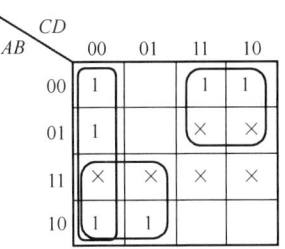

图 1-18 例 1-14 的卡诺图

【例 1-15】若 Y 是互斥的一组变量 A、B、C 的函数，试列出 Y 的真值表，求 Y 的最简与或式。

解：互斥的变量是指在一组变量中，如果有一个变量为 1，则其他变量一定为 0，即不会出现两个或两个以上变量同时为 1 的情况。由此可知，若 A、B、C 中有一个变量为 1，则其他两个变量一定为 0，且 $Y=1$；只有当 A、B、C 都为 0 时，才出现 $Y=0$，由此可列出 Y 的真值表，如表 1-9 所示。可见，约束项为 $\sum m_x(3,5,6,7)$。画出其卡诺图，如图 1-19 所示，利用约束项化简得

$$Y=A+B+C$$

本例表明，变量互斥的逻辑函数可直接写成各变量相加的形式。在组合逻辑电路编码器设计中，将利用这一结论。

表 1-9 例 1-15 的真值表

输入			输出
A	B	C	Y
0	0	0	0
0	0	1	1
0	1	0	1
0	1	1	×
1	0	0	1
1	0	1	×
1	1	0	×
1	1	1	×

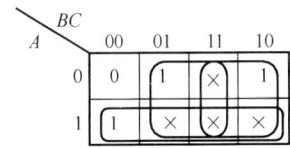

图 1-19 例 1-15 的卡诺图

有时还会遇到另一种情况，即对应输入逻辑变量的某些取值组合，函数值取 1 或 0 都可以，并不影响电路的功能。这些变量取值组合对应的最小项称为任意项。对具有任意项的逻辑函数采用的化简方法，与具有约束项的逻辑函数的化简方法相同。

📄 **思考与练习**

1．用公式化简法化简下列逻辑函数。

（1）$Y_1=\bar{A}\bar{B}+AC+\bar{B}C$ （2）$Y_2=\overline{\overline{ABC}+\overline{A\bar{B}}}$

（3）$Y_3=A+B+C+D+\bar{A}\bar{B}\bar{C}\bar{D}$ （4）$Y_4=\bar{A}(C\bar{D}+\bar{C}D)+B\bar{C}D+A\bar{C}D+\bar{A}C\bar{D}$

2. 用真值表和公式化简法证明下列等式。

(1) $(A+\bar{C})(B+D)\overline{(B+\bar{D})}=AB+B\bar{C}$ 　　(2) $AB+\bar{B}CD+\bar{A}C+\bar{B}C=AB+C$

3. 化简逻辑函数 $Y=(\bar{A}+B+C)(A+\bar{B}+C)(\bar{B}+C)$，并转换为与或非式、与或式、或与式、与非-与非式。

4. 将下列函数转换为最小项表达式。

(1) $Y_1=A+B+CD$ 　　(2) $Y_2=A\bar{B}\bar{C}D+BCD+AC$

5. 用卡诺图化简法化简下列逻辑函数。

(1) $F=\bar{A}\bar{B}+AC+\bar{B}C$ 　　(2) $F(A,B,C)=\sum m(0,1,2,5,6,7)$

(3) $F=AD+A\bar{C}+\bar{A}D+\bar{A}\bar{B}C+\bar{D}(B+C)$ 　　(4) $F=ABC+ABD+CD+A\bar{B}C$

(5) $F=\sum m(0,1,2,5,8,9,10,12,14)$ 　　(6) $F=\sum m(3,4,5,7,9,13)$

(7) $F(A,B,C)=\sum m(0,1,2,4)$，约束条件为 $m_3+m_5+m_6+m_7=0$

(8) $F=\sum m(3,5,6,9,12,13,14,15)+\sum m_x(0,1,7)$

(9) $F(A,B,C,D)=C\bar{D}(A\oplus B)+\bar{A}BC+\bar{A}CD$，约束条件为 $AB+CD=0$

6. 已知：$Y=A\bar{B}\bar{C}D+\bar{A}\bar{B}\bar{C}D+A\bar{B}C\bar{D}+\bar{A}\bar{B}C\bar{D}+A\bar{B}\bar{C}\bar{D}$，$A$、$B$、$C$、$D$ 不会同时为 0，A、B 不会同时为 1。试用卡诺图化简此逻辑函数。

7. 画出用于判断 8421BCD 码表示的十进制数是否大于或等于 5 的逻辑电路。

小结

1. 数字电路中使用最多的数制是二进制。由于目前计算机中多采用 8 位、16 位、32 位或 64 位二进制数并行处理，而 8 位、16 位、32 位和 64 位的二进制数可以分别用 2 位、4 位、8 位、16 位的十六进制数表示，所以在书写时为方便起见，多用十六进制。

在数字电路中，经常用 BCD 码表示十进制数。BCD 码有多种形式，要注意每种 BCD 码的特点。

2. 逻辑代数是研究数字电路的工具，利用逻辑代数可以把逻辑问题描述为数学表达式，进而进行电路的分析和设计。

在逻辑代数的基本规则中，代入规则扩大了基本公式的应用范围，反演规则为求已知逻辑函数的反函数提供了方便，在证明逻辑等式时使用对偶规则有时可以简化证明过程。

熟记以下逻辑代数的常用公式，有利于变换或化简逻辑函数表达式：

$$A+AB=A$$

$$A+\bar{A}B=A+B$$

$$AB+A\bar{B}=A$$

$$AB+\bar{A}C+BC=AB+\bar{A}C$$

$$AB+\bar{A}C+BCD=AB+\bar{A}C$$

$$\overline{\bar{A}\bar{B}+\bar{A}B}=\bar{A}\bar{B}+AB$$

3. 逻辑函数的表示方法一般有逻辑函数表达式、真值表、逻辑图和卡诺图等，它们之间可以相互转换。其中，逻辑函数表达式与逻辑图不具有唯一性，而真值表与卡诺图都是逻辑函数的最小项表示法，具有唯一性。

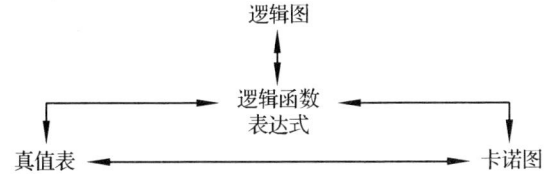

4. 逻辑函数的两种化简方法：公式化简法和卡诺图化简法。公式化简法不但要求熟记逻辑代数的公式，而且要求具有一定的化简技巧和经验；卡诺图化简法比较直观、方便、易于掌握和得到最简结果，但不适用于化简输入逻辑变量多于 5 个的逻辑函数。

目标检测 1

一、填空题

1. 88.125_{10}=（　　　　）$_2$=（　　　　）$_8$=（　　　　）$_{16}$。
2. 256.49_{10}=（　　　　）$_{8421}$，101111000.0010011_{8421}=（　　　　）$_{10}$。
3. 17.1_O=（　　　　）$_D$，$3FC.DE_H$=（　　　　）$_D$，10100_B=（　　　　）$_D$。

二、单项选择题

1. 在图 1-20 中，_____是模拟信号。

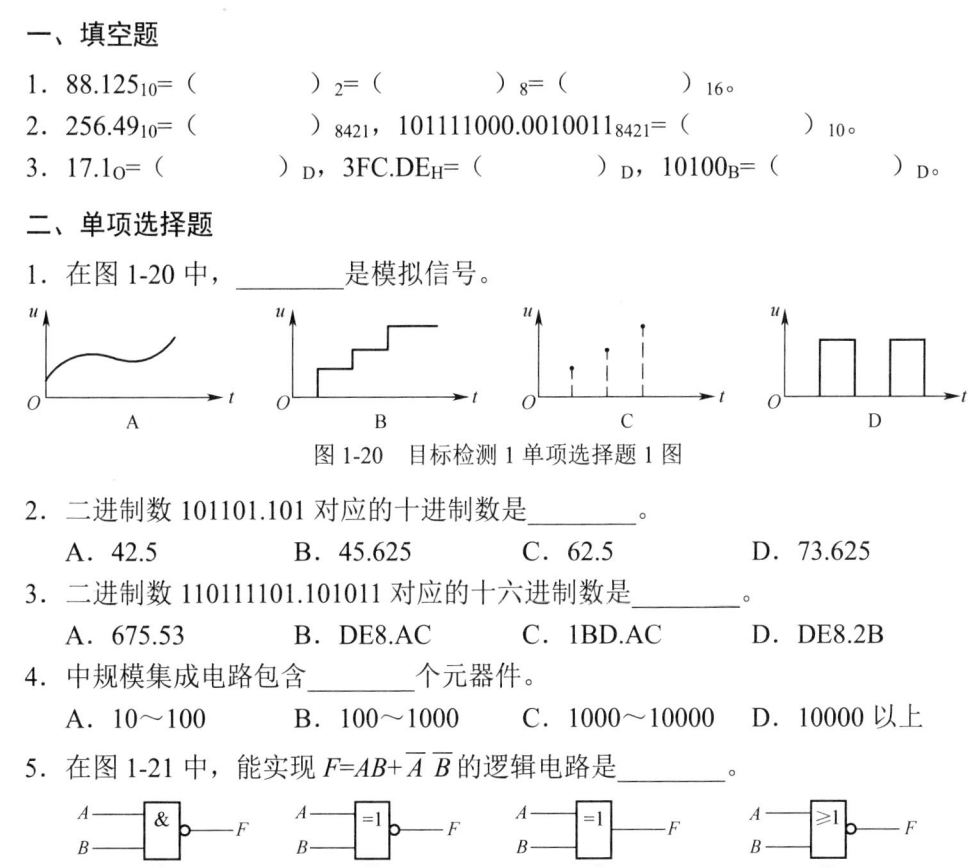

图 1-20　目标检测 1 单项选择题 1 图

2. 二进制数 101101.101 对应的十进制数是_____。
   A. 42.5　　　　B. 45.625　　　　C. 62.5　　　　D. 73.625
3. 二进制数 110111101.101011 对应的十六进制数是_____。
   A. 675.53　　　　B. DE8.AC　　　　C. 1BD.AC　　　　D. DE8.2B
4. 中规模集成电路包含_____个元器件。
   A. 10～100　　　B. 100～1000　　　C. 1000～10000　　　D. 10000 以上
5. 在图 1-21 中，能实现 $F=AB+\overline{A}\,\overline{B}$ 的逻辑电路是_____。

图 1-21　目标检测 1 单项选择题 5 图

6. 在图 1-22 中，输出 Y 的结果是_____。
   A. 11111011　　　B. 00011000　　　C. 11001100　　　D. 00111100
7. 完成如图 1-23 所示的波形关系的逻辑函数表达式为_____。
   A. $F=\overline{AB}$　　　B. $F=\overline{A+B}$　　　C. $F=A\oplus B$　　　D. $F=AB$

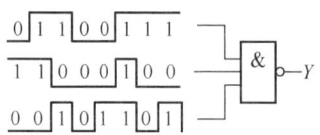

图1-22 目标检测1 单项选择题6 图

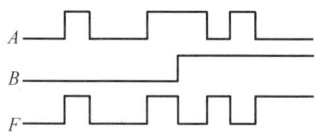

图1-23 目标检测1 单项选择题7 图

8. 真值表如表1-10所示, 完成该真值表功能的波形是图1-24中的_____。

表1-10 目标检测1 单项选择题8 的真值表

输入		输出
A	B	Y
0	0	0
0	1	1
1	0	0
1	1	0

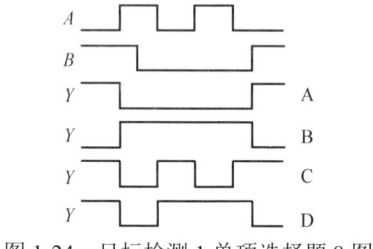

图1-24 目标检测1 单项选择题8 图

9. 与 $AB+\overline{A}C+\overline{B}C$ 相等的表达式是_____。

   A. $AB+\overline{A}C$ B. $AB+\overline{B}C$ C. $AB+C$ D. $\overline{A}C+\overline{B}C$

10. $ABC+\overline{A}D+\overline{B}D+CD$ 中的冗余项是_____。

    A. ABC B. $\overline{A}D$ C. $\overline{B}D$ D. CD

11. $AB+B\overline{C}+\overline{CD}$ 的对偶式是_____。

    A. $A+B\,\overline{B+\overline{C}\,\overline{C}+D}$
    B. $(\overline{A}+\overline{B})\overline{(\overline{B}+C)\overline{C}+\overline{D}}$
    C. $(\overline{A}+\overline{B})\overline{(B+\overline{C})\overline{C+D}}$
    D. $(A+B)\overline{(B+\overline{C})\overline{C}+D}$

12. $AB+B\overline{C}+\overline{CD}$ 的反函数是_____。

    A. $A+B\,\overline{B+\overline{C}\,\overline{C}+D}$
    B. $(\overline{A}+\overline{B})\overline{(\overline{B}+C)\overline{C}+\overline{D}}$
    C. $(\overline{A}+\overline{B})\overline{(B+\overline{C})\overline{C+D}}$
    D. $(A+B)\overline{(B+\overline{C})\overline{C+D}}$

13. $F=B\overline{C}\,\overline{D}+\overline{A}\,\overline{B}D+AD+\overline{A}\,B\,\overline{C}+\overline{A}BCD$ 的最简与或式是_____。

    A. $B\overline{C}+\overline{A}D+AD$
    B. $B\overline{C}+D$
    C. $B+D$
    D. $B\overline{C}+\overline{C}D+CD$

14. $F=B\overline{C}\,\overline{D}+\overline{A}\,\overline{B}D+AD+\overline{A}\,B\,\overline{C}+\overline{A}BCD$ 的最简或非式是_____。

    A. $\overline{\overline{B+\overline{D}}+C+\overline{D}}$
    B. $\overline{\overline{D}+\overline{B}+C}$
    C. $\overline{\overline{B+D}+\overline{C}+D}$
    D. $\overline{\overline{B+\overline{D}}\,\overline{C}+\overline{D}}$

15. 如果 $F=(A,B,C,D)=AB+C$, A 为最高位, D 为最低位, 则其最小项表达式是_____。

    A. $\sum m(2,3,4,5,6,7,12,13,14,15)$
    B. $\sum m(0,1,2,3,4,7,12,13,14,15)$
    C. $\sum m(0,1,2,3,4,5,6,7,11,12)$
    D. $\sum m(2,3,6,7,10,11,12,13,14,15)$

三、多项选择题

1. 与二进制数 11010101.1101 相等的数有_____。
   A. 325.64_8 B. 213.8125_{10} C. $D5.D_{16}$ D. 11010101.1101_{8421}

2. 以下_____与 $A\overline{B}C$ 逻辑相邻。
   A. ABC B. $\overline{A}\,\overline{B}\,\overline{C}$ C. $A\overline{B}\,\overline{C}$ D. $\overline{A}\,\overline{B}\,C$

3. 与 $F=B\overline{C}\,\overline{D}+\overline{A}\,\overline{B}D+AD+\overline{A}\,B\overline{C}+\overline{A}\,BCD$ 逻辑功能相等的表达式有_____。
   A. $\overline{\overline{B}+\overline{D}}+\overline{\overline{C}+\overline{D}}$ B. $\overline{\overline{BD}+\overline{CD}}$
   C. $(B+D)(\overline{C}+D)$ D. $\overline{\overline{B}\,\overline{C}\,\overline{D}}$

4. 化简 $F=\sum m(0,2,5,7,8)$，约束条件为 $AB+AC=0$ 的最简结果是_____。
   A. $BD+\overline{B}\,\overline{D}$ B. $(\overline{B}+D)(\overline{A}+B+D)$
   C. $(B+D)(\overline{B}+\overline{D})$ D. $\overline{(B+D)(\overline{B}+\overline{D})}$

扫一扫看答案

专题讨论 1

专题 1：三人表决器电路的设计实现

1. 专题实现

三人表决器的逻辑电路可以由与门、或门和非门组合实现。具体步骤如下。

（1）根据给定逻辑问题的功能要求，列出真值表。

（2）由真值表求逻辑函数表达式，并将逻辑函数表达式转换为只包含与、或、非逻辑的表达式。

（3）根据逻辑函数表达式，画出三人表决器的逻辑电路。

2. 讨论

（1）三人表决器的逻辑电路的设计实现方法。

（2）用与非门实现三人表决器的逻辑电路的设计步骤。

（3）多人表决器的逻辑电路的设计实现方法。

项目 2

数控电动机运行控制电路

数控电动机运行控制电路可以用门电路实现。在构成时，不仅要考虑电路控制功能的实现，还要考虑所用门电路的电气特性、参数、性能、指标要求等，以达到具备工程应用的条件。

本项目首先重点介绍集成 TTL 门电路和 CMOS 门电路的主要参数、外部特性，然后介绍典型集成门电路的功能、应用及其使用常识，最后讨论数控电动机运行控制电路的工程设计实现。

思政目标

培养不畏困难、脚踏实地的优良作风，勤奋学习，夯实基础。

知识目标

1. 了解 TTL 和 CMOS 门电路的基本组成，能对 TTL 与非门的工作原理进行简要分析。
2. 理解门电路的主要参数及其外部特性。
3. 熟悉常用的集成门电路的特性、功能。

技能目标

1. 熟记门电路的使用常识，能正确使用门电路。
2. 会查阅数字集成电路手册，根据逻辑功能及特性选用和代换门电路。
3. 会对门电路的特性及功能进行测试。

2.1 分立元件门电路

分立元件门电路现已极少使用，但作为基础电路，了解它们能帮助学生理解集成门电路的工作原理和特性。

2.1.1 分立二极管门电路

利用二极管的开关特性可以构成二极管与门、或门。

项目 2 数控电动机运行控制电路

1. 二极管的开关特性

一个理想开关应满足以下条件：开关闭合时阻抗为零；开关断开时阻抗为无穷大，开关中没有电流流过。由于二极管具有导通和截止两种可以明显区分的状态，与理想开关的工作特征相近，因此经常作为开关使用。下面首先讨论二极管开关等效电路。

在图 2-1（a）中，设二极管 VD 为硅管，VD 正向电阻 ≪ R ≪ VD 反向电阻。当 u_i 为高电平 U_{IH} 且大于二极管门限电平 U_T（约 0.5V）时，二极管导通，等效为一个具有 0.7V 压降的闭合开关，如图 2-1（b）所示；当 u_i 为低电平 U_{IL} 且小于 U_T 时，二极管截止，等效为一个断开的开关，如图 2-1（c）所示。

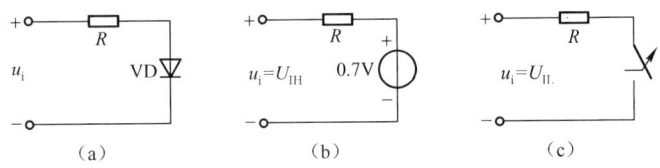

图 2-1 二极管开关等效电路

2. 二极管门电路

在具体分析门电路之前，首先规定：本书采用正逻辑表示方法，即用逻辑 1 表示高电平，逻辑 0 表示低电平。负逻辑表示方法与之相反。

（1）二极管与门。

二极管与门如图 2-2 所示。电路有两个输入端 A、B 和一个输出端 F。由于二极管正极连在一起，因此负极电位最低的二极管优先导通。所以，只有当 u_{iA} 与 u_{iB} 全部为高电平 3V 时，u_{oF} 才为高电平 3.7V（=3V+0.7V）；而当 u_{iA} 与 u_{iB} 中有一个为低电平 0.3V 时，u_{oF} 为低电平 1V（=0.3V+0.7V），如表 2-1 所示。如果用"1"表示高电平，"0"表示低电平，则可将电平真值表转换成逻辑真值表，同列于表 2-1 中。由逻辑真值表得逻辑函数表达式 F=AB，可见，电路实现了与运算。

表 2-1 二极管与门的真值表

电平真值表（单位：V）			逻辑真值表		
输入		输出	输入		输出
u_{iA}	u_{iB}	u_{oF}	A	B	F
0.3	0.3	1	0	0	0
0.3	3	1	0	1	0
3	0.3	1	1	0	0
3	3	3.7	1	1	1

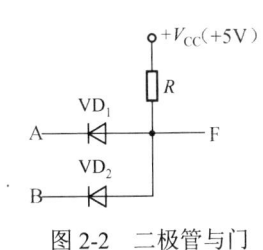

图 2-2 二极管与门

（2）二极管或门。

二极管或门如图 2-3 所示。由于二极管负极连在一起，因此正极电位最高的二极管优先导通。所以，当 u_{iA} 或 u_{iB} 中有一个为高电平 3.7V 时，u_{oF} 为高电平 3V；当 u_{iA} 与 u_{iB} 全部为低电平 1V 时，u_{oF} 为低电平 0.3V，如表 2-2 所示。表 2-2 中还列出了逻辑真值表，由逻辑真值表可得逻辑函数表达式 F=A+B，可见，电路实现了或运算。

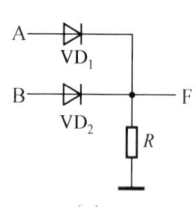

图 2-3 二极管或门

表 2-2 二极管或门的真值表

电平真值表（单位：V）			逻辑真值表		
输入		输出	输入		输出
u_{iA}	u_{iB}	u_{oF}	A	B	F
1	1	0.3	0	0	0
1	3.7	3	0	1	1
3.7	1	3	1	0	1
3.7	3.7	3	1	1	1

> 📖 **工程应用**
>
> 与门和或门在数字电路中经常作为控制门使用。A 控与门如图 2-4 所示，当控制端信号 A 为高电平时，传送信号端输入的矩形波信号 B 能够传送到输出端，称为门开通；而当 A 为低电平时，输出恒为 0，B 被禁止，不能传送，称为门关闭或封锁。
>
>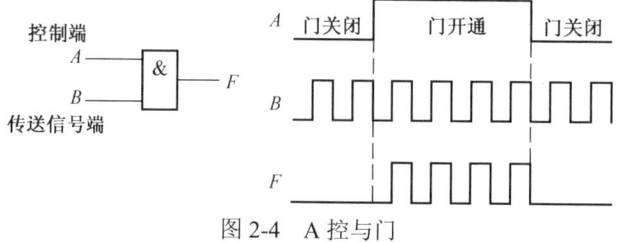
>
> 图 2-4 A 控与门
>
> A 控或门如图 2-5 所示。当 A 为低电平时，B 能够传送，这时门开通；而当 A 为高电平时，输出恒为 1，B 被禁止，不能传送，这时门关闭。
>
>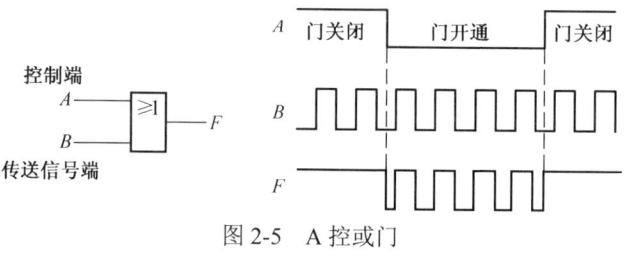
>
> 图 2-5 A 控或门

2.1.2 分立三极管门电路

利用三极管的开关特性可以构成三极管非门。

1. 三极管的开关特性

在三极管的发射结和集电结上分别加不同的偏置电压，可使三极管工作在放大区、截止区或饱和区。利用三极管的截止与饱和特性，能够构成三极管开关电路，如图 2-6（a）所示，其中 R_B 为基极限流电阻。三极管 VT 的基极 B 是控制电极，集电极 C 和发射极 E

分别是开关的两个接点。改变基极输入电压 u_i，可以控制开关的两个接点的通断。C、E 间的电压 U_{CE} 作为电路的输出电压 u_o。

（1）三极管静态开关特性。

三极管静态开关特性是指三极管输入电平与输出电平取值的对应关系，又分为截止特性和饱和特性。

①截止特性。已知三极管的截止条件为

$$u_{BE} \leqslant U_T$$

式中，U_T 为三极管死区电压。

设三极管为硅管，则 $U_T \approx 0.5V$。当输入电压 u_i 为低电平 $U_{IL} < U_T$ 时，三极管截止。此时 $I_B \approx 0$，$I_C \approx 0$，$I_E \approx 0$，三极管三个电极间相当于断开的开关，其等效电路如图 2-6（b）所示。三极管输出电压为高电平，$u_o = U_{OH} = V_{CC}$。

②饱和特性。当 u_i 为高电平 $U_{IH} > U_T$ 且能够使三极管饱和时，三极管各极电压为

$$U_{BE} = U_{BES}; \quad U_{CE} = U_{CES}$$

式中，U_{BES} 是 B、E 间的饱和压降；U_{CES} 是 C、E 间的饱和压降。一般硅管的 U_{BES} 为 0.7～0.8V，U_{CES} 为 0.1～0.3V。三极管饱和时的等效电路如图 2-6（c）所示。

由图 2-6（c）可以求得三极管饱和集电极电流 I_{CS} 为

$$I_{CS} = \frac{V_{CC} - U_{CES}}{R_C} \approx \frac{V_{CC}}{R_C}$$

可见，I_{CS} 是集电极电流所能达到的最大值。设三极管临界饱和基极电流为 I_{BS}，在临界饱和时，三极管能够满足

$$I_{BS} = \frac{I_{CS}}{\beta}$$

在饱和区，$i_B > I_{BS} = I_{CS}/\beta$，即三极管进入饱和区后，$i_B$ 增大，i_C 基本保持 I_{CS} 不变。i_B 大于 I_{BS} 越多，三极管饱和越深。

由图 2-6(c)容易看出，当输入为高电平 U_{IH} 时，三极管输出低电平，$u_o = U_{OL} = U_{CES} \approx 0.3V$。

列出三极管开关电路的真值表，如表 2-3 所示，可见，其输入电平与输出电平取值方向相反。

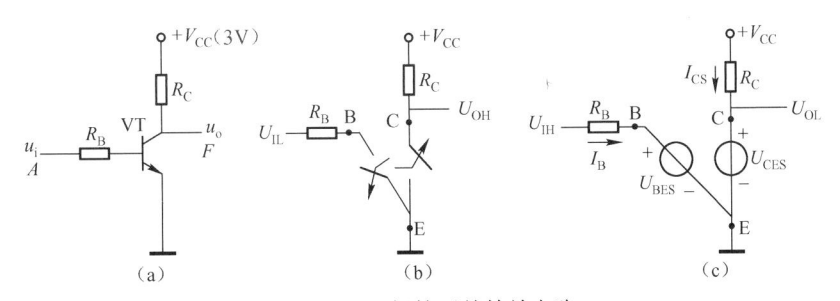

图 2-6 三极管开关等效电路

（2）三极管动态开关特性。

三极管动态开关特性是指三极管由饱和变为截止或由截止变为饱和时的转换特性。当为如图 2-6（a）所示的电路输入一个矩形波 u_i 时，实测到的集电极电流 i_C 与输出电压 u_{CE} 的波形如图 2-7 所示。i_C 与 u_{CE} 产生了上升沿与下降沿，并且相对于 u_i 产生了一定的延迟时间，4 个时间参数分别是延迟时间 t_d、上升时间 t_r、存储时间 t_s、下降时间 t_f。$t_d + t_r = t_{ON}$ 称

为开启时间，t_{ON} 反映了三极管从截止到饱和所需的时间；$t_s+t_f=t_{OFF}$ 称为关闭时间，t_{OFF} 反映了三极管从饱和到截止所需的时间。

扫一扫看拓展阅读：三极管开关时间形成的原因

表 2-3　三极管开关电路的真值表

电平真值表（单位：V）		逻辑真值表	
输入	输出	输入	输出
u_i	u_o	A	F
0.3	3	0	1
3	0.3	1	0

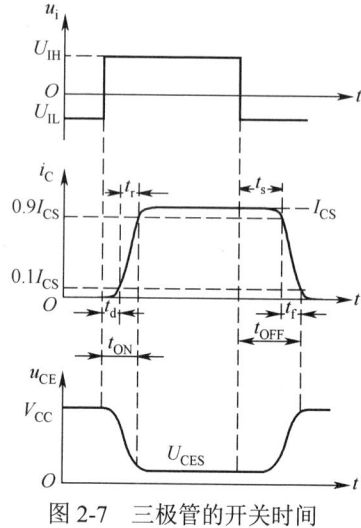

图 2-7　三极管的开关时间

时间参数是衡量三极管开关速度的重要参数。延迟时间越小，三极管开关速度越高。

2．三极管非门

图 2-6（a）所示的电路就是一个三极管非门。非门又称反相器，其输入信号与输出信号变化方向相反。由表 2-3 可得非门逻辑函数表达式 $F=\overline{A}$。

思考与练习

1．与非门可以作为控制门使用。试画出图 2-8 中的 A 控与非门在控制信号 A 的作用下，输出信号 F 的波形。

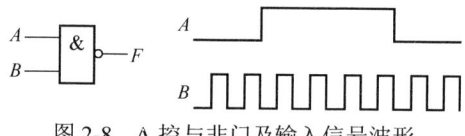

图 2-8　A 控与非门及输入信号波形

2．试问或非门能否作为控制门使用？在上题中，如果门电路是或非门，请画出输出信号 F 的波形。

3．何为正逻辑？何为负逻辑？试用负逻辑列出如图 2-2 和图 2-3 所示的门电路的真值表，判断门电路的功能，并与由正逻辑得到的结论进行比较，总结正、负逻辑函数表达式之间的关系。

2.2　TTL 门电路

根据晶体管的导电类型，集成电路分为双极型和单极型两类。TTL 门电路是双极型集成电路，它的输入端和输出端都采用双极型晶体管结构，因此取名为晶体管-晶体管逻辑（Transistor-Transistor Logic）电路，简称 TTL 门电路。TTL 门电路有与非门、与门、集电极开路（Open Collector，OC）门、三态门等多种类型。下面重点分析与非门的原理及特性。

2.2.1 TTL 与非门

TTL 与非门如图 2-9 所示，电路组成分为三级。输入级由多发射极晶体管 VT_1 和电阻 R_1 组成，其等效电路如图 2-10 所示。由图 2-10 可见，输入级是一个与门，VT_1 集电结起电平移动作用。在图 2-9 中，VT_2、VT_6 等组成中间级，由 VT_2 的集电极和发射极输出一对极性相反的信号驱动输出级。输出级由 $VT_3 \sim VT_5$、R_3 和 R_4 组成，此输出结构称为有源推拉输出或图腾柱输出。

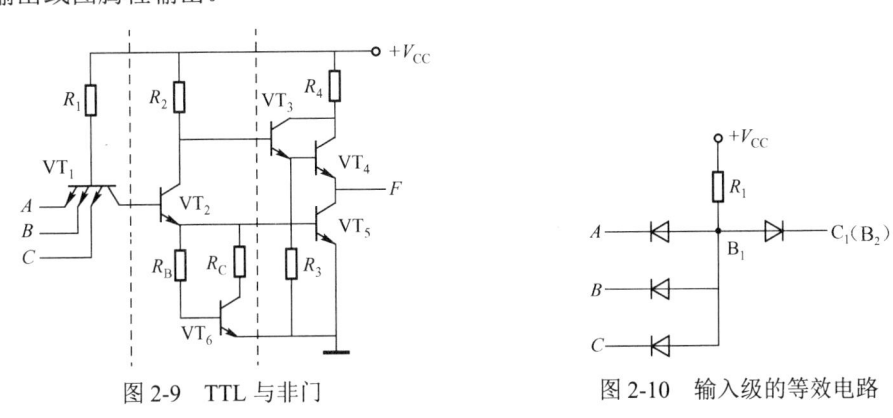

图 2-9 TTL 与非门　　　　图 2-10 输入级的等效电路

1. 工作原理

在图 2-9 中，当输入信号有一个为低电平 0.3V 时，VT_1 基极电位 u_{B1} 就被限定为 0.3V+0.7V=1V。若使 VT_2、VT_5 导通，则 u_{B1} 必须达到 2.1V，因此 VT_2、VT_5 截止。V_{CC} 通过 R_2 使 VT_3、VT_4 导通，$u_{C2}=V_{CC}-I_{B3}R_2 \approx V_{CC}$，$u_o=u_{C2}-U_{BE3}-U_{BE4} \approx V_{CC}-0.7V-0.7V=3.6V$，输出为高电平 U_{OH}。

当输入信号全为高电平 3.6V 时，u_{B1} 升高，使 VT_2、VT_5 饱和，从而将 u_{B1} 限定为 2.1V，VT_1 倒置（集电极与发射极颠倒使用），电流放大系数 β_1 只有 0.05 左右，每个发射极的电流都很小。又因为 $u_{C2}=U_{CES2}+U_{BES5}=0.3V+0.7V=1V$，所以 VT_3 导通、VT_4 截止，$u_o=U_{CES5}=0.3V$，输出为低电平 U_{OL}。

综上所述，当输入信号 A、B、C 中有一个为低电平时，输出 F 为高电平；只有输入信号 A、B、C 均为高电平时，输出信号 F 才为低电平。输入信号和输出信号的逻辑关系为

$$F=\overline{ABC}$$

下面讨论有源推拉输出结构与 VT_6 的作用。

当输出级输出信号为高电平时，VT_3 和 VT_4 组成的射随器工作，VT_5 为射随器有源负载，VT_5 截止，使输出电阻很小，小于 100Ω。而当输出级输出信号为低电平时，VT_5 饱和，VT_4 作为 VT_5 的有源负载，VT_4 截止，使输出电阻仅为几十欧姆。总之，采用有源推拉输出结构，减小了门电路的输出电阻，增强了带负载能力。

应当指出，此结构的输出端不可直接与地线或电源线相连。输出端与地线相连时，VT_3、

VT$_4$会因电流过大而损坏；输出端与电源线相连时，VT$_5$会因电流过大而烧毁。此外，输出端也不能直接相连，即有源推拉输出结构输出端不能并联。否则，在如图2-11所示的输入情况下，会有很大的电流流过两个门电路中导通的输出管，导致输出管损坏。

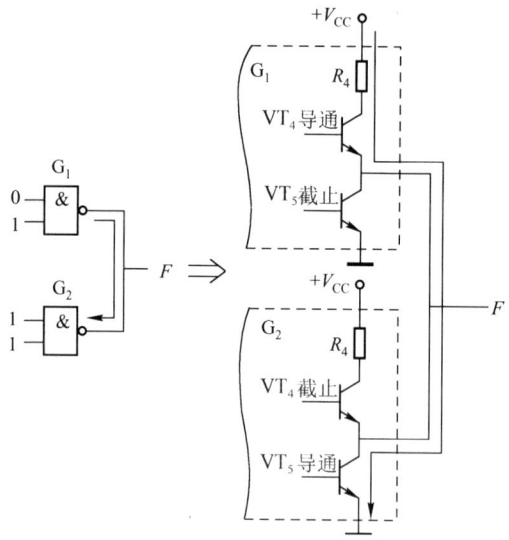

图2-11 有源推拉输出结构输出端不能并联

在图2-9中，VT$_6$和R$_B$、R$_C$组成有源泄放电路，其作用是提高电路的工作速度。当输入信号由高电平变为低电平时，VT$_2$截止，VT$_5$、VT$_6$随之截止。因VT$_6$基极和集电极分别通过R$_B$与R$_C$接到VT$_5$基极，所以在VT$_5$尚未截止时，VT$_6$发射结仍正偏，使VT$_6$导通，VT$_5$基区存储的电荷通过VT$_6$泄放。VT$_6$集电极电流很大，从VT$_5$基区抽走电荷的能力很强，从而提高了VT$_5$的截止速度和电路的工作速度。

2．电气特性

门电路的电气特性主要包括传输特性、输入特性和输出特性。

（1）传输特性。

传输特性是指门电路的输出电压u_o随输入电压u_i变化的曲线。以如图2-9所示的TTL与非门的基本电路为例，其测量电路及实测曲线如图2-12所示。

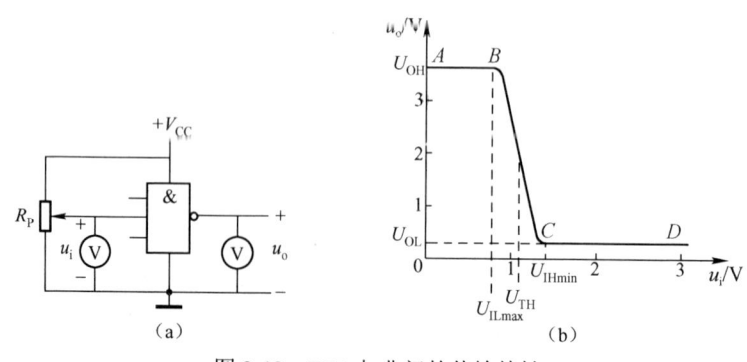

图2-12 TTL与非门的传输特性

曲线分为以下三段。

①AB 段，u_i<0.8V，u_{B1}=u_i+U_{BE1}=(u_i+0.7V)<1.5V，所以 VT_2、VT_5 截止，输出信号保持为高电平 U_{OH}=3.6V。因此，在 AB 段，u_o 不随 u_i 变化而变化，称为门关闭。

②BC 段，0.8V<u_i<1.4V，u_{B1}<2.1V，VT_2、VT_5 导通，但不具备饱和条件而处于放大区，当 u_i 增大时，u_{C2} 减小，通过 VT_3、VT_4 的跟随作用，u_o 减小，所以 BC 段为下降段。

③CD 段，u_i>1.4V，u_{B1}=2.1V，VT_2、VT_5 饱和。因为 VT_5 饱和，所以 u_o=U_{CES5} 不再变化，保持为低电平 U_{OL}，称为门开通。

利用传输特性能够求出与非门的几个重要参数。

①输出高电平 U_{OH} 与输出低电平 U_{OL} 分别为门关闭与门开通时的输出电压。

②输入低电平 U_{IL} 与输入高电平 U_{IH} 分别为门关闭与门开通时的输入电压。U_{IL} 与 U_{IH} 都允许有一定的取值范围。但为了保证输出信号为高电平，要限制输入低电平的最大值，最大输入低电平记作 U_{ILmax}。而为了保证输出信号为低电平，要限制输入高电平的最小值，最小输入高电平记作 U_{IHmin}。在图 2-12 中，U_{ILmax}=0.8V，U_{IHmin}=1.4V。

③门限电平又称阈值电压，记作 U_{TH}。一般取 $U_{TH}=\dfrac{U_{ILmax}+U_{IHmin}}{2}$。图 2-12 中的 U_{TH}=1.1V。

通常认为，u_i<U_{TH} 时门关闭，u_i>U_{TH} 时门开通。

④低电平噪声容限 U_{NL} 是指输入信号为低电平时，为保证输出信号为高电平，输入端所允许的最大正向干扰幅度；高电平噪声容限 U_{NH} 是指输入信号为高电平时，为保证输出信号为低电平，输入端所允许的最大负向干扰幅度。噪声容限越大，门电路抗干扰能力越强。

门电路在组成系统电路时，前级门（称为驱动门）的输出往往是后级门（称为负载门）的输入，如图 2-13 所示。由此可求得噪声容限为 U_{NL}=U_{ILmax}−U_{IL}=U_{ILmax}−U_{OLmax}，U_{NH}=U_{IH}−U_{IHmin}=U_{OHmin}−U_{IHmin}。

图 2-13 噪声容限

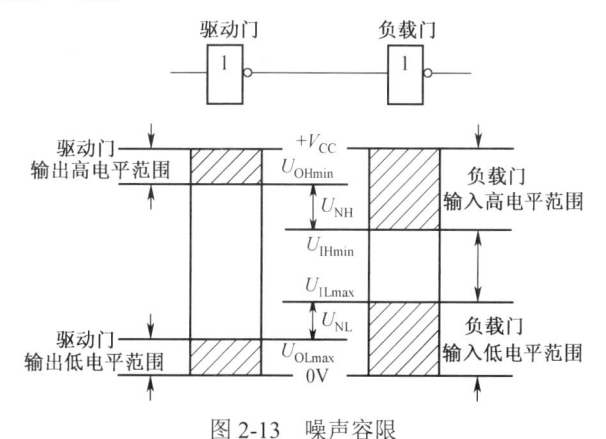

（2）输入特性。

输入特性分为输入伏安特性和输入负载特性。

①输入伏安特性是指 u_i 与 i_i 之间的关系曲线，其测量电路及实测曲线如图 2-14 所示。

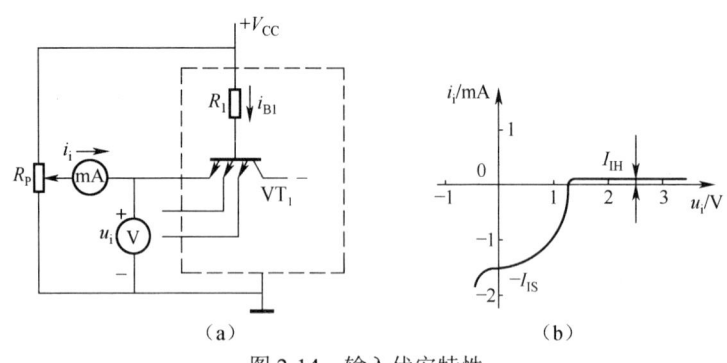

图 2-14 输入伏安特性

当 $u_i<0.8V$ 时，VT_2、VT_5 未导通，有

$$i_i=-i_{B1}=-\frac{V_{CC}-u_{BE1}-u_i}{R_1}=-\frac{5V-0.7V-u_i}{R_1}$$

式中，负号表示电流流出输入端。

当 $u_i=0V$ 时，设 $R_1=2.8k\Omega$，则 $i_i=-1.4mA$。此电流称为输入短路电流，记作 $-I_{IS}$。

当 $0.8V<u_i<1.4V$ 时，u_i 增大，VT_1 向倒置状态转变，输入电流绝对值减小，方向改变。

当 $u_i=1.4V$ 时，u_{B1} 被限定为 2.1V，VT_1 倒置，则

$$i_i=I_{IH}=\beta_i\, i_{B1}$$

式中，I_{IH} 为输入漏电流。由于 $\beta_i\approx0.05$，数值极小，所以 I_{IH} 很小，约为几十微安。

可见，图 2-14 所示的曲线中反映了两个重要参数：I_{IS} 是输入低电平 $U_{IL}=0V$ 时流出输入端的电流，其值较大（毫安级）；I_{IH} 是输入高电平 $U_{IH}>1.4V$ 时流入输入端的电流，其值很小（微安级）。

②输入负载特性是指 u_i 随输入端外接电阻 R_i 变化的曲线，如图 2-15 所示。由图 2-15 可见，R_i 增大，u_i 增大，当 u_i 增大到 U_{TH} 时，门开通，此时 R_i 称为开门电阻 R_{ON}。通常认为，$R_i<R_{ON}$ 时门关闭，输出高电平；$R_i>R_{ON}$ 时门开通，输出低电平。所以，TTL 与非门不用的输入端悬空，相当于接逻辑高电平。

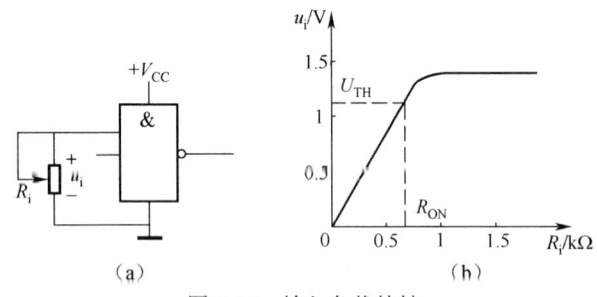

图 2-15 输入负载特性

（3）输出特性。

输出特性是指门电路输出电压与输出电流之间的关系曲线。在分析输出特性之前，有必要先讨论门电路的带负载能力。在实际应用中，驱动门输出端一般接有几个负载门，如图 2-16 所示。驱动门的输出电流称为驱动电流，既流经驱动门又流经负载门的电流称为负载电流。根据负载电流的实际流向，通常将负载分为以下两种。

①灌电流负载。设图 2-16 中的驱动门开通，VT_5 饱和，$u_o=U_{OL}$，如图 2-17 所示。因此，负载门输入低电平，各负载门实际电流分别为 I_{OL1}、I_{OL2}。由图 2-17 可知

$$I_{OL1}=i_{B1}\approx I_{IS}; \quad I_{OL2}=I'_{OL2}+I''_{OL2}=i_{B1}\approx I_{IS}$$

所以

$$I_{OL1}=I_{OL2}\approx I_{IS}$$

总负载电流为

$$I_{OL}=I_{OL1}+I_{OL2}\approx 2I_{IS}$$

由于此负载电流是从 V_{CC} 经负载门灌入驱动门输出端的，因此称此负载为灌电流负载。

当灌电流 I_{OL} 增大时，由三极管饱和特性可知，在 I_{B5} 不变的情况下，相当于 I_{CS5} 增大，VT_5 饱和程度变浅，输出低电平 $u_{OL}=U_{CES5}$ 增大。因此，为保证输出低电平 U_{OL} 符合其上限要求，I_{OL} 的最大值 I_{OLmax} 被确定，即允许带相同负载门的最大数目 N_{Lmax} 被确定：$N_{Lmax}=I_{OLmax}/I_{IS}$。

②拉电流负载。设图 2-16 中的驱动门关闭，VT_4 导通，$u_o=U_{OH}$，如图 2-18 所示。负载门输入高电平，各负载门实际电流分别为 I_{OH1}、I_{OH2}。由输入伏安特性可知

图 2-16 与非门的负载

$$I_{OH1}=\beta_i i_{B1}=I_{IH}; \quad I_{OH2}=I'_{OH2}+I''_{OH2}=\beta_i i_{B1}+\beta_i i_{B1}=I_{IH}+I_{IH}=2I_{IH}$$

所以，总负载电流为

$$I_{OH}=3I_{IH}$$

由于此负载电流是从驱动门输出端流出的，所以称此负载为拉电流负载。

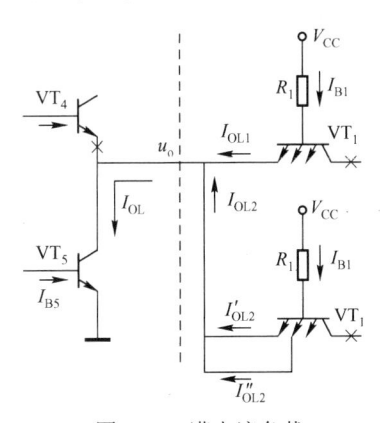

图 2-17 灌电流负载

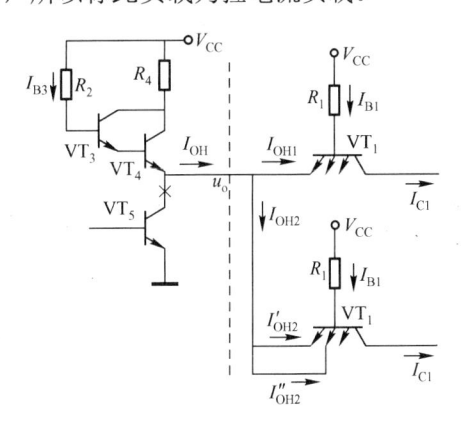

图 2-18 拉电流负载

在图 2-18 中，$U_{OH}=V_{CC}-I_{B3}R_2-U_{BE3}-U_{BE4}$。当拉电流 I_{OH} 增大时，I_{B3} 与 U_{BE3}、U_{BE4} 都增大，因此，U_{OH} 减小。为保证 U_{OH} 的下限符合要求，I_{OH} 的最大值 I_{OHmax} 被确定，即允许带相同负载门的输入端最大数目 N_{Hmax} 被确定：$N_{Hmax}=I_{OHmax}/I_{IH}$。

在计算带负载能力时，要按最坏情况考虑，取 N_{Lmax} 和 N_{Hmax} 中较小的一个作为 N_O。N_O 是一个驱动门能驱动同类型门的个数，称为扇出系数。一般 TTL 门电路的 $N_O \geqslant 8$。

门电路输出电压不同时,输出特性曲线也不同。

①输出高电平时带拉电流负载。测量时的等效电路如图 2-19(a)所示,若拉电流增大,则输出电压减小,变化曲线如图 2-19(b)所示。

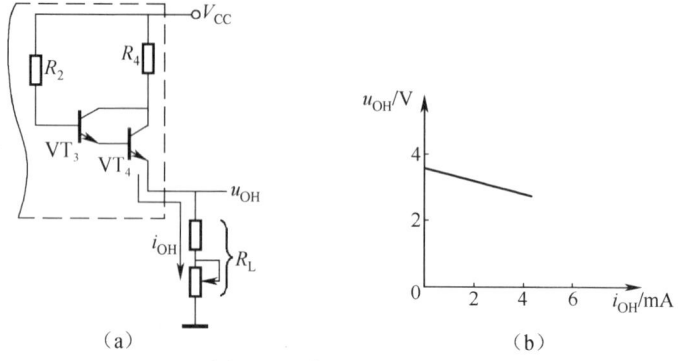

图 2-19 高电平输出特性

②输出低电平时带灌电流负载。测量时的等效电路如图 2-20(a)所示。若灌电流增大,则输出电压增大,变化曲线如图 2-20(b)所示。

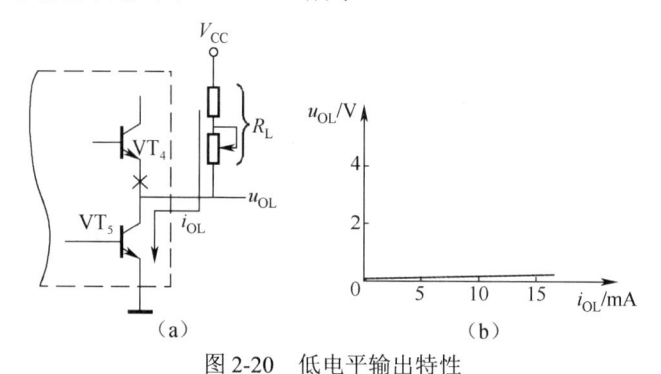

图 2-20 低电平输出特性

工程应用

器件手册中给出了门电路的电气特性,它是工程中正确选择、使用门电路的重要依据。例如,在图 2-16 中,驱动门与负载门选择同一型号的门电路,如果要求 $U_{OLmax}=0.2V$, $U_{OHmin}=3.2V$,那么 G_1 的扇出系数 N_O 是多少?

由于 $U_{OLmax}=0.2V$,$U_{OHmin}=3.2V$,因此,应保证 $U_{OL} \leq 0.2V$,$U_{OH} \geq 3.2V$。

首先确定 $U_{OL} \leq 0.2V$ 时能驱动的门电路数目 N_L。由图 2-20 可知,$u_{OL}=0.2V$ 时的负载电流 i_{OL} 约为 16mA。由图 2-14 可知,当 $u_i=0.2V$ 时,每个门电路的输入电流 i_i 约为 $-1.3mA$,即 $i_{OL1}=1.3mA$,于是得

$$N_L i_{OL1} \leq i_{OL}$$

即

$$N_L \leq \frac{i_{OL}}{i_{OL1}} = \frac{16}{1.3} \approx 12$$

再来计算 $U_{OH} \geqslant 3.2V$ 时能驱动的门电路数目 N_H。由图 2-19 可知，$u_{OH}=3.2V$ 时的负载电流 i_{OH} 约为 3mA。这时要注意，由于受到功耗的限制，有些门电路规定了输出高电平时的最大负载电流不能超过某一数值。假设本例所选门电路在器件手册中规定输出高电平时的最大负载电流不能超过 0.4mA，则应在两个电流中选择较小的一个进行计算，因此取 $i_{OH} \leqslant 0.4mA$。由图 2-14 可知，当 $u_i=3.2V$ 时，每端的输入电流 i_i 约为 0.05mA，即 $i_{OH1}=0.05mA$，于是得

$$N_H i_{OH1} \leqslant i_{OH}$$

即

$$N_H \leqslant \frac{i_{OH}}{i_{OH1}} = \frac{0.4}{0.05} = 8$$

比较 N_L 与 N_H，根据 $N_H=8$ 来确定 N_O。由于 N_H 是输入端数目，因此，负载门输入端的连接方式对 N_O 有影响。设图 2-16 中 G_1 的所有负载门都采用两端连接驱动门，如图 2-16 中下方的负载门所示，则 $N_O=4$；如果所有负载门都采用单端连接驱动门，如图 2-16 中上方的负载门所示，则 $N_O=8$。

（4）传输延迟特性。

由于三极管开关延迟特性等因素的影响，当门电路的输入电平发生跳变时，只有经过一段时间延迟，门电路的输出电平才能变化，这一动态延迟称为传输延迟特性，如图 2-21 所示。其中，输出由低电平变为高电平的延迟时间为 t_{PLH}，高电平变为低电平的延迟时间为 t_{PHL}。t_{PLH} 与 t_{PHL} 的平均值定义为平均延迟时间 t_{pd}，即 $t_{pd}=\frac{t_{PLH}+t_{PHL}}{2}$。

传输延迟时间是反映门电路工作速度的重要参数，传输延迟时间越小，工作速度越高。通常根据传输延迟时间，将门电路划分为低速门、中速门、高速门等。

（5）功耗。

功耗是指器件工作时所消耗的功率。器件手册中通常给出空载情况下，门电路输出高电平与低电平时的电源电流。由给定的电源电流计算门电路的静态功耗，静态功耗就等于电源电流 I_{CC} 与电源电压 V_{CC} 的乘积。图 2-9 所示的电路的静态功耗为 32mW，某些 TTL 门电路的功耗可为几毫瓦。

特别指出，与非门在状态转变时有一阶段 VT_4 和 VT_5 同时导通，这时会有一个很大的电流流过两管，使电源瞬时电流增大，尤其是在输出电平由低电平向高电平转变时，通过电源的尖峰电流可达十几毫安，如图 2-22 所示。显然，这会导致门电路在翻转过程中产生的动态功耗随着工作频率的增加而升高。因此，在工作频率较高时，不能忽视尖峰电流对门电路功耗的影响。

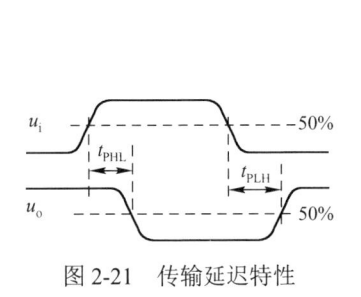

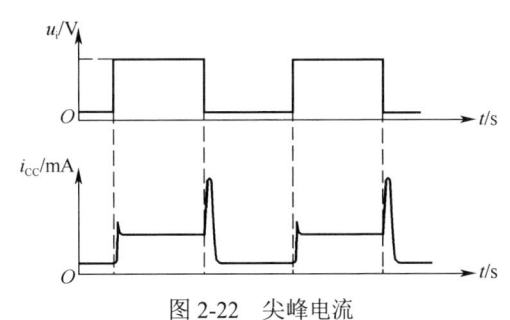

图 2-21 传输延迟特性

图 2-22 尖峰电流

阅读　器件手册

器件手册是提供器件特性数据的图书，是正确使用器件的依据。器件手册种类很多，有《常用晶体管手册》《中国集成电路大全》《标准集成电路数据手册》等。在一些电子类技术图书中，有许多以附录形式介绍器件参数的资料，也能起到与手册相同的作用，但其内容一般仅限于介绍书中的器件。对于一些著名公司生产的器件，特别是新器件，可以到这些公司的网站上查阅或下载器件特性数据，也可以利用一些搜索引擎查找器件的资料。

器件手册的基本内容一般包括以下几部分。

①器件型号索引。以器件型号的序号为序，列出器件型号及名称，并在正文中依次介绍器件特性数据。

②器件功能索引。将具有相同功能的器件分类列在一起，便于读者按器件功能迅速而方便地找到相应器件及其特性数据。

③器件型号说明。介绍器件手册中收录器件的型号命名方法。一般通过器件型号能反映出生产器件的厂家，器件的类型和功能、产品序号、封装形式等。

目前，国际上尚无集成电路型号命名的统一标准，国外制造商有自己的一套命名方法。国家标准 GB/T 3430—1989《半导体集成电路型号命名方法》规定了半导体集成电路的品种、系列、产品序号和等级、工作温度和封装形式的表示方法，由 5 部分组成，如表 2-4 所示。

表 2-4　半导体集成电路型号命名方法

第 0 部分		第一部分		第二部分	第三部分		第四部分	
用字母表示器件符合国家标准		用字母表示器件的类型		用阿拉伯数字和字符表示器件的系列和品种代号	用字母表示器件的工作温度范围		用字母表示器件的封装	
符号	意义	符号	意义		符号	意义	符号	意义
C	符合国家标准	T	TTL 电路		C	0～70℃	F	多层陶瓷扁平
		H	HTL 电路		G	-25～70℃	B	塑料扁平
		E	ECL 电路		L	-25～85℃	H	黑瓷扁平
		C	CMOS 电路		E	-40～85℃	D	多层陶瓷双列直插
		M	存储器		R	-55～85℃	J	黑瓷双列直插
		μ	微型机电路		M	-55～125℃	P	塑料双列直插
		F	线性放大器				S	塑料单列直插
		W	稳压器				K	金属菱形
		B	非线性电路				T	金属圆形
		J	接口电路				C	陶瓷片状载体
		AD	A/D 转换器				E	塑料片状载体
		DA	D/A 转换器				G	网格阵列
		D	音响、电视电路					
		⋮	⋮					

命名示例如下：

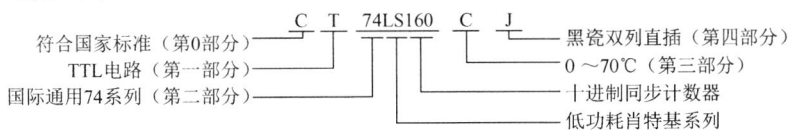

```
                    C T 74LS160 C J
  符合国家标准（第0部分）            黑瓷双列直插（第四部分）
  TTL电路（第一部分）               0～70℃（第三部分）
  国际通用74系列（第二部分）         十进制同步计数器
                                低功耗肖特基系列
```

有些手册只介绍进口器件，如《线性集成电路应用指南》（电子工业出版社）只介绍美国国家半导体公司生产的器件，型号说明在前言中，所以应养成阅读前言的习惯。

④器件参数、参数意义、参数测试条件。有些手册还给出了测试电路。

如果手册所收入的集成电路类型不同，那么这部分内容将在介绍各器件的具体数据时一并给出。

⑤器件数据。这部分是手册正文，详细列出了器件的各种数据，包括参数数据、封装、外形尺寸和引出端排列顺序。有些手册还给出了器件的内部电路/外部电路接线图、典型应用电路、实用参考电路、印制板图等。

⑥有些手册给出了器件质量评定方法。

⑦有些手册有国内外器件型号对照表、已废型的早期国产集成电路有关数据等，便于读者进行器件的代换。

⑧附录。要注意留心附录介绍的内容，有时会得到意想不到的帮助。

2.2.2 其他功能的TTL门电路

在TTL门电路系列产品中，除了常用的与非门，还有与门、或门、非门、或非门、与或非门、异或门、带扩展端的TTL门电路、OC门、三态门等。下面介绍其中几种。

1. TTL与或非门

TTL与或非门如图2-23所示，它比图2-9多了VT_1'、VT_2'和R_1'，这部分电路的作用与VT_1、VT_2和R_1的作用完全相同。因VT_2与VT_2'输出端并联，所以其中任何一个管导通，都使VT_5导通，输出低电平；只有VT_2和VT_2'同时截止，VT_5才截止，输出高电平。可见，VT_2、VT_2'输出端并联具有或逻辑功能，整个电路的逻辑功能是与或非，即

$$F = \overline{A_1A_2 + B_1B_2}$$

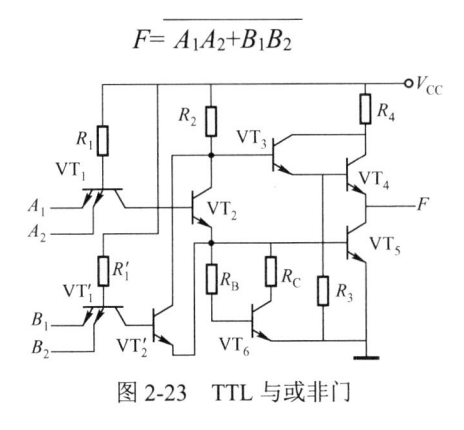

图2-23 TTL与或非门

2. 带扩展端的TTL门电路

门电路的输入端数目称为扇入系数。TTL门电路的扇入系数一般为2、3、4。利用扩

展器配合带扩展端的 TTL 门电路可以增大扇入系数。扩展器有与扩展器和与或扩展器两种。

与扩展器实际上就是一个多发射极晶体管，图 2-24（a）所示的虚线框内的电路为与扩展器，图 2-24（b）所示为其逻辑符号，它与带与扩展端的 TTL 门电路 [图 2-24（c）所示为带与扩展端的 TTL 与非门的逻辑符号] 相配合，将扇入系数由 3 增大到 6。输出 F 为

$$F=\overline{ABC \cdot A'B'C'}$$

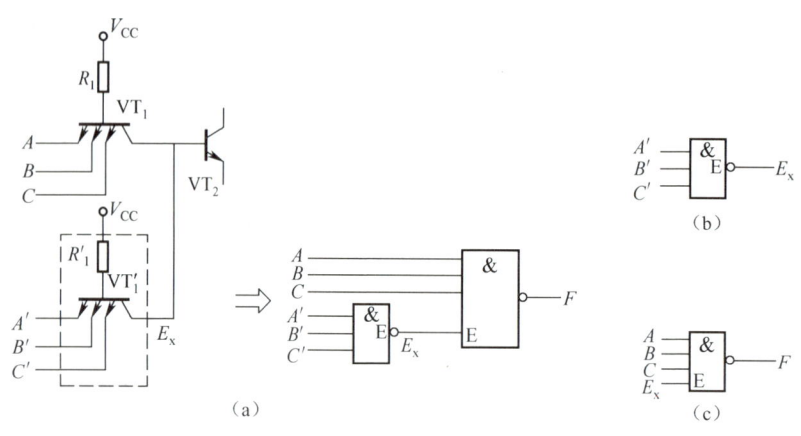

图 2-24 带与扩展端的 TTL 与非门的扇入系数

图 2-25（a）所示为将与或扩展器 [见图 2-25（b）] 和带与或扩展端的 TTL 与或非门 [见图 2-25（c）] 相配合，输出 F 为

$$F=\overline{AB+CD+A'B'+C'D'}$$

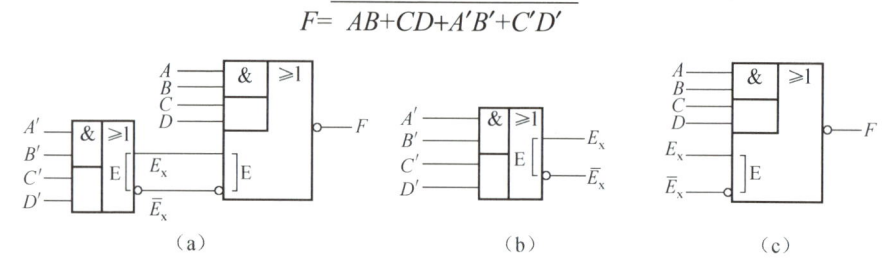

图 2-25 带与或扩展端的 TTL 与或非门的扇入系数

3. OC 门

在数字系统中广泛使用线逻辑。所谓线逻辑，就是指将门电路输出端或输入端直接相连而实现的逻辑功能。因为这种逻辑功能是在连接点处实现的，所以又称点逻辑。

OC 门可以实现线与逻辑。图 2-26（a）所示为 OC 门的电路图及逻辑符号。由于 VT_3 集电极开路，因此使用时必须在输出端与电源之间串联电阻 R_L，如图 2-26（b）所示，R_L 称为上拉电阻，其阻值选取方法参考本节思考与练习第 4 题。V'_{CC} 根据实际情况选择，在 R_L 支路所需电流较小时，可与 OC 门使用同一电源 V_{CC}。

图 2-27 所示为将几个 OC 门输出端直接相连实现线与逻辑功能：当任一 OC 门输出低电平时，输出 F 都为低电平，只有当所有 OC 门都输出高电平时，输出 F 才为高电平，即

$$F=F_1 \cdot F_2 \cdot F_3=\overline{AB} \cdot \overline{CD} \cdot \overline{EF}$$

图 2-26　OC 门

图 2-27　OC 门线与逻辑

> **应用实例**

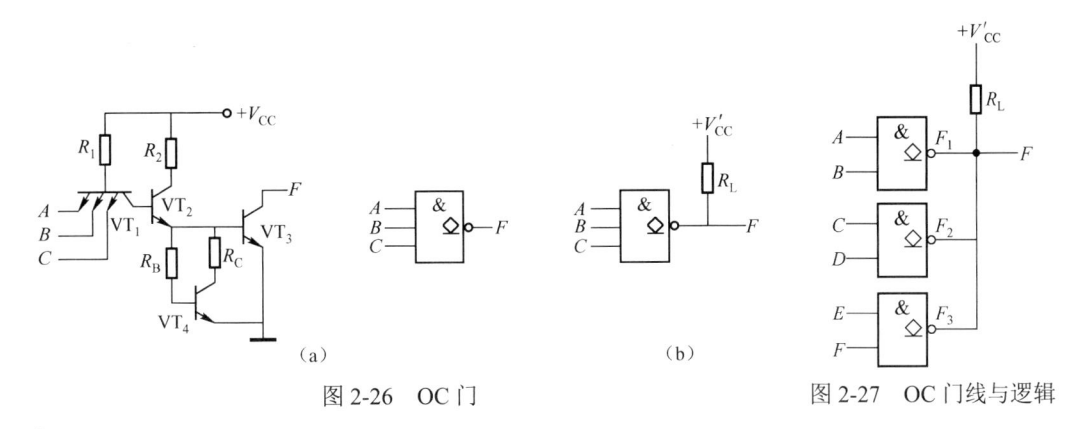

OC 门用途很广，除了实现线逻辑，还常驱动各种导通电流较大的负载，如发光二极管（LED）、荧光数码管、小型继电器等。当然，这时输出管 VT_3 要设计得足以承受较大的电流和电压。

图 2-28（a）所示为数控电动机运行控制电路原理简图，电路中有两个控制开关，电源开关 A 和过载保护开关 B，两个开关都有自己的控制系统，只要两个开关同时闭合，电动机就转动。图 2-28（b）所示为实际的数控电动机运行控制电路，其中用 OC 门实现两个开关对电动机的控制，因为 OC 门提供的电流较小，不能直接驱动电动机，所以用 OC 门驱动继电器来实现控制。LED 用来指示电动机是否转动，R 为限流电阻。

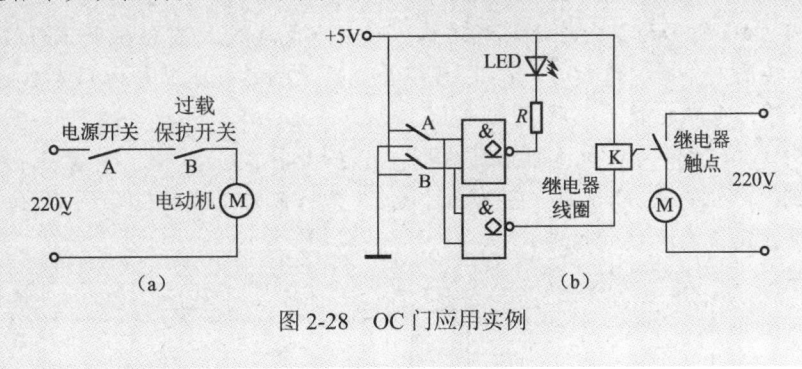

图 2-28　OC 门应用实例

4．三态门

三态门简称 TS（Three State）门或 3S 门，除具有 0、1 两种低阻输出状态外，还具有第三种输出状态——高阻态 Z，在此状态下，三态门的输出端相当于断开。

三态 TTL 与非门的电路图如图 2-29（a）所示，它加了一个控制端 EN，EN 端又称使能端或允许端。当 EN 端为高电平时，VD 截止，相当于 VD 支路断开，此时电路如图 2-9 所示，$F=\overline{AB}$；当 EN 端为低电平时，VD 导通，使 u_{C2} 减小，VT_4 截止，又因 VT_5 截止，所以从输出端看电路是高阻态。可见，当 EN 端信号 $E=0$ 时，输出是高阻态；而当 $E=1$ 时，电路实现与非逻辑，因此称此三态门为高电平有效的三态门，其逻辑符号如图 2-29（b）所示。

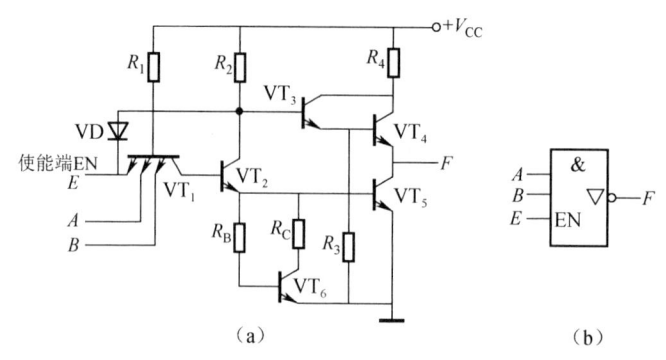

图 2-29 三态 TTL 与非门

图 2-30 低电平有效的三态门的逻辑符号

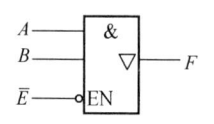

图 2-30 所示为低电平有效的三态门的逻辑符号，即 $\bar{E}=1$ 时输出为高阻态，$\bar{E}=0$ 时 $F=\overline{AB}$。由于 EN 端信号低电平有效，所以逻辑符号在 EN 端上加小圆圈，在信号 E 上加"-"表示。

工程应用

在通信系统或计算机中，利用三态门可以构成总线结构，分时传送不同的信号（这种传送方式称为时分复用）。总线就是一组导线（一条或多条），是传输信息的公共线。任一瞬时，一条总线上只允许传送一个信息。

图 2-31（a）所示为单向传输总线结构，它在一条总线上接了 6 个三态门。当 E_1、E_2、E_3 轮流接高电平时，信号 A、B、C 可以轮流传送到总线上，并由 G_4、G_5、G_6 中 EN 端为高电平的门电路把信号接收下来。

图 2-31（b）所示为双向传输总线结构。当 $E=1$ 时，G_1 工作，G_2 禁止，信号 A 经 G_1 被传送到总线上；当 $E=0$ 时，G_1 禁止，G_2 工作，来自总线的信号经 G_2 传送，即 G_2 的输出信号 B 是来自总线的信号。

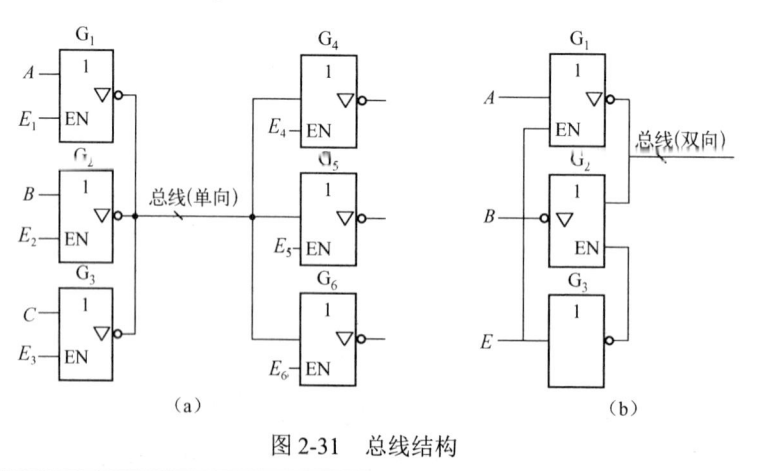

图 2-31 总线结构

5. 驱动门和缓冲门

驱动门具有强带负载能力，扇出系数一般可达 50，因此又称功率门、驱动器。缓冲门在电路中起隔离作用，也具有强带负载能力，因此从带负载能力方面来看，可把缓冲门（缓冲器）看作驱动门（驱动器）。图 2-32 所示为驱动门和缓冲门的逻辑符号，图 2-32（a）是与非驱动门，图 2-32（b）是与缓冲门（OC 门），图 2-32（c）是反相缓冲/驱动门，图 2-32（d）是缓冲门（3S）。图 2-32（d）中的 EN 端上的三角符号是低电平有效的另一种表示方法，称为极性指示。

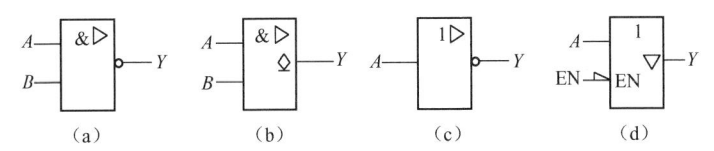

图 2-32 驱动门和缓冲门的逻辑符号

2.2.3 TTL 门电路的改进

对 TTL 门电路的改进主要有两个方面：一是提高工作速度，二是降低功耗。因此出现了各具特色的子系列门电路。

1. 肖特基 TTL 门电路（S 系列）

三极管在进行状态转换时需要时间，尤其是在由饱和状态转为截止状态时，饱和越深，转换时间越长。S 系列门电路采用抗饱和晶体管以缩短转换时间，如图 2-33 所示，它由三极管在集电结处并联肖特基二极管构成。肖特基二极管的导通电压为 0.4～0.5V，开关速度比一般二极管高一万倍。并联肖特基二极管后，三极管的截止工作不受影响，只限制饱和时集电结正向电压在 0.4V 左右，三极管工作在浅饱和区，缩短了转换时间。

2. 低功耗肖特基 TTL 门电路（LS 系列）

LS 系列是 TTL 门电路的主要产品。该系列与非门如图 2-34 所示，电路中电阻较大，因而功耗低。VT_3 没用肖特基二极管是因为它导通时只工作在放大状态。输入级 VD_1、VD_2 构成二极管与门，消除了多发射极晶体管由发射结与发射结之间形成的寄生三极管的影响，可以减小输入高电平电流，增强前级门的带负载能力。VD_3、VD_4 称为阻尼二极管，当输入负电压达到 VD_3、VD_4 门限电平时，VD_3、VD_4 导通，将负电压限制在 0.5V 左右，减少输入负尖峰干扰信号的影响。输出端二极管 VD_5、VD_6 能加快输出电平由高向低转变：在输入电平全部由低变高时，VT_1 导通，u_{C1} 减小，外部负载电路通过 R_3 使 VD_5 导通，VT_2 发射结反偏，VT_2 迅速截止；VD_6 导通，使外部负载电流流入 VT_1，VT_4 基极电流增大，使 VT_4 迅速饱和。

3. 先进低功耗肖特基 TTL 门电路（ALS 系列）

ALS 系列主要是在制造工艺上进行了改进，使器件达到了更高性能。

以上几种门电路的参数取值：S 系列传输延迟约几纳秒，功耗约几十毫瓦；LS 系列传输延迟约十几纳秒，功耗约几毫瓦；ALS 系列传输延迟约十几纳秒，功耗约几毫瓦。

图 2-33　抗饱和晶体管

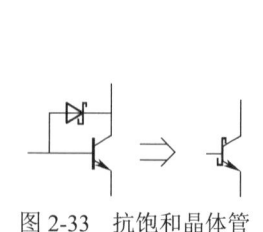

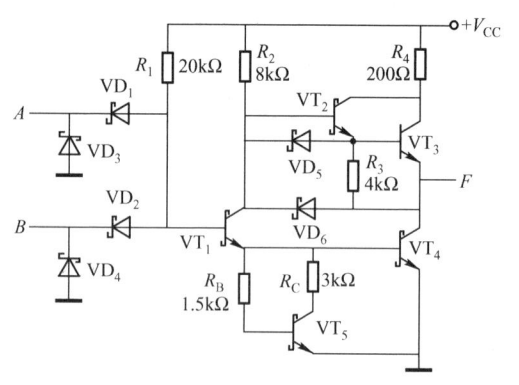

图 2-34　LS 系列 TTL 与非门

阅读　数字集成电路的封装

集成电路的封装形式很多，如表 2-4 所示。数字集成电路多采用双列直插封装（简称 DIP）、小外形集成电路（Small Outline Integrated Circuit，SOIC）封装，以及无引线芯片载体（Leadless Chip Carrier，LCC）封装和塑料引线芯片载体（Plastic Leaded Chip Carrier，PLCC）封装，如图 2-35 所示。引线（也称为引脚）序号排列顺序：DIP 或 SOIC 封装将正面（印有商标和型号）朝上，半圆缺口向左，左下角第 1 引脚序号为 1，其余按逆时针顺序依次为 2,3,…；对于 LCC 和 PLCC 等片状载体封装，将正面朝上，四角中有特殊标记的一角（如小缺角）置于左上角，上边正中间的引脚或有特殊标记的（如圆点）序号为 1，其余按逆时针顺序排列，依次为 2,3,…

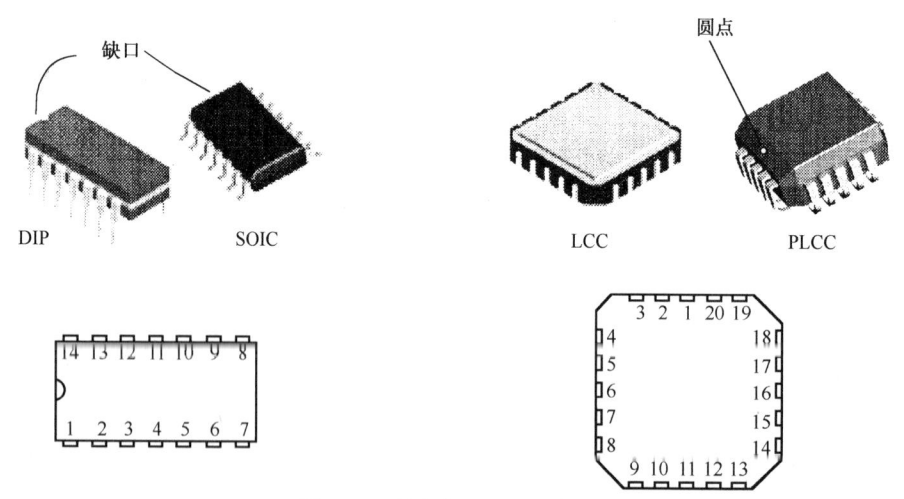

图 2-35　数字集成电路的封装

本书中如无特别说明，均采用 DIP。DIP 的数字集成电路有 8～24 个引脚。在引脚符号标注中，部分常用符号的意义如下：GND——地；COM——公共端；NC——空脚；V_{CC}——双极型电路集电极正电源；V_{EE}——双极型电路发射极正电源；V_{DD}——MOS 电路漏极电源；V_{SS}——MOS 电路源极电源。例如，双 4 输入与非门 74LS20 内有两个 4 输入端的与非门，外部引脚共 14 个，引脚排列如图 2-36（a）所示，图 2-36（b）所示为它的逻辑符号，引线上的数字是引脚序号。需要注意的是，片内的 2 个门电路是相互独立的，可以单独使用，但电源引脚是公用的，其中，V_{CC} 接电源正极，GND 接电源负极。

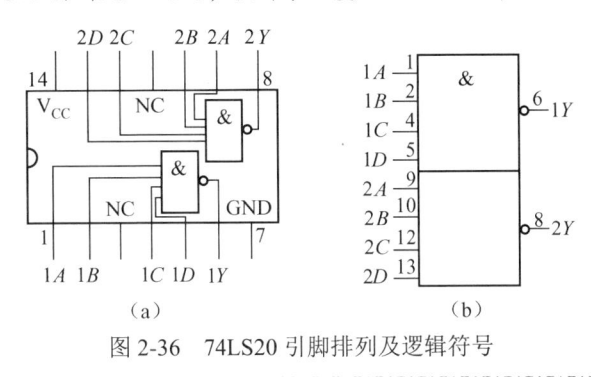

图 2-36 74LS20 引脚排列及逻辑符号

2.2.4 TTL 门电路使用常识

1．电源及电源干扰的滤除

电源电压 V_{CC} 应满足 74 系列 5V±5%，54 系列 5V±10%的要求。考虑到电源通断瞬间及其他原因在电源线上产生干扰冲击电压，在印制电路板上每隔 5 块左右的集成电路，加接一个 0.01～0.1μF 的电容，以滤除干扰。

V_{CC} 和地线一定不能颠倒，否则将引起大电流通过门电路而造成损坏。

2．未用输入端的处理

与门、与非门将未用输入端接一电压，其值在 2.4V 至输入电压最大值之间选取，如接 V_{CC}；或门、或非门将未用输入端接地。输入端也能并联使用，但会增加对驱动电流的要求。

注意：①输入端不能直接与大于 5.5V 和小于-0.5V 的低内阻电源连接，以免过流而烧坏；②不要将未用输入端悬空，否则易接收外界干扰，产生错误运算。

3．输出端

有源推拉输出不允许输出端直接连接。输出端不能过载，也不允许对地短路，更不允许直接接电源。当输出端接容性负载时，电路从断开到接通瞬间有很大的冲击电流流过输出管，为防止输出管损坏，输出端应接限流电阻，如图 2-37 所示。一般容性负载 C_L>100pF 时，限流电阻取 180Ω。

4．其他

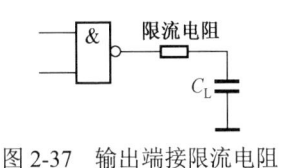

①为避免损坏电路，在焊接时最好选用中性焊剂和 45W 以下的烙铁。焊接后严禁将器件连同印制电路板放入有机溶液浸泡清洗，只允许用少量酒精轻微擦洗引脚上的焊剂。

②电源接通期间，严禁插拔器件。

图 2-37 输出端接限流电阻

思考与练习

1．判断图 2-38 中各门电路输出是 1 还是 0。已知开门电阻 R_{ON}=700Ω。

(a)　　　(b)　　　(c)　　　(d)　　　(e)

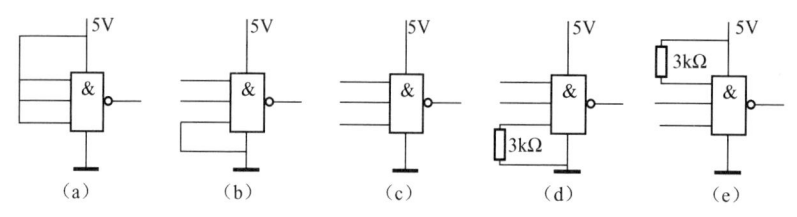

图 2-38　判断门电路输出

2. 若驱动门输出高电平为 2.4V、低电平为 0.3V，负载门输入最低高电平为 1.8V、最高低电平为 0.8V，求噪声容限。

3. 在图 2-39 中，已知输入信号 u_{i1}、u_{i2} 的波形，$G_1 \sim G_5$ 传输延迟时间 t_{PLH}、t_{PHL} 均为 20ns。试分别画出在不考虑传输延迟和考虑传输延迟这两种情况下，输出电压 u_o 的波形。

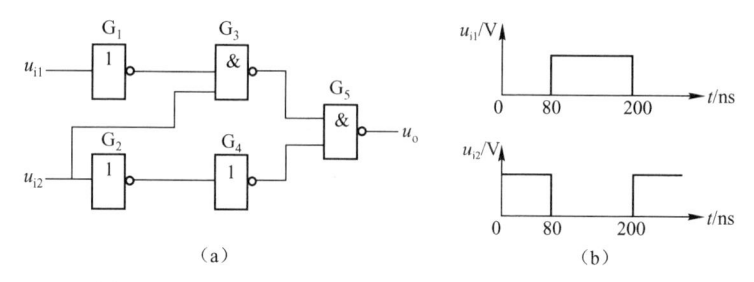

图 2-39　对应逻辑电路输入信号波形画出输出信号波形

4. 用四个 4 输入 OC 门输出线与后驱动 8 个 TTL 与非门，如图 2-40 所示。设 OC 门参数为 $I_{OH} \leq 500\mu A$、$I_{OL} = 48mA$；与非门参数为 $I_{IS} \leq 1.6mA$、$I_{IH} \leq 20\mu A$、$U_{IL} \leq 0.5V$、$U_{IH} \geq 2.8V$。试确定 R_L 的取值范围。

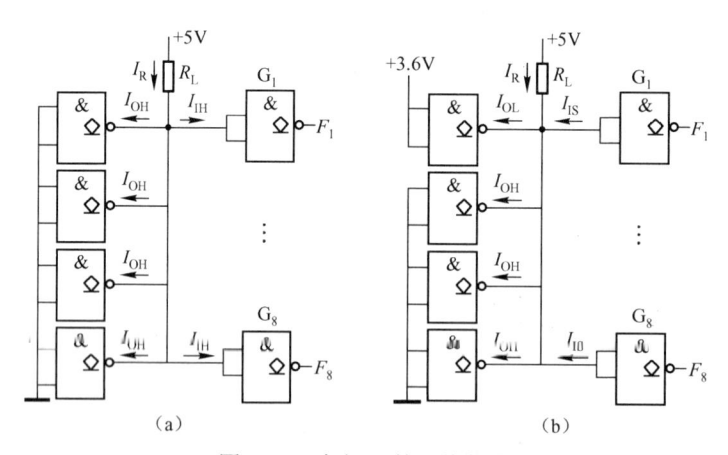

图 2-40　确定 R_L 的取值范围

5. 既能由总线接收信号，又能向总线发送信号的电路称为收发器。分析如图 2-41 所示的 1 位收发器当 $E=0$ 和 $E=1$ 时的工作。通过分析，进一步理解"时分复用"的概念。

6. 图 2-42（a）所示为四总线缓冲器（3S）74125 构成的多位收发器，每个缓冲器的逻辑符号如图 2-42（b）所示。总线符号表示一组导线，所含导线数目视具体电路而定。请分析电路的工作原理，并指出收发器的位数。

图 2-41 1 位收发器

图 2-42 多位收发器

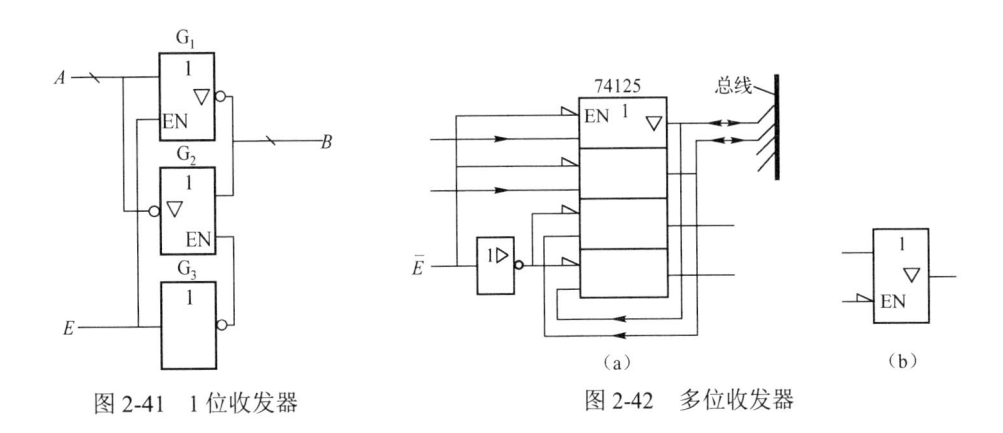

2.3 CMOS 门电路

MOS（Metal Oxide Semiconductor）数字集成电路是数字集成电路的一个重要系列，具有功耗低、抗干扰能力强、制造工艺简单、易于大规模集成等优点。目前，在大规模集成电路中得到了广泛应用。但其工作速度相对 TTL 电路低，因而使用受到限制。

MOS 集成门电路有 PMOS、NMOS、CMOS 门电路。PMOS 门电路生产工艺简单；NMOS 门电路工作速度高；CMOS 门电路抗干扰能力强、电源电压范围宽、功耗很低、速度较高，是目前应用最广泛的集成电路。

2.3.1 CMOS 非门

互补 MOS 门电路简称 CMOS（Complementary MOS）门电路，是由增强型 PMOS 管和 NMOS 管组成的电路。下面首先复习增强型 MOS 管的转移特性，然后讨论 CMOS 非门。

增强型 NMOS 管的转移特性如图 2-43（a）所示，U_T 为开启电压。由图 2-43 可知，当 $u_{GS}<U_T$ 时，NMOS 管截止，$i_D=0$，漏极 D 与源极 S 间的截止电阻 R_{DS} 很大，可达数百至数千兆欧姆；当 $u_{GS}>U_T$ 时，NMOS 管导通，$i_D\neq 0$，漏极 D 与源极 S 间的导通电阻 R_{DS} 很小，约为几百至几千欧姆。

PMOS 管的转移特性与 NMOS 管一致，只是工作电压极性相反，如图 2-43（b）所示。

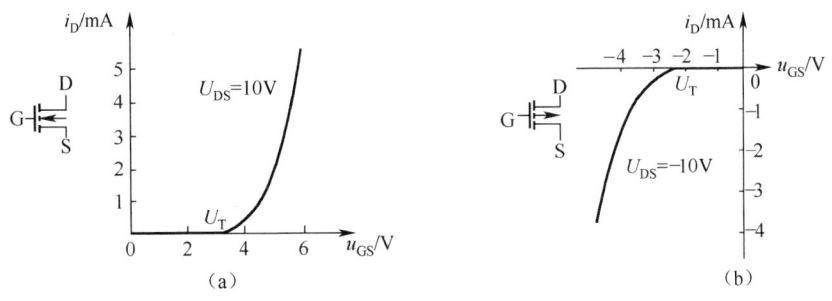

图 2-43 增强型 MOS 管的转移特性

CMOS 非门如图 2-44 所示，其中，NMOS 管 VT$_1$ 与 PMOS 管 VT$_2$ 的连接方式为串联，两管栅极连接在一起作为非门输入端，漏极连接在一起作为非门输出端。为使电路正常工作，要求

$$V_{DD} > |U_{TP}| + U_{TN}$$

式中，U_{TP} 为 PMOS 管开启电压；U_{TN} 为 NMOS 管开启电压。

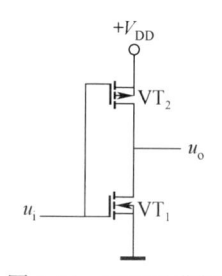

当输入低电平，即 $u_i=0V$ 时，$u_{GS1}=0V$，$u_{GS1}<U_{TN}$，VT$_1$ 截止；$u_{GS2}=-V_{DD}$，$|u_{GS2}|>|U_{TP}|$，VT$_2$ 导通，由于 $R_{DS2导通} \ll R_{DS1截止}$，分压结果使 CMOS 非门输出高电平，$u_o \approx V_{DD}$；当输入高电平，即 $u_i=V_{DD}$ 时，$u_{GS1}>U_{TN}$，VT$_1$ 导通，$u_{GS2}=0V$，$|u_{GS2}|<|U_{TP}|$，VT$_2$ 截止，$R_{DS1导通} \ll R_{DS2截止}$，分压结果使 CMOS 非门输出低电平，$u_o \approx 0V$。

由上述分析可知，无论 CMOS 非门输出的是低电平还是高电平，VT$_1$、VT$_2$ 中必有一个截止，电源仅向电路提供纳安级的漏电流，因此，功耗极低，在微瓦级以下。

图 2-44 CMOS 非门

2.3.2 其他功能的 CMOS 门电路

1. CMOS 与非门

CMOS 与非门如图 2-45（a）所示，NMOS 管 VT$_1$ 与 VT$_2$ 串联，PMOS 管 VT$_3$ 与 VT$_4$ 并联。当输入 A、B 同时为高电平时，VT$_1$ 和 VT$_2$ 同时导通，VT$_3$ 和 VT$_4$ 同时截止，输出 F 为低电平。当 A、B 中有一个为低电平时，VT$_1$、VT$_2$ 中必有一个截止，而 VT$_3$、VT$_4$ 中必有一个导通，F 为高电平。所以，该电路实现了与非逻辑，$F=\overline{AB}$。通常，CMOS 门电路都带有一级或二级输出缓冲级。图 2-45（b）所示为带有二级反相器缓冲级的 CMOS 与非门。

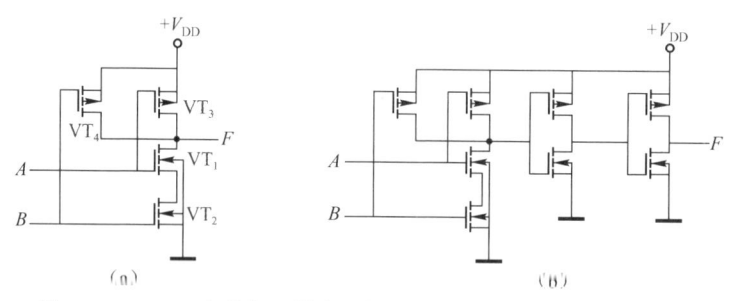

图 2-45 CMOS 与非门及带有二级反相器缓冲级的 CMOS 与非门

2. CMOS 或非门

CMOS 或非门如图 2-46 所示。请读者自行分析其逻辑功能。

3. CMOS 传输门

CMOS 传输门由参数一致的 PMOS 管和 NMOS 管并联构成，如图 2-47（a）所示，因两管参数相同，所以 $U_{TN}=|U_{TP}|=U_T$，并且满足 $V_{DD} \geqslant 2U_T$。为方便分析，设 $V_{DD}=2U_T$。输入端是两管的源极，u_i 在 $0 \sim V_{DD}$ 内取值。C 和 $\overline{C}$ 是一对互补控制端。

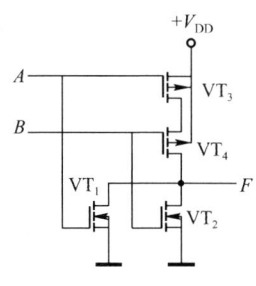

图 2-46　CMOS 或非门

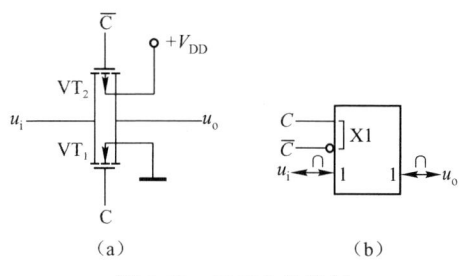

图 2-47　CMOS 传输门

①$C=1$ 时，C 端为高电平 V_{DD}，$\overline{C}$ 端为低电平 0V，CMOS 传输门导通。

当 u_i 变化时，如果 $0 \leq u_i < U_T$，则 $u_{GS1} = V_{DD} - u_i > U_T$，$|u_{GS2}| = |0 - u_i| < U_T$，$VT_1$ 导通，VT_2 截止，因 VT_1 导通电阻很小，所以 $u_o \approx u_i$。当 $U_T < u_i \leq V_{DD}$ 时，$u_{GS1} < U_T$，$|u_{GS2}| > U_T$，VT_1 截止，VT_2 导通，$u_o \approx u_i$。

②$C=0$ 时，C 端为低电平 0V，$\overline{C}$ 端为高电平 V_{DD}。当 u_i 在 $0 \sim V_{DD}$ 内变化时，VT_1 和 VT_2 始终截止，u_i 不能传输到输出端，CMOS 传输门断开。

综上可见，CMOS 传输门实为一个可控开关，在控制信号 C 的作用下接通或断开。又由于 MOS 管具有对称结构，源极和漏极可以互换使用，所以 CMOS 传输门的输入端和输出端可以互换。因此，CMOS 传输门是一个双向开关，其逻辑符号如图 2-47（b）所示，输入端和输出端引线上的符号 "∩" 表示可以传输模拟信号。

> **工程应用**
>
> CMOS 传输门的重要用途之一是作为模拟开关传输模拟信号，这一功能用一般的门电路是无法实现的。模拟开关的基本电路由 CMOS 传输门和非门组成，如图 2-48 所示。和 CMOS 传输门一样，CMOS 模拟开关也是双向器件。

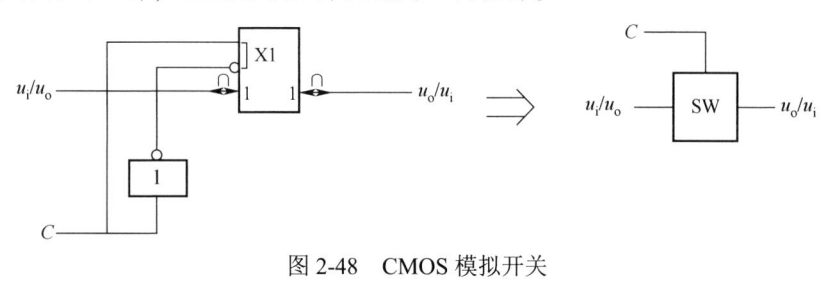

图 2-48　CMOS 模拟开关

2.3.3　CMOS 门电路使用常识

1．电源

电源电压不得超过极限值。电源极性不能接反。

2．输入端

①在实际 CMOS 门电路中，为保护输入级 MOS 管栅极下的氧化层不被高电压击穿，

一般都设计输入二极管保护网络，如图 2-49 所示。正常工作时，二极管截止；当输入电压超过允许值，即 $u_i<-0.5$V 或 $u_i>(V_{DD}+0.5)$V 时，二极管导通，对 MOS 管起保护作用。R_1、R_2 是二极管导通限流电阻。因此，为防止二极管因为正偏电流过大而烧坏，要求输入信号在 $V_{SS} \sim V_{DD}$ 之间取值。一般 $V_{SS} \leqslant U_{IL} \leqslant 0.3V_{DD}$，$0.7V_{DD} \leqslant U_{IH} \leqslant V_{DD}$。输入信号极限值为 $(V_{SS}-0.5)$V、$(V_{DD}+0.5)$V。一般 $V_{SS}=0$V。

②未用输入端的处理。与门、与非门的未用输入端接正电源或高电平，或门、或非门的未用输入端接地或低电平。

未用输入端绝不允许悬空。因为悬空会使 MOS 管栅极易产生感应静电荷，使该端可能是逻辑 1，也可能是逻辑 0，从而造成电路逻辑混乱。甚至还有可能造成 MOS 管氧化层被击穿。

③为滤除噪声干扰，一般在输入端或输出端加滤波电容，这时要加限流电阻，如图 2-50 所示。电容 C 不能超过 200pF，否则会因充放电电流太大，增加动态功耗，导致电路性能变坏。

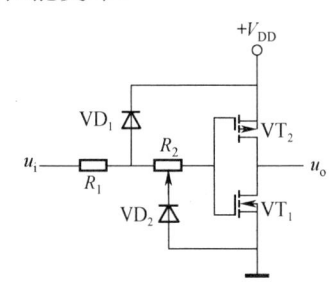

图 2-49 输入二极管保护网络 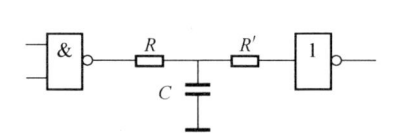　　　　图 2-50 输入端或输出端加滤波电容

3. 输出端

①输出端不能直接与 V_{DD}、V_{SS} 连接，否则导致电流过大而使输出管失效。

②为提高 CMOS 门电路的驱动能力，同一芯片上相同的门电路可并联使用，如图 2-51 所示。

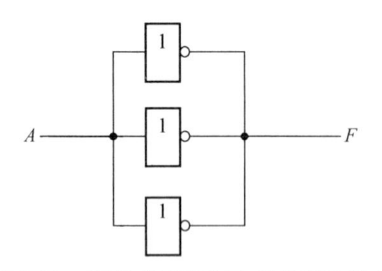

4. 其他

①储存和运输时忌用易产生静电高压的化工材料和化纤织物包装，也不要放在塑料容器中，应放在金属容器中或用铝箔包装。使用时取出一块焊接一块。

②需要矫直引脚或手工焊接时，所用设备要良好接地。工作台不铺塑料板、橡皮垫等易带静电物体，最好用金属材料覆盖，并且良好接地。

图 2-51 提高 CMOS 门电路的驱动能力

③实验、测量、调试时，先接直流电源，再接信号源电源。断电时，先关闭信号源电源，再关闭直流电源。

还有一些要求可参见 TTL 门电路使用常识。

📄 **思考与练习**

1. 电路如图 2-52 所示，写出输出 F 的逻辑函数表达式。

2. 试根据如图 2-53 所示的传输门控制信号 C 及输入信号 u_i 的波形，画出输出信号 u_o 的波形。

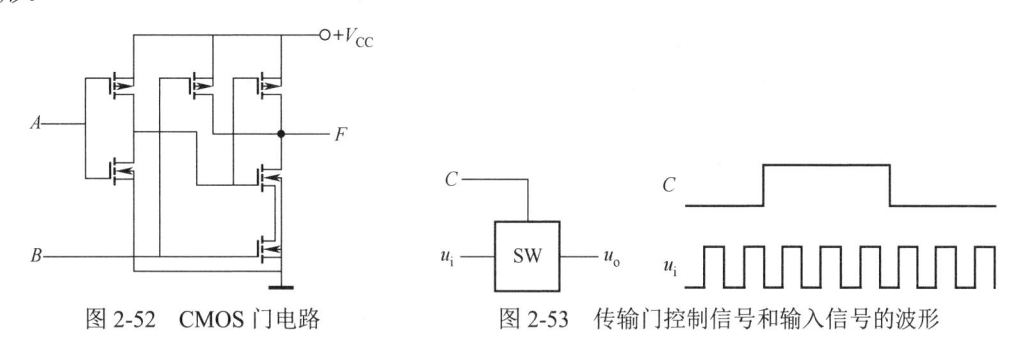

图 2-52　CMOS 门电路

图 2-53　传输门控制信号和输入信号的波形

3. 使用 TTL 门电路与 CMOS 门电路时应注意哪些问题？门电路中的未用输入端应如何处理？为什么 TTL 与非门不允许在输入端加负电压？它的电源电压是否可以在较大范围内变动？CMOS 门电路的电源电压是否也有类似限制？

阅读　数字集成电路主流产品介绍

国际通用逻辑集成电路中有双极型 HTL（High Threshold Logic，高阈值逻辑）、ECL（Emitter Coupled Logic，发射极耦合逻辑）、I²L（Integrated Injection Logic，集成注入逻辑）、TTL、单极型 NMOS、CMOS 及 BiCMOS（Bipolar CMOS）门电路。其中，TTL、CMOS 和 BiCMOS 门电路是目前产量大、应用广的主流产品。

TTL 门电路主要有 54、74 两大系列，其中 54 系列为军用产品，74 系列为商用（又称民用）产品。54 系列将可靠性放在优先位置考虑，允许电源电压波动范围大，工作温度范围宽，一般为 -55～125℃，而 74 系列工作温度为 0～70℃，贮存温度为 -65～150℃。各系列根据性能又分为 8 个子系列：××（普通型）、L××（低功耗型）、S××（肖特基型）、LS××（低功耗肖特基型）、ALS××（先进低功耗肖特基型）、AS××（先进肖特基型）、F××（高速型）及 H××（高速型），其中 LS 系列市场占有率最高。不同子系列的同一代号电路，如 7400 与 74LS00，性能参数不同，但逻辑功能、引脚排列相同。

CMOS 门电路的前期产品有 4 个子系列。其中，4000/4500 系列（或标为 14000/14500 系列）具有低功耗、抗干扰能力强、电源电压范围宽（3～18V）等优点，但速度低于 TTL 门电路，只能用于 5MHz 以下的低速系统。其余 3 个子系列为高速 CMOS 门电路：54/74HC、54/74HCT、54/74HCU 系列。HC 系列电源电压为 2～6V，电平与 4000 系列兼容；HCT 系列为 TTL 电平，电源电压为 4.5～5.5V，可与 LS 系列互换；HCU 系列为无缓冲 CMOS 门电路，只有一个产品 54/74HCU04。高速 CMOS 门电路与同一代号 TTL 门电路的逻辑功能和引脚排列相同，速度达到 LS 系列水平，工作频率可达 50MHz，但静态功耗为低功耗。

之后推出的 CMOS 门电路 54/74 系列产品主要包括 AHC/AHCT、LVC、LV、ALVC、AUC、AUP、CBT 等。AHC/AHCT 是先进高速 CMOS 门电路系列，相对 HC/HCT 系列具有更高的性价比，工作电压为 3.3V 或 5V，噪声低、功耗低（静态功耗仅为 HC/HCT 系列的一半）、速度高（传输延迟仅为 HC/HCT 系列的 1/3）。LV、V 或 L 系列的工作电压为 3.3V 及以下，如 LVC 系列专为 3V 工作电源设计，是 0.8μm CMOS 制造技术的高性能产品，包括门电路和总线接口共几十种不同功能的产品，作为驱动器使用时，能提供 24mA 的驱动电流、6.5ns 的最大传输延迟。LV 系列的电源电压为 1.0～3.6V，极限值为 5.5V。ALVC 系列的电源电压为 1.65～3.6V。AUC 是先进超低电压系列，电源电压为 0.8～2.5V，最佳为 1.8V，极限值为 3.6V。AUP 是先进超低功耗系列，电源电压为 0.8～3.6V，静态功耗为 0.9μA。CBT 系列是高速驱动器件，主要做总线开关，具有极高的开关速度，也可以做电平转换器（5V 转换为 3.3V），或者用于 5V 和 3.3V 的混合系统。

BiCMOS 技术是将 CMOS 器件和双极型器件同时集成在同一块芯片上的技术，它的逻辑部分采用 CMOS 结构，输出级采用双极型三极管，BiCMOS 与非门如图 2-54 所示。它兼有 CMOS 门电路高集成度、低功耗和双极型电路高速、强电流驱动能力的优点。BiCMOS 门电路也分为 54、74 两大系列，进一步又分为 BCT、ABT、LVT、ALVT、ALB 等子系列。BCT（BiCMOS 总线接口技术）、ABT（先进 BiCMOS 技术）系列的工作电压为 5V，与 TTL 电平兼容；LVT（低压 BiCMOS 技术）系列的工作电压为 3.3V；ALVT 系列的工作电压为 2.5V 或 3.3V；ALB（先进低压 BiCMOS 技术）系列的工作电压为 3.3V。

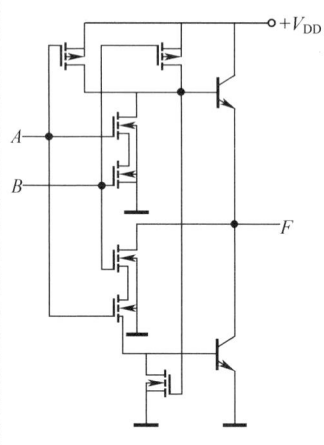

图 2-54 BiCMOS 与非门

表 2-5 列出了常用集成门电路的功能和型号，可供参考。

表 2-5 常用集成门电路的功能和型号

门电路类型	功　能	型　号
与门	四 2 输入与门	7408、74LS08、74HC08
	三 3 输入与门	7411、74LS11、74HCT11
	三 3 输入与门（OC 门）	7415、74LS15、74ALS15
	双 4 输入与门	7421、74LS21、4082
与非门	8 输入与非/与门	4078、74HC4078
	四 2 输入与非门	74LS00、74HC00、74ALV00
	三 3 输入与非门	7410、74LS10、74HC10
	双 4 输入与非门	7420、74LS20、74ALS40
	8 输入与非门	74LS30、74HC30、74ALS30
或门	四 2 输入或门	7432、74HC32、74AS32
	双 4 输入或门	4072
或非门	四 2 输入或门	74LS02、74ALS02、4001

续表

门电路类型	功 能	型 号
与或非门	2×2 输入双与或非门	4806、4085B
反相器	六反相器	7404、74LS04、74HC04
扩展器	4 输入与扩展器	7460
	三 3 输入与扩展器	74H61
缓冲门	四 2 输入与非缓冲门	7437、74LS37
	四 2 输入或非缓冲门	7428、74LS28
驱动门	六缓冲门/驱动门（OC门）	7407、74LS07
	四 2 输入或非缓冲器	7428
	四缓冲器（3S）	74BCT126A
	缓冲器（3S）	74AUP1G126

此外，有些产品为防止因输入端悬空造成逻辑不确定，甚至产生自激振荡致使器件损坏，加入了内部反馈电路，以保持输入端的确定状态（称为总线保持），这时未用输入端无须外接上拉电阻或下拉电阻，ABT、LVT、LVC、ALVT、ALVC 系列有此功能，用"H"表示，如 16 位缓冲器（3S）74ABTH16244。有些产品在器件内部加入了输出端的限流电阻，具有此功能的器件有 ABT、LVC、LVT、ALVC 系列，用"2"或"R"表示，如 16 位总线收发器（3S）74ABT162245、ALVCHR162245。对于输出端加串联电阻的单向驱动器件，只用"2"表示，如 74LVC2244 [8 位缓冲门/驱动门（3S）]；对于两边输出端均加串联电阻的双向收发器件，用"R"和"2"表示，如 74LVCR2245 [8 位收发器（3S）]。

双电源器件具有两种电源接入引脚 V_{ccA} 和 V_{ccB}，可分别接 5V 和 3.3V 的电源电压，用"C"和"4"表示，如 ALVC164245 [16 位收发器（3S）]、LVC4245（8 位收发器）。"C"表示可配置电源，"4"表示该器件可做电平转换器。

2.4 接口电路

扫一扫看延伸阅读：探秘我国集成电路科技工作者早期的创业足迹

在数字系统中，常有不同类型的集成电路混合使用。由于逻辑电平、负载能力等参数不同，相互连接时，需要使用接口电路。接口电路就是驱动门与负载门之间的转接电路，其作用是：输入电平与驱动门输出电平相配合；输出电平与负载门输入电平相配合，具有负载门所要求的驱动能力。驱动门与接口电路、接口电路与负载门之间的具体要求如下。

①输出低电平最大值小于输入低电平最大值。
②输出高电平最小值大于输入高电平最小值。
③输出低电平电流最大值大于输入低电平电流最大值。
④输出高电平电流最大值大于输入高电平电流最大值。

此外，还要考虑接口电路的时延特性，选择时要留有一定的余量。

TTL 与 CMOS 门电路的逻辑电平按工作电压可分为四类：5V 系列、3.3V 系列、2.5V 系列和 1.8V 系列。5V 系列的逻辑电平是通用的逻辑电平。3.3V 及以下系列的逻辑电平被称为低电压逻辑电平，常用的是 LV TTL 电平（3.3V 系列）。

以下主要介绍 5V 系列 TTL 与 CMOS 门电路之间的接口电路。为便于介绍，将 TTL 与 CMOS 门电路的典型参数列于表 2-6 中，这些参数的测试条件在器件手册中有具体说明，此处不做介绍。

表 2-6 TTL 与 CMOS 门电路的典型参数（电源电压：+5V）

参数名称	TTL 门电路				CMOS 门电路				
	74	74LS	74AS	74ALS	4000	74HC	74AHC	74HCT	74AHCT
U_{OHmin}/V	2.4	2.7	2.7	2.7	4.6	4.4	4.4	4.4	4.4
U_{OLmax}/V	0.4	0.5	0.5	0.5	0.05	0.1	0.1	0.1	0.1
U_{IHmin}/V	2	2	2	2	3.5	3.5	3.5	2	2
U_{ILmax}/V	0.8	0.8	0.8	0.8	1.5	1	1	0.8	0.8
I_{OHmax}/mA	-0.4	-0.4	-2	-0.4	-0.51	-7.8	-8	-6	-8
I_{OLmax}/mA	16	8	20	8	0.51	7.8	8	6	8
I_{IHmax}/μA	40	20	200	20	0.1	0.1	0.1	0.1	0.1
I_{ILmax}/mA	-1.6	-0.4	-2	-0.2	-0.1×10^{-3}	-0.1×10^{-3}	-0.1×10^{-3}	-0.1×10^{-3}	-0.1×10^{-3}
I_{CC} 或 I_{DD}/mA	22	95	143	58	0.25×10^{-3}	0.08	0.04	0.08	0.04
t_{pd}/ns	22	12	7.5	10	250	21	7.5	30	7.9

2.4.1 TTL 门电路驱动 CMOS 门电路

根据表 2-6 提供的参数，TTL 门电路可直接驱动 AHCT 系列。驱动 4000 系列或 AHC 系列时，TTL 输出高电平与 CMOS 输入高电平不兼容，必须提高输出高电平到 3.5V 以上。在 TTL 门电路与 CMOS 门电路间加一电阻 R，称为上拉电阻，如图 2-55 所示，便可解决。R 不能太大，通常取几千欧姆。

当 CMOS 门电路电源电压较大，要求输入高电平超过 TTL 门电路输出范围时，可使用 OC 门，或者带电平转移的 CMOS 接口电路，如四低-高电压电平转换器（3S）40109，如图 2-56 所示。图中只画出了 1/4 的 40109。

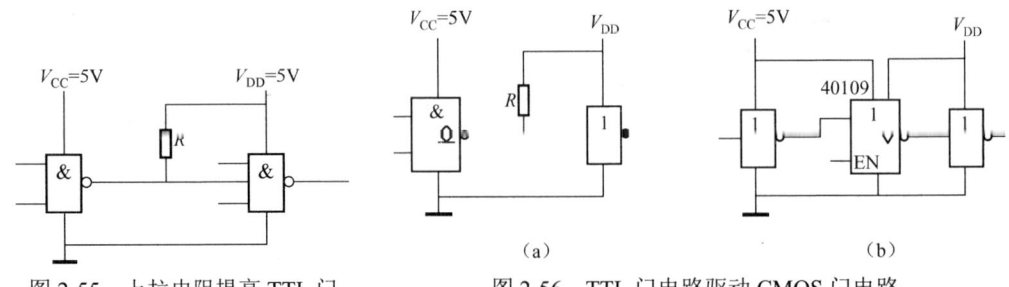

图 2-55 上拉电阻提高 TTL 门电路输出高电平

图 2-56 TTL 门电路驱动 CMOS 门电路

2.4.2 CMOS 门电路驱动 TTL 门电路

CMOS 门电路输出电平与 TTL 门电路输入电平可以兼容，但输出功率较小，驱动能力不够，一般不能直接驱动 TTL 门电路，这时可将同一芯片 CMOS 门电路并联使用，或者在 CMOS 门电路输出端增加一级驱动器，也可采用如图 2-57 所示的具有驱动作用的接口电路，图 2-57（a）是使用七 MOS/TTL 转换器 CJ75270 构成的接口电路（只画出了 1/7）；图 2-57（b）是用三极管构成的接口电路。

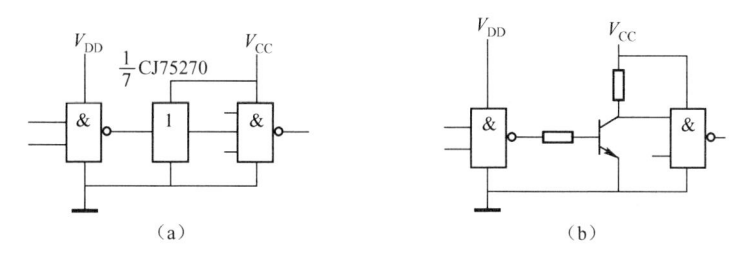

图 2-57 CMOS 门电路驱动 TTL 门电路

2.4.3 4000 系列与 AHC 系列间的接口电路

4000 系列与 AHC 系列工作在同一电源时，输入电平与输出电平完全兼容，可直接相连。由于二者输入电流都很小，因此没有扇出限制。当 4000 系列工作在 9~15V，AHC 系列工作在 5V 时，就需要电平转换。

4000 系列驱动 AHC 系列有两种方法，如图 2-58 所示。图 2-58（a）所示为用六电平转换器驱动 AHC 系列，如 4049（只画出了 1/6）；图 2-58（b）所示为用电阻分压器驱动 AHC 系列，当然，电阻分压器要消耗功率。

AHC 系列驱动 4000 系列可采用带有上拉电阻的开漏极缓冲器，如 74AHCT05，如图 2-59 所示。

图 2-58 4000 系列驱动 AHC 系列　　图 2-59 AHC 系列驱动 4000 系列

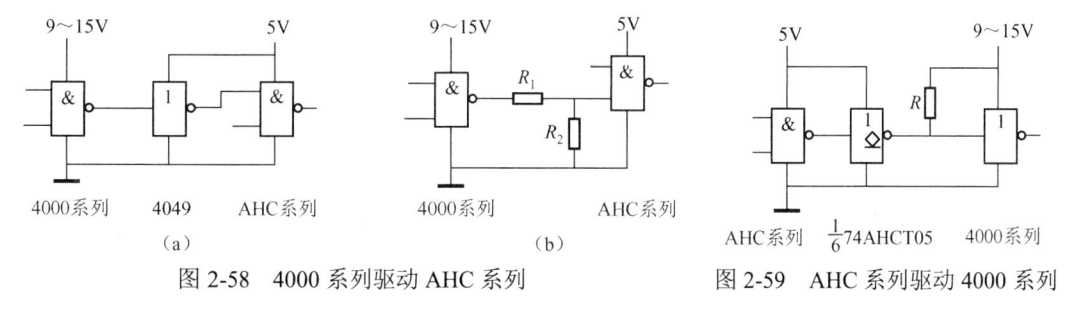

表 2-7 所示为部分逻辑门的符号。考虑到目前所用电子线路的设计软件多为欧美国家的产品，故一并对应示出其使用的常规（Normal）符号。

表 2-7 部分逻辑门的符号

名　　称	逻 辑 符 号	等效逻辑符号	常规符号
与门	&	≥1	

续表

名 称	逻辑符号	等效逻辑符号	常规符号
与非门	—&—	—≥1∘—	—⟩∘
或门	—≥1—	—∘&∘—	—⟩
或非门	—≥1∘—	—∘&—	—⟩∘
异或门	—=1—		—⟩⟩
非门	—1∘—	—∘1—	—▷∘
缓冲门	—1—	—1—	—▷
三态门	1, EN		▷
传输门	X1, 1 1		⋈

📄 思考与练习

1．驱动门与负载门连接时，要考虑逻辑电平配合与驱动能力。试在以下各空格内填入">"、"<"或"="。其中，m 为负载门输入端数目；n 为负载门个数。

驱动门输出高电平最小值＿＿＿＿负载门输入高电平最小值；驱动门输出低电平最大值＿＿＿＿负载门输入低电平最大值；驱动门输出高电平电流最大值＿＿＿＿$m×$负载门输入高电平电流最大值；驱动门输出低电平电流最大值＿＿＿＿$n×$负载门输入低电平电流最大值。

2．在图 2-55 中，加入 R 能将 CMOS 门电路的输入高电平提高到 5V，请分析其原理。提示：MOS 管栅极电流为 0A。

3．写出图 2-60 中 F_1、F_2 和 F_3 的逻辑函数表达式。

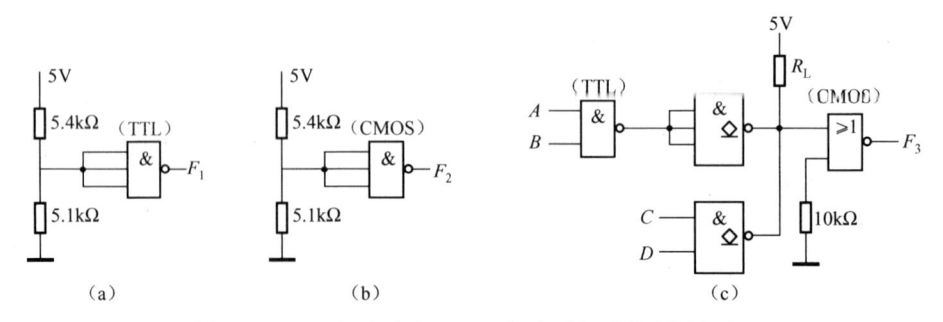

图 2-60　TTL 门电路和 CMOS 门电路组成的逻辑电路

项目 2　数控电动机运行控制电路

小结

1. 集成逻辑门电路分为双极型与单极型两大类。在双极型门电路中,使用最多的是 TTL 门电路,TTL 门电路工作速度较高,但功耗较高,其中以 LSTTL 应用普遍。CMOS 门电路越来越受到重视,其功耗低、易集成,但工作速度较 TTL 门电路略低。

2. 本项目学习的重点是门电路的外特性。外特性包含两个内容,一是输出与输入之间的逻辑关系,即逻辑功能,二是电气特性。虽然书中也讲到了一些有关门电路内部结构和工作原理的内容,但是其目的在于帮助读者加深对外特性的理解,以便更好地运用外特性。

后续尽管逻辑电路越来越复杂,但只要是 TTL 门电路,其输入端和输出端的电路结构就和本项目所讲的 TTL 门电路相同;只要是 4000 系列或 54/74 系列的 CMOS 门电路,其输入端和输出端的电路结构就和本项目所讲的 CMOS 门电路相同。因此,本项目所介绍的电气特性对这些电路同样适用。

扫一扫看拓展阅读:印制电路板和面包板

3. 由于不同类型的门电路的输入和输出逻辑电平不同、负载能力不同,因此相互连接时,需要考虑是否使用接口电路。

实验与技能训练

实验 1. 使用器件手册

1. 实验用资料、设备和器件

器件手册,连接因特网的计算机,DIP、SOIC、LCC 和 PLCC 封装的集成电路。

2. 实验内容

练习使用器件手册;练习通过因特网查找所需的器件资料;识别数字集成电路的封装。通常在以下两种情况下需要使用器件手册。

(1) 已知器件型号,查阅其特性数据。这种情况多在维修中遇到。此时,应先根据器件型号判断器件类型、用途,然后选择相应手册。例如,应查阅线性集成电路手册,还是非线性集成电路手册,还是数字电路手册。对于进口器件,最好也能根据电路功能,大致估计其用途,以确定选择查阅何种手册。

查阅时先看目录,根据目录内容,可进一步找到所需数据。

查阅 74LS47/138/148/160/161/162/163/190/194/395、4508、140109、74AHC00、74AHCT00 的特性数据。

(2) 已知器件功能,确定器件型号。这种情况多在设计电路或器件替换中遇到。仍是先根据器件用途,选择相应手册,根据目录,找到器件功能索引部分,进一步查找器件数据,并对同一功能的器件进行比较、选用。原则是在基本功能和参数满足要求的前提下,尽可能选择其他功能少的电路,这样价格就低。不要以序号高低作为选用的依据,序号低的器件并不一定功能少、价格低。此外，如果是替换器件，还要保证器件的封装形式、尺寸、引脚排列顺序与原器件完全相同。

查阅手册，确定四2输入与非门、三3输入与门、双4输入与非缓冲器、4-10线译码器（BCD输入）、4位双稳态锁存器、十二分频计数器、8-3线优先编码器、8位移位寄存器的型号。

（3）通过因特网查阅器件特性。查阅74LS48、74LVT00的特性。

（4）认识常见的数字集成电路的封装。

3．实验报告

实验报告一般包括以下5个基本部分。

（1）实验科目、实验题目、实验者姓名、同组实验者姓名、实验台编号。

（2）实验目的。

（3）实验电路，所用资料、设备和器件。

（4）实验数据。

（5）实验结果分析，包括实验中的注意事项。

实验2．使用设备

1．实验用资料、设备

设备说明书，数字电路通用实验仪、脉冲信号发生器、双踪示波器、直流电源、万用表、数字万用表。

2．实验前的准备工作

由指导教师根据本实验室的实际情况，结合以下实验内容拟定具体的实验步骤。

3．实验内容

（1）认识设备。

（2）阅读设备说明书。通过阅读，进一步了解各设备的用途、性能、使用方法、面板结构，牢记各设备的"使用注意事项"。

（3）设备使用练习。

按照指导教师拟定的实验步骤进行练习。通过练习，熟悉各设备的功能、面板标识，掌握设备的使用方法、操作要领及注意事项。

4．实验中的注意事项

在实验过程中要注意观察，如果发现破坏性异常现象，如元器件发烫、冒烟或有异味等，应立即关断电源，保持现场，报告指导教师。待找出原因、排除故障后，经指导教师同意才可继续实验。

实验3. 门电路性能与功能测试

1．实验目的
掌握门电路外特性及功能测试方法。

2．实验用设备、器件
数字电路通用实验仪、万用表、四 2 输入与非门 74LS00、四 2 输入或非门 4001、四 2 输入异或门 74LS86、六反相器 74LS04。以上门电路的引脚排列如图 2-61 所示。

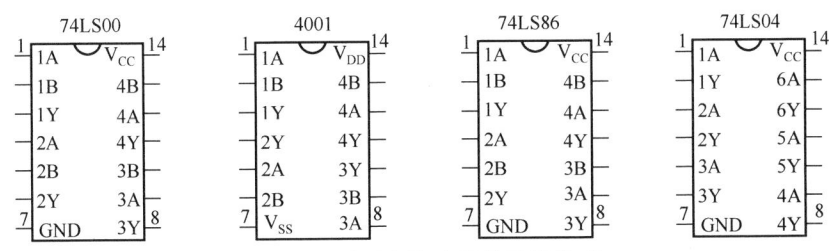

图 2-61 实验用门电路的引脚排列

注意：实验前先检查实验仪电源是否正常，然后按实验电路接好连线。每块集成电路的 V_{CC}（V_{DD}）及地线都不能接错或漏接，在检查线路连接无误后方可允许接通电源。在实验中，若需要改接连线，则必须在关断电源后才能拆、接线。

3．实验内容

（1）门电路传输特性的测试与比较。

测试 74LS00 与 4001。74LS00 测试电路参考图 2-12，取 R_P=1.5kΩ。4001 是或非门，测试时应将未用输入端接地，其测试电路如图 2-62 所示。

①令 V_{CC}（V_{DD}）=+5V，调节 R_P，测量 u_i、u_o，记录有关数据并绘制传输曲线，比较 2 个门电路的传输特性。

②单独测试 4001 的传输特性，令 V_{DD}=+15V。

③求门电路的参数：U_{OH}、U_{OL}、U_{ILmax}、U_{IHmin}、U_{NL}、U_{NH}。

（2）门电路逻辑功能的测试。

①选择 74LS00 四个与非门中的一个，将其输入端接实验仪逻辑开关，输出端接电平指示灯，测试其逻辑功能，并将测试结果填入表 2-8。

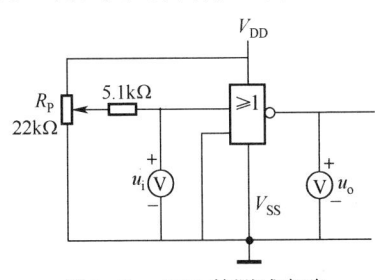

图 2-62 4001 的测试电路

表 2-8 与非门逻辑功能的测试结果

输入		输出		
A	B	Y(74LS00)	Y(4001)	Y(74LS86)
0	0			
0	1			
1	0			
1	1			

②测试 4001、74LS86 的逻辑功能,并将测试结果填入表 2-8。

(3) 门电路传输延迟时间的测试。

将 74LS04 按图 2-63 进行连接,输入 200kHz 的矩形脉冲,用双踪示波器观察输入 u_i 和输出 u_o 的波形,并测量输入与输出波形的时间差,计算每个门电路的平均传输延迟时间。

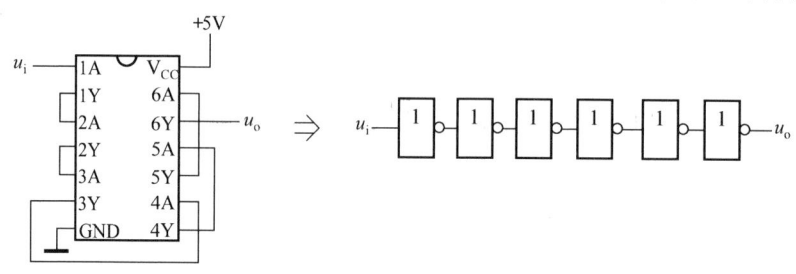

图 2-63 门电路传输延迟时间的测试电路

(4) 用与非门组成其他逻辑功能的门电路。

①组成或非门。因为 $Y=\overline{A+B}=\overline{A} \cdot \overline{B}=\overline{\overline{\overline{A} \cdot \overline{B}}}$,所以用一块 74LS00 的四个与非门可以组成一个或非门。画出接线图并进行测试,将测试结果填入表 2-9。

②组成异或门。用两块 74LS00 组成一个异或门,画出接线图并进行测试,将测试结果填入表 2-9。

(5) 思考。

①如何测量门电路的功耗?

②能否用 4001 组成与非门和异或门?

表 2-9 或非门和异或门逻辑功能的测试结果

输入		输出	
A	B	Y(或非门)	Y(异或门)
0	0		
0	1		
1	0		
1	1		

实验 4. 三态门、OC 门功能测试及应用

1. 实验目的

学会正确使用三态门、OC 门的方法。

2. 实验用资料、设备和器件

器件手册,数字电路通用实验仪、示波器、万用表,四总线缓冲器(3S)74LS126A、双 4 输入与非门(OC 门)74LS22、74LS00、4001。74LS126A 与 74LS22 的逻辑符号如图 2-64 所示。

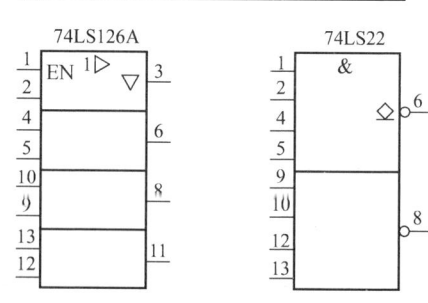

V_{CC}: 14; GND: 7 V_{CC}: 14; GND: 8; NC: 3、11

图 2-64 74LS126A 与 74LS22 的逻辑符号

3. 实验内容

(1) 查阅器件手册。

查阅器件手册,了解 74LS126A、74LS22 的特性参数及引脚排列。

(2) 验证三态门的三态功能。

选择 74LS126A 其中一个三态门,如图 2-65 所示,控制信号 E 与输入信号 A 取自实验仪的逻辑开关,即将器件的 1 脚和 2 脚接逻辑开关,用万用表测量输出信号 F 的电压,验证三态门的三态功能,并将测试结果填入表 2-10。

项目 2 数控电动机运行控制电路

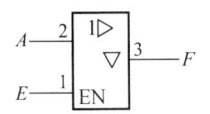

图 2-65 74LS126A 中的三态门

表 2-10 三态功能的测试结果

E	A	测量电压	测量电阻
0	0		
0	1		
1	0	✕	✕
1	1	✕	✕

注意：判断高阻态时，首先用万用表电压挡测量电压，确定电压为零后用电阻挡测量电阻为无穷大。绝对忌用电阻挡测量低阻输出状态下的电阻，否则可能烧坏万用表。

（3）用 74LS126A 构成简单数据总线缓冲器。

实验参考电路如图 2-66 所示，$D_1 \sim D_4$ 为输入的不同频率的矩形脉冲信号，$C_1 \sim C_4$ 端接逻辑开关。令 $C_1 \sim C_4$ 端轮流为高电平，用示波器观测 DB（Data Bus，数据总线）的波形。

（4）验证 OC 门输出端的线与逻辑。

实验参考电路如图 2-67 所示，$A \sim D$ 取自实验仪逻辑开关，F 输出至电平指示灯。验证 $F=\overline{AB} \cdot \overline{CD}$，并将结果列成表格。

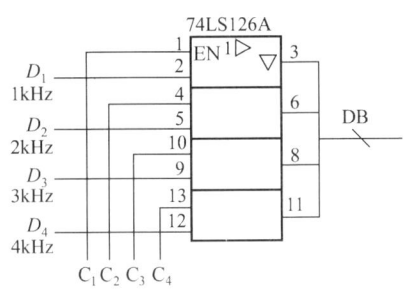

图 2-66 74LS126A 构成的简单数据总线缓冲器　　图 2-67 OC 门输出端线与逻辑的实验参考电路

（5）确定 OC 门的负载电阻。

实验参考电路如图 2-68 所示，取 $V'_{CC}=V_{CC}=5V$。

①用逻辑开关改变 2 个 OC 门的输入状态，使 OC 门输出 u_o 为高电平 U_{OH}。用万用表测量 U_{OH}，调节 R_P 使 $U_{OH}=3.6V$，测量此时 R_L 为 R_{Lmax}。

②改变 2 个 OC 门的输入，使 u_o 为低电平 U_{OL}。调节 R_P 使 $U_{OL}=0.3V$，测量此时 R_L 为 R_{Lmin}。取 $R_L=R_{Lmin} \sim R_{Lmax}$。

注意：用万用表测量 R_L 时一定要断电测量。为保证测量值准确，应开路测量。

（6）TTL 门电路与 CMOS 门电路的接口电路。

按图 2-69 连接电路，其中 A 取自实验仪逻辑开关。用万用表分别测量 $A=1$、0 时，Y_1、Y_2、Y_3 的电压，填入表 2-11，并将表 2-11 转换成真值表。

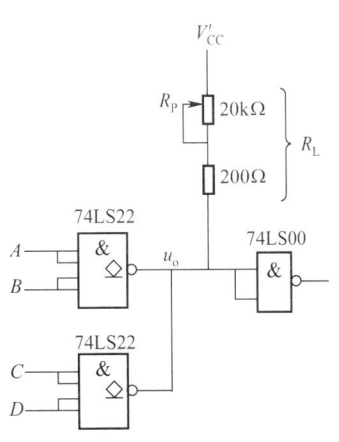

图 2-68 确定 OC 门负载电阻的实验参考电路

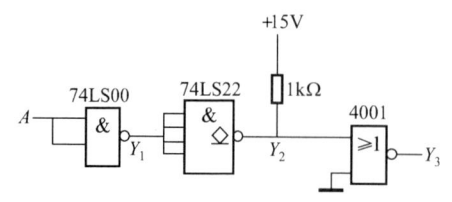

图 2-69 TTL 门电路与 CMOS 门电路的接口电路

表 2-11 电压测量结果
（单位：V）

A	Y_1	Y_2	Y_3
0			
1			

目标检测 2

一、填空题

1. 在数字电路中，正逻辑规定，用_____表示高电平，用_____表示低电平。

2. TTL 门电路是指_____门电路，是双极型电路。

3. 线逻辑是指_____逻辑。

4. 在如图 2-70 所示的逻辑电路中，门电路选用 TTL 门电路，当 $\overline{E}=0$ 时，F=_____；当 $\overline{E}=1$ 时，F=_____。

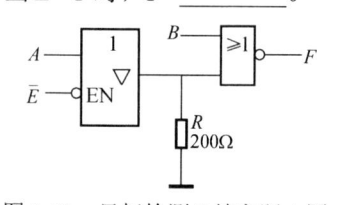

图 2-70 目标检测 2 填空题 4 图

5. 在图 2-70 中，如果电阻 R 开路，则当 $\overline{E}=1$ 时，F=_____。

6. 调试数字电路时，连接电源和信号源的正确步骤：先接入_____源，再接入_____源；断电时，先断开_____源，再断开_____源。

7. 接口电路的作用是_____。

8. 在印制电路板上，每隔 5 块左右的集成电路，加接一个 0.01～0.1μF 的电容，其作用是_____。

二、单项选择题

1. 如果图 2-70 中的门电路为 CMOS 门电路，且 R=10kΩ，那么当 $\overline{E}=1$ 时，F=_____。

   A. $\overline{A}+\overline{B}$ B. $\overline{A+B}$ C. 0 D. $\overline{B}$

2. TTL 门电路如图 2-71 所示，能使 $F=\overline{AB}$ 的电路是_____。

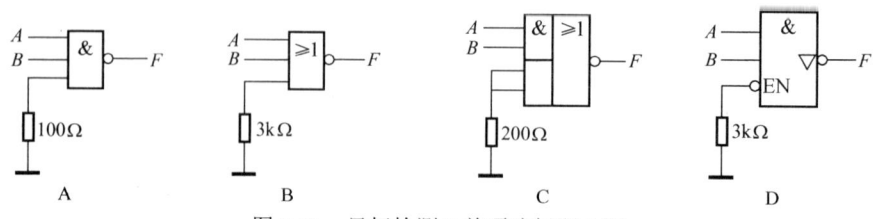

图 2-71 目标检测 2 单项选择题 2 图

3. 在如图 2-72 所示的电路中，若 TTL 门电路的参数为 I_{IH}=15μA，I_{IS}=1.5mA，I_{OH}=400μA，I_{OL}=15mA，则该电路的扇出系数 N_O 为_____。

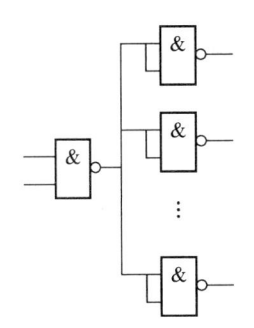

图 2-72 目标检测 2 单项选择题 3 图

A. 13　　　　B. 14　　　　C. 10　　　　D. 26

4. TTL 门电路特性如图 2-73（a）所示，图 2-73（b）中输出电压 U_O=0.2V 的是_____。

（a）

（b）

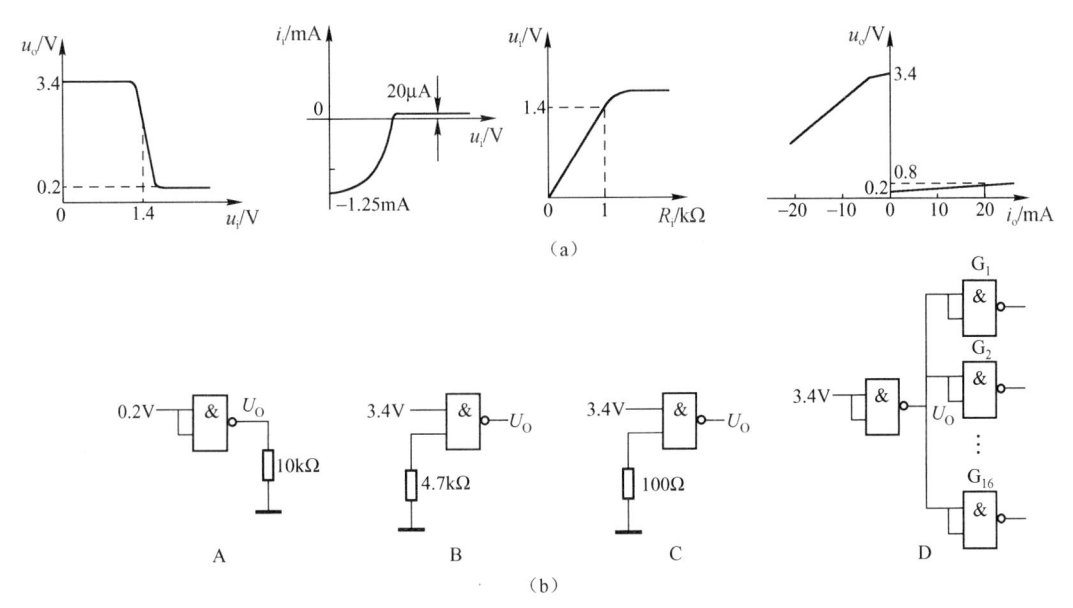

图 2-73 目标检测 2 单项选择题 4 图

5. TTL 门电路的门限电平一般为_____。
   A. 0.8V　　　B. 1.4V　　　C. 2.4V　　　D. 5V

6. 在如图 2-74 所示的 CMOS 门电路中，能使 $F=\overline{AB}$ 的电路是_____。

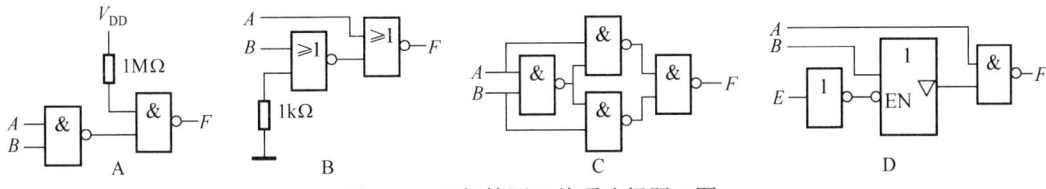

图 2-74 目标检测 2 单项选择题 6 图

7. 在数字电路中，电源线与地线之间接有多个 0.01～0.1μF 的电容，其作用是_____。
   A. 容性负载　　B. 限流　　　C. 限压　　　D. 滤波

8. _____的功耗会随着工作频率的增加而明显升高。
   A. OC门　　　　　　　　　　　　B. 有源推拉输出门
   C. OD门　　　　　　　　　　　　D. CMOS门电路
9. 74系列TTL门电路电源电压的范围是_____。
   A. 2～6V　　　　　　　　　　　　B. 3～18V
   C. 4.75～5.25V　　　　　　　　　D. 4.5～5.5V
10. 国标符号CC××××是指_____。
    A. TTL门电路　　　　　　　　　　B. CMOS门电路
    C. ECL门电路　　　　　　　　　　D. HTL门电路

三、多项选择题

1. 逻辑电路如图2-75所示，能使$F=\overline{AB}+\overline{CD}$的电路有_____。

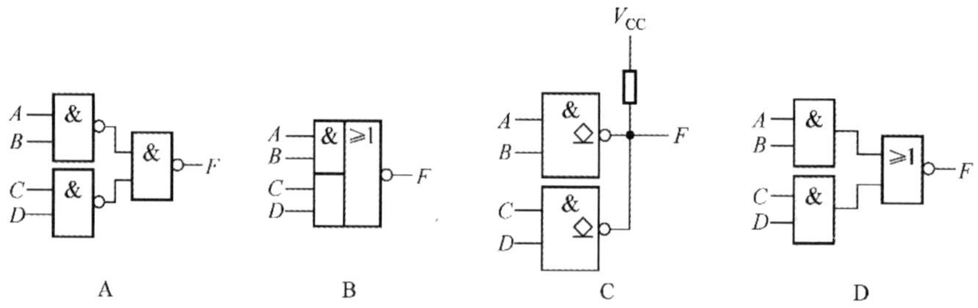

图2-75　目标检测2多项选择题1图

2. TTL门电路如图2-76所示，电路中有错误的是_____。

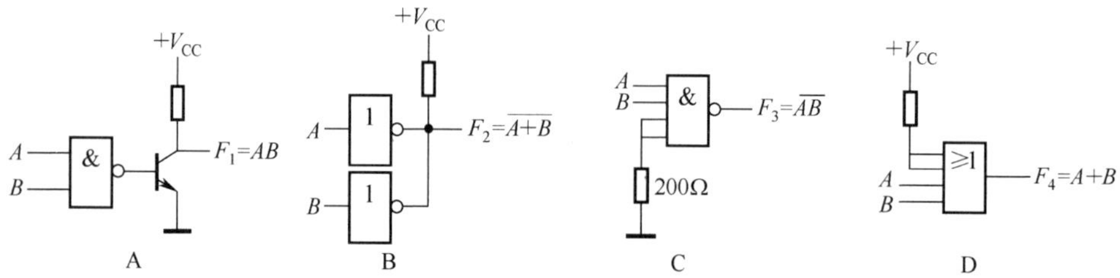

图2-76　目标检测2多项选择题2图

3. 如果控制信号为高电平有效，则控制门应选择_____。
   A. 与门　　　　B. 或门　　　　C. 异或门　　　　D. 与非门
4. 以下_____系列是TTL门电路。
   A. 54　　　　　B. LS　　　　　C. 4000　　　　　D. 74HC
5. 输出端可以并联使用的门电路有_____。
   A. OC门　　　　B. 传输门　　　C. 三态门　　　　D. OD门
6. 未用输入端可以悬空的有_____。
   A. ABT00　　　 B. ALVC00　　　C. LS00　　　　　D. AHCT00
7. 相对CMOS门电路，TTL门电路的特点是_____。
   A. 高集成度　　　　　　　　　　　B. 高速
   C. 强电流驱动能力　　　　　　　　D. 低功耗

四、判断题（正确的在括号中打"√"，错误的打"×"）

1. 有源推拉输出的门电路输出端可以并联。（ ）
2. 门电路的噪声容限越小，抗干扰能力越强。（ ）
3. 门电路工作时的功耗越高越好。（ ）
4. 扩展器可以增大门电路的扇入系数。（ ）
5. 低电平有效的三态门，当使能端为低电平时，输出端呈高阻态。（ ）
6. 三态门的输出端可以直接相连，但同一时刻只允许一个三态门有效，其他三态门处于高阻态。（ ）
7. 门电路的传输延迟时间越短，所允许的最高工作频率越高。（ ）
8. 存放 CMOS 门电路的容器可以是任意材料制成的。（ ）
9. 同一块集成电路中的同类型 CMOS 门电路可以并联使用，以提高驱动能力。（ ）
10. TTL 与非门的未用输入端可以悬空。（ ）
11. 门电路输出端的滤波电容不能太大，否则会使动态功耗增加，电路性能变坏。（ ）
12. 数字电路通电后，可以任意插拔电路中的元器件。（ ）
13. 每块数字集成电路在工作时，都要正确连接直流正、负电源端。（ ）

专题讨论 2

专题 2：数控电动机运行控制电路的设计实现

1. 专题实现

本专题完成电动牙刷的电路设计。电动牙刷电路的结构框图如图 2-77 所示，电动牙刷主要是依靠电动机的运转来带动牙刷头左右高速摆动或旋转，完成对牙齿的清洁的。通过控制电路可以控制摆动式牙刷头的摆动速率、幅度，也可以控制旋转式牙刷头的旋转频率。

本专题设计实现如下：当控制按键闭合时，电动牙刷工作，工作指示灯点亮；当控制按键断开时，电动牙刷停止工作，工作指示灯熄灭。

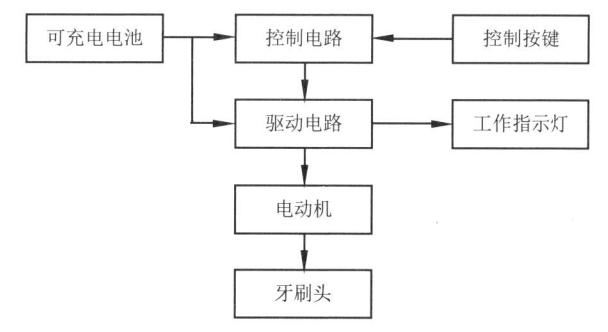

图 2-77 电动牙刷电路的结构框图

2. 工程设计

（1）根据电动牙刷电路的结构框图，设计各部分电路的实现方案。

由于本专题电动牙刷的功能单一，所以控制电路和驱动电路用门电路实现，逻辑电路部分可以参考图 2-28（b）。

完成电动牙刷的电路实现方案设计，并画出电路图。

（2）确定电路参数。

已知电动机参数，确定门电路、工作指示灯等参数。根据以上参数，选定门电路、工作指示灯的型号。

电动牙刷的电动机参数如表 2-12 所示。

表 2-12 电动牙刷的电动机参数

用途范围	转速	3C 额定电压范围	使用电压	电流	效率	外形尺寸	类型
振动牙刷电动机	6000～30000rpm	直流 36V 以下	1.5～4.5V	5～300mA	92%	6mm×12mm	空心杯电动机

（3）电路调试。

搭建实验电路，对电动牙刷的控制电路和驱动电路进行验证，并修改、完善设计方案。

3．专题提交

（1）电动牙刷控制电路使用说明。

（2）电动牙刷控制电路实物（可交付实验电路）。

项目 3

数码显示器电路

数码显示器电路由显示驱动器及数码显示器组成。显示驱动器一般包括译码器和驱动器，译码器是一种组合逻辑电路，驱动器是一种功率驱动电路，译码器的作用是将要显示的数码代码转换成显示器可识别的代码并传送给驱动器，由驱动器提供足够大的功率来驱动数码显示器进行显示。

首先介绍组合逻辑电路的分析与设计；然后介绍常用的组合逻辑电路，如编码器、译码器、数值比较器等，对以上模块重点学习其逻辑功能和使用方法，内部电路只做了解；接着简单分析组合逻辑电路的竞争与冒险；最后讨论数码显示器电路的设计实现。

思政目标

培养团队精神，养成懂尊重、会沟通、顾大局、能协作的良好职业素养。

知识目标

1. 了解组合逻辑电路的分析方法、设计方法。
2. 理解编码器、译码器、数据选择器/分配器等常用组合逻辑电路的基本概念，掌握它们的功能及使用方法。
3. 了解产生竞争与冒险现象的成因。

技能目标

1. 能根据逻辑功能要求，正确选用组合逻辑电路。
2. 能根据逻辑电路参数，选择电路中电阻、电容等元器件的参数。
3. 会对组合逻辑电路的逻辑功能进行测试。
4. 会消除逻辑电路中出现的冒险现象。

3.1 组合逻辑电路的分析与设计

数字逻辑电路分为两大类：一类为组合逻辑电路；另一类为时序逻辑电路，简称时序电路。

组合逻辑电路一般有若干输入端，一个或若干输出端，其组成框图如图 3-1 所示，输出变量与输入变量间的关系可用如下逻辑函数来描述：

$$Y_i(t_n)=F_i[X_1(t_n),X_2(t_n),\cdots,X_j(t_n)],\ i=1,2,\cdots,k$$

上式表明在任意时刻，组合逻辑电路的任一输出信号的逻辑值仅仅取决于该时刻全部输入信号的逻辑值的组合，而与电路原来的状态无关。

图 3-1 组合逻辑电路的组成框图

3.1.1 组合逻辑电路的分析

分析组合逻辑电路，就是根据具体逻辑图，找出输入与输出之间的逻辑关系，确定逻辑功能。分析步骤如图 3-2 所示。

图 3-2 组合逻辑电路的分析步骤

【例 3-1】分析如图 3-3 所示的逻辑电路。

解：根据已知逻辑图，写出输出 S 和 C 的表达式为

$$S=A\oplus B;\ C=AB$$

根据上述表达式列真值表，如表 3-1 所示。可知，若把 A、B 看作两个 1 位二进制数，则 S 就是二者之和，C 是进位。该电路只考虑本位和及高位进位，不考虑低位进位，称为半加器。A、B 是加数，S 是本位和，C 是高位进位。

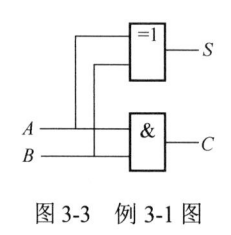

表 3-1 例 3-1 的真值表

输入		输出	
A	B	C	S
0	0	0	0
0	1	0	1
1	0	0	1
1	1	1	0

图 3-3 例 3-1 图

【例 3-2】分析如图 3-4 所示的逻辑电路。

解：由图 3-4 可知

$$F_1=A\odot B;\ F_2=C\odot D;\ F=F_1\odot F_2$$

根据上述表达式列真值表，如表 3-2 所示。可知，当输入信号 A、B、C、D 为 1 的总个数为奇数时，输出 F 为 0；反之，F 为 1。所以输出信号 F 的逻辑值反映了 4 个输入信号中含 1 的总个数是奇数还是偶数。因此，该电路实现了 4 位奇偶校验功能，被称为 4 位奇偶树或奇偶校验电路。

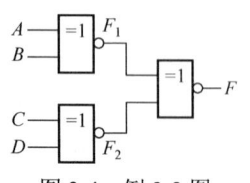

图 3-4 例 3-2 图

表 3-2 例 3-2 的真值表

输入				输出		
A	B	C	D	F_1	F_2	F
0	0	0	0	1	1	1
0	0	0	1	1	0	0
0	0	1	0	1	0	0
0	0	1	1	1	1	1
0	1	0	0	0	1	0
0	1	0	1	0	0	1
0	1	1	0	0	0	1
0	1	1	1	0	1	0
1	0	0	0	0	1	0
1	0	0	1	0	0	1
1	0	1	0	0	0	1
1	0	1	1	0	1	0
1	1	0	0	1	1	1
1	1	0	1	1	0	0
1	1	1	0	1	0	0
1	1	1	1	1	1	1

3.1.2 组合逻辑电路的设计

组合逻辑电路的设计步骤如图 3-5 所示。根据给定逻辑问题的功能要求,首先列真值表,求逻辑函数表达式,画逻辑图。在根据逻辑函数表达式画逻辑图之前,有时需要消除电路的冒险现象(见 3.3 节),设计出满足要求的逻辑电路。

分析功能要求规定输入、输出变量 → 真值表 → 逻辑函数表达式 → 化简变换 →消除冒险→ 逻辑图

图 3-5 组合逻辑电路的设计步骤

【例 3-3】试设计一个全加器。

解:与半加器相比,全加器要考虑低位进位。设全加器用于二进制数第 i 位的运算,A_i、B_i 为加数,C_{i-1} 为低位进位,S_i 为本位和,C_i 为高位进位,全加器的真值表如表 3-3 所示,由真值表得

$S_i = \bar{A}_i\bar{B}_iC_{i-1} + \bar{A}_iB_i\bar{C}_{i-1} + A_i\bar{B}_i\bar{C}_{i-1} + A_iB_iC_{i-1} = A_i \oplus B_i \oplus C_{i-1}$

$C_i = \bar{A}_iB_iC_{i-1} + A_i\bar{B}_iC_{i-1} + A_iB_i\bar{C}_{i-1} + A_iB_iC_{i-1} = A_iB_i + (A_i \oplus B_i)C_{i-1}$

根据 S_i 与 C_i 的表达式,画全加器逻辑图如图 3-6(a)所示。图 3-6(b)是全加器的逻辑符号,其中,总限定符号"Σ"表示输出是对输入的求和运算。

表 3-3 例 3-3 的真值表

输入			输出	
A_i	B_i	C_{i-1}	C_i	S_i
0	0	0	0	0
0	0	1	0	1
0	1	0	0	1
0	1	1	1	0
1	0	0	0	1
1	0	1	1	0
1	1	0	1	0
1	1	1	1	1

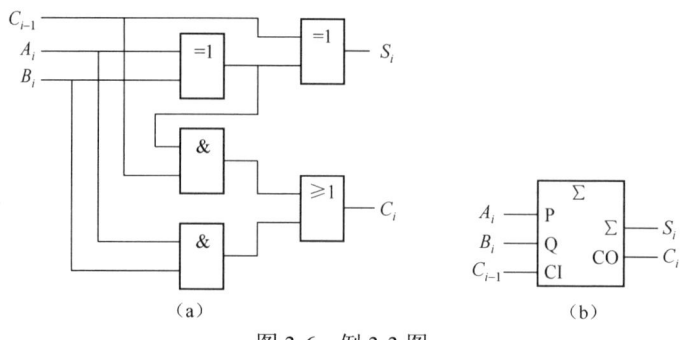

图 3-6 例 3-3 图

📝 **思考与练习**

1. 为什么组合逻辑电路不能简称组合电路？
2. 分析如图 3-7 所示的组合逻辑电路。

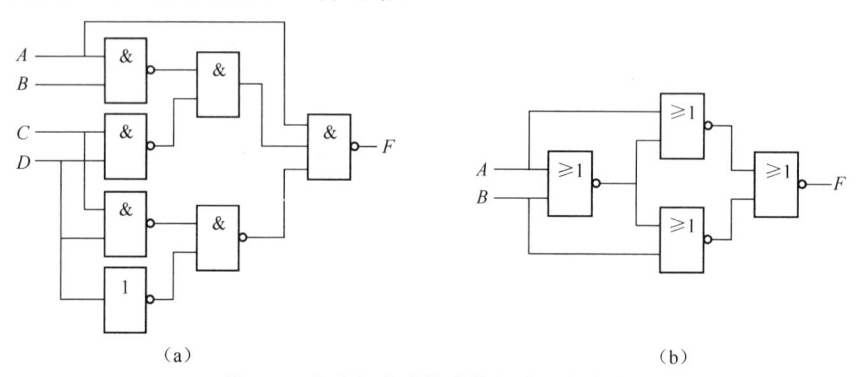

图 3-7 集成门电路构成的组合逻辑电路

3. 分别用与非门设计能实现以下逻辑功能的电路，这些电路能应用于哪些场合？
（1）四变量多数表决器（当四个变量中的多数变量为 1 时，输出为 1）。
（2）三变量判奇电路（当三个变量中的奇数个变量为 1 时，输出为 1）。
（3）四变量判偶电路（当四个变量中的偶数个变量为 1 时，输出为 1）。
（4）三变量一致电路（当变量全部相同时，输出为 1，否则为 0）。
（5）四变量非一致电路（当变量全部相同时，输出为 0，否则为 1）。

4. 锅炉在工作时，水位既不能太低又不能太高。在图 3-8 中，水面在 A 以下时为危险状态；在 A、B 之间和 C 以上时为异常状态；在 B、C 之间为正常状态。现安装自动报警装置，要求在正常状态时亮绿灯；异常状态时亮黄灯；危险状态时亮红灯并发出报警声。试用与非门设计一个控制电路实现上述要求。

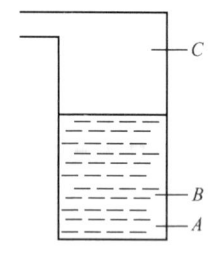

图 3-8 水位示意图

3.2 常用的组合逻辑电路

3.2.1 加法器

2 个二进制数之间的算术运算无论是加、减、乘、除，目前在数字计算机中都是化成若干加法运算进行的。因此,加法器是构成算术运算器的基本单元。

上述半加器或全加器可以完成两个 1 位数的加法运算。如果是两个多位数相加,由于相加时每位都是带进位相加,因此必须使用全加器,只要依次将低位全加器的进位输出端接到高位全加器的进位输入端,就可以实现多位加法运算。图 3-9 所示为根据上述原理接成的 4 位加法电路。由于每位相加结果必须等到低一位的进位产生以后才能建立,因此这种结构也叫作逐位进位加法器或串行进位加法器。

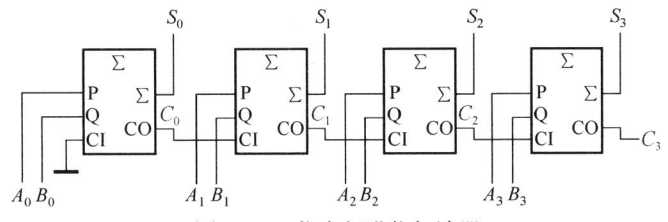

图 3-9 4 位串行进位加法器

串行进位加法器的优点是电路结构比较简单,缺点是运算速度低。为了克服速度低的缺点,设计了超前进位加法器。超前进位的设计思想是,加到第 i 位的进位输入信号是由两个加数 A、B 在第 i 位以前的各位状态共同决定的,也就是说第 i 位的进位输入信号 C_{i-1} 能由 $A_{i-1}A_{i-2}\cdots A_0$ 和 $B_{i-1}B_{i-2}\cdots B_0$ 唯一地确定。根据这一思想,就可以由 $A_{i-1}A_{i-2}\cdots A_0$ 和 $B_{i-1}B_{i-2}\cdots B_0$ 直接来运算 C_{i-1},如图 3-10 所示,而无须从最低位开始向高位逐位传递进位信号,有效地提高了运算速度。74283 就是 4 位超前进位加法器,其逻辑符号如图 3-11 所示。

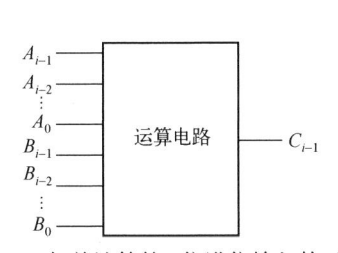

图 3-10 超前计算第 i 位进位输入的示意图 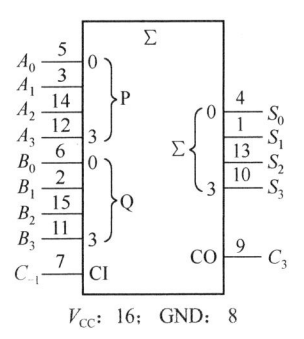   图 3-11 74283 的逻辑符号

应用实例

加法器除了能进行二进制加法运算,还可实现代码转换、二进制减法运算、十进制加法运算等功能。下面举例介绍。

图 3-12 所示为用一块 74283 将 8421BCD 码转换成余 3BCD 码的代码转换电路。观察表 1-2 不难发现,余 3BCD 码是由 8421BCD 码加 3 形成的。由图 3-12 可得

$$Y_3Y_2Y_1Y_0 = A_3A_2A_1A_0 + B_3B_2B_1B_0 + C_{-1} = ABCD + 0011 + 0 = ABCD + 0011$$

所以,从 $A_3A_2A_1A_0$ 端输入 8421BCD 码时,从 $Y_3Y_2Y_1Y_0$ 端得到的是与输入 8421BCD 码对应的余 3BCD 码。

图 3-12 代码转换电路

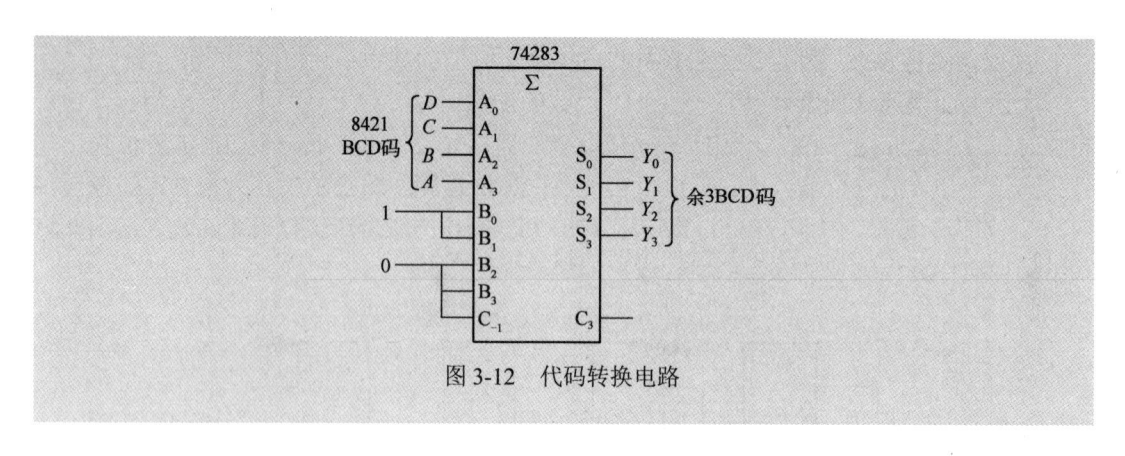

3.2.2 编码器和优先编码器

1. 编码器

广义来讲，用文字、符号或数码表示特定的对象都可以称为编码。例如，为考生编考号，为电话用户分配电话号码等都是编码。用十进制数或文字符号编码难以用电路实现，所以在数字系统中采用二进制编码，即用一定位数的二进制码表示不同的数或字符。

能够完成编码的电路称为编码器。例如，计算机键盘就是一个编码器，每按下一个按键，它便自动将该键产生的信号编成一个对应的代码送入机器。编码器一般有多个输入端、多个输出端，每个输入端线都代表一个数符，而全部输出端线代表与某个输入数符相对应的二进制码。在任意时刻，编码器只能有一个输入端有信号输入。例如，若输入信号为高电平有效，则某一时刻只应有一条输入线为高电平，其余输入线均为低电平。

【例3-4】设计一个八进制/二进制编码器。

解：根据题意可知，编码器应有 8 个输入端，代表 0～7 共 8 个八进制数，这 8 个输入端分别用 A_0～A_7 表示；输出用二进制码表示对这 8 个八进制数的编码，二进制码应为 3 位，分别用 F_2、F_1、F_0 表示。列编码真值表（简称编码表）如表 3-4 所示。

表 3-4 例 3-4 编码表

输入								输出		
A_0	A_1	A_2	A_3	A_4	A_5	A_6	A_7	F_2	F_1	F_0
1	0	0	0	0	0	0	0	0	0	0
0	1	0	0	0	0	0	0	0	0	1
0	0	1	0	0	0	0	0	0	1	0
0	0	0	1	0	0	0	0	0	1	1
0	0	0	0	1	0	0	0	1	0	0
0	0	0	0	0	1	0	0	1	0	1
0	0	0	0	0	0	1	0	1	1	0
0	0	0	0	0	0	0	1	1	1	1

由表 3-4 可知，输入变量互相排斥，根据例 1-15 的结论可得 F_2、F_1、F_0 的表达式为

$$F_2=A_4+A_5+A_6+A_7; \quad F_1=A_2+A_3+A_6+A_7; \quad F_0=A_1+A_3+A_5+A_7$$

用或门实现该编码器,画逻辑图如图 3-13 所示。由于该编码器有 8 个输入端和 3 个输出端,所以又称 8-3 线编码器。

2．优先编码器

上述编码器同一时刻只允许有一个输入信号,即输入信号互斥。而优先编码器则不同,它允许几个信号同时输入,但电路只对其中优先级最高的一个信号进行编码,即优先编码。

【例 3-5】分析 10-4 线优先编码器 74147。图 3-14 所示为 74147 的逻辑符号,其中总限定符号"HPRI/BCD"中的 HPRI 表示输入优先编码,BCD 表示输出 BCD 码。表 3-5 所示为 74147 功能表。

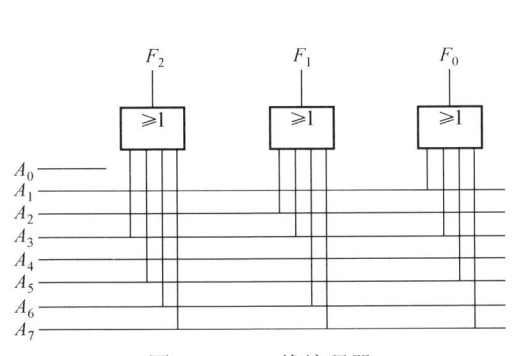

图 3-13　8-3 线编码器

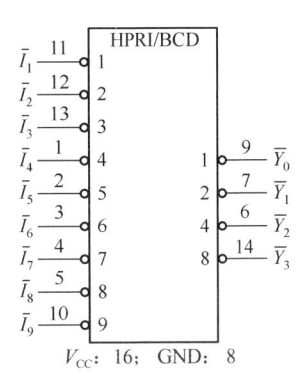

图 3-14　74147 的逻辑符号

表 3-5　74147 功能表

十进制数	输入									输出			
	$\bar{I}_1$	$\bar{I}_2$	$\bar{I}_3$	$\bar{I}_4$	$\bar{I}_5$	$\bar{I}_6$	$\bar{I}_7$	$\bar{I}_8$	$\bar{I}_9$	$\bar{Y}_3$	$\bar{Y}_2$	$\bar{Y}_1$	$\bar{Y}_0$
9	×	×	×	×	×	×	×	×	0	0	1	1	0
8	×	×	×	×	×	×	×	0	1	0	1	1	1
7	×	×	×	×	×	×	0	1	1	1	0	0	0
6	×	×	×	×	×	0	1	1	1	1	0	0	1
5	×	×	×	×	0	1	1	1	1	1	0	1	0
4	×	×	×	0	1	1	1	1	1	1	0	1	1
3	×	×	0	1	1	1	1	1	1	1	1	0	0
2	×	0	1	1	1	1	1	1	1	1	1	0	1
1	0	1	1	1	1	1	1	1	1	1	1	1	0
0	1	1	1	1	1	1	1	1	1	1	1	1	1

解：由表 3-5 可知,74147 具有输入低电平有效、大数优先编码功能。电路内部将 9 线数据 $\bar{I}_1 \sim \bar{I}_9$ 进行 4 线 8421BCD 大数优先编码,并输出反码。例如,当 $\bar{I}_8$ 输入低电平时,$\bar{I}_1 \sim \bar{I}_7$ 输入电平任意,但 $\bar{I}_9$ 必须输入高电平,这时有效输入信号中大数优先级最高的是"8",所以编码器按十进制数 8 所对应的 BCD 反码 $\overline{1\,0\,0\,0}$=0111 输出。编码器省略了 0 数据编码输入线,原因是当 $\bar{I}_1 \sim \bar{I}_9$ 均为高电平时,编码器输出十进制数 0 的 BCD 反码,相当于十进制数 0 被编码。

图3-15所示为8-3线优先编码器74HC148的逻辑图及逻辑符号,$\overline{I}_0 \sim \overline{I}_7$表示8位输入,$\overline{Y}_0 \sim \overline{Y}_2$表示3位二进制编码输出,输入、输出均为低电平有效。所以,逻辑符号各端上的小圈不仅表示逻辑非,还表示以逻辑0电平为有效工作电平。为了扩展功能,电路中增加了使能输入端($\overline{S}$低电平有效)、优先编码标志输出端($\overline{G}$低电平有效)、使能输出端(Y_S高电平有效)。

74HC148功能表如表3-6所示,分析功能表可知其逻辑功能为:当$\overline{S}$为低电平时,进行大数优先编码,并输出对应二进制数的反码;当$\overline{S}$为高电平时,禁止编码。

当"正在进行优先编码"时,$\overline{G}$为0。

在"允许编码"($\overline{S}$=0)状态下,Y_S=1表示"允许编码且有编码信号输入"(有低电平输入信号);Y_S=0表示"允许编码但无编码信号输入"。

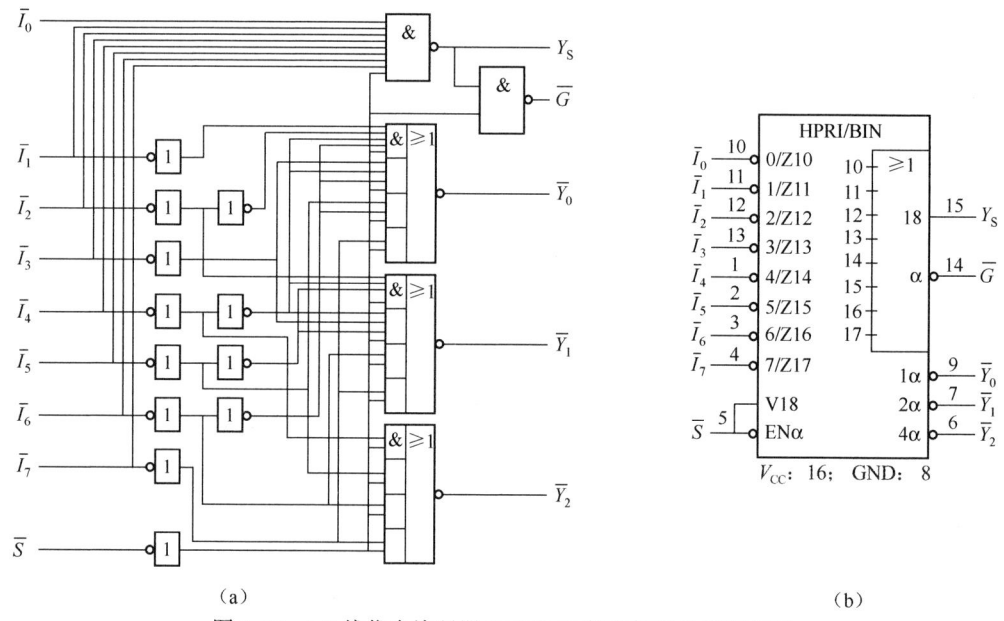

图3-15 8-3线优先编码器74HC148的逻辑图及逻辑符号

表3-6 74HC148功能表

	输入								输出				
$\overline{S}$	$\overline{I}_0$	$\overline{I}_1$	$\overline{I}_2$	$\overline{I}_3$	$\overline{I}_4$	$\overline{I}_5$	$\overline{I}_6$	$\overline{I}_7$	$\overline{Y}_2$	$\overline{Y}_1$	$\overline{Y}_0$	$\overline{G}$	Y_S
1	×	×	×	×	×	×	×	×	1	1	1	1	1
0	1	1	1	1	1	1	1	1	1	1	1	1	0
0	×	×	×	×	×	×	×	0	0	0	0	0	1
0	×	×	×	×	×	×	0	1	0	0	1	0	1
0	×	×	×	×	×	0	1	1	0	1	0	0	1
0	×	×	×	×	0	1	1	1	0	1	1	0	1
0	×	×	×	0	1	1	1	1	1	0	0	0	1
0	×	×	0	1	1	1	1	1	1	0	1	0	1
0	×	0	1	1	1	1	1	1	1	1	0	0	1
0	0	1	1	1	1	1	1	1	1	1	1	0	1

利用功能端可将多个编码器连接起来扩展线数。例如，用两块 74HC148 实现 16-4 线优先编码，其连接图如图 3-16 所示。由图 3-16 可知，输入低电平有效，输出高电平有效；$\bar{I}_{15}$ 的优先级最高，$\bar{I}_0$ 的优先级最低。工作原理如下。

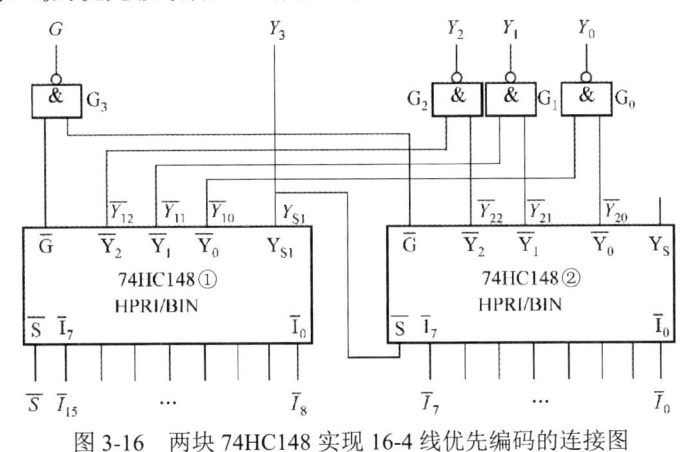

图 3-16 两块 74HC148 实现 16-4 线优先编码的连接图

当 $\bar{S}=0$ 且 $\bar{I}_8 \sim \bar{I}_{15}$ 中有 1 位有效时，片①编码，$Y_{S1}=1$，所以片②禁止编码，输出 $\bar{Y}_{22} \sim \bar{Y}_{20}$ 均为高电平，$G_2 \sim G_0$ 输出取决于片①的输出 $\bar{Y}_{12} \sim \bar{Y}_{10}$，又因为 $Y_3=Y_{S1}=1$，所以编码器大数优先编码输出高 8 位的代码，$Y_3Y_2Y_1Y_0=1000 \sim 1111$。若 $\bar{I}_8 \sim \bar{I}_{15}$ 全部为高电平，则片①的输出 $\bar{Y}_{12} \sim \bar{Y}_{10}$ 均为高电平，又因为 $Y_{S1}=0$，所以片②编码，$G_2 \sim G_0$ 输出取决于片②的输出 $\bar{Y}_{22} \sim \bar{Y}_{20}$，又因为 $Y_3=Y_{S1}=0$，所以编码器输出低 8 位的代码，$Y_3Y_2Y_1Y_0=0000 \sim 0111$。

当 $\bar{S}=1$ 时，$Y_{S1}=1$，片①、②均禁止编码，因此整个编码器的状态为禁止编码。

- 应用实例 ─

优先编码器的典型应用是在计算机控制系统中为外部设备（简称外设）编码，这要事先为外设分配好优先级，当有两个或两个以上外设要求编码（请求中断）时，优先编码器为优先级高的外设先编码，利用编码器输出的编码信号（中断请求信号）向计算机的中央处理单元（Central Processing Unit，CPU）发出请求，如果 CPU 接收了该请求信号，便停下当前正在进行的操作（响应中断），而转向为此外设服务（中断服务），让它先操作。例如，一台计算机连接着一个键盘和一个鼠标，如果设置鼠标的编码优先级（中断优先级）高于键盘，则在两个设备同时有输入信号时，先接受鼠标的操作，即 CPU 首先处理由鼠标输入的信号。

3.2.3 译码器

译码是编码的反过程。译码是指将给定代码转换成特定信号或另一种形式的代码。完成译码的电路称为译码器，又称解码器。

1. 二进制译码器

二进制译码器又称全译码器，它有 N 个输入端，2^N 个输出端，把 N 个输入视为二进制数，对应每种输入取值组合，只有一个输出端是有效电平，其他输出端均为无效电平。

图 3-17 所示为 2-4 线译码器，2 个输入为 A_1、A_0，4 个输出为 $Y_0 \sim Y_3$，由图 3-17 可得

$$Y_0=\overline{A}_1\overline{A}_0; \quad Y_1=\overline{A}_1A_0; \quad Y_2=A_1\overline{A}_0; \quad Y_3=A_1A_0$$

根据上式，列出 2-4 线译码器功能表，如表 3-7 所示。可见，当 A_1A_0 由 00→01→10→11 时，$Y_0 \sim Y_3$ 轮流输出高电平，即译码器输出高电平有效。

图 3-18 所示为 3-8 线译码器 74LS138 的逻辑符号，输入为 3 位二进制数，有 8 个低电平互斥的输出。使能控制 $S=S_1 \cdot \overline{S}_2 \cdot \overline{S}_3$，$S_1$ 高电平有效，$\overline{S}_2$、$\overline{S}_3$ 低电平有效，即当 $S_1=1$，$\overline{S}_2=\overline{S}_3=0$ 时，译码器译码，根据输入 $A_0 \sim A_2$ 组合，$\overline{Y}_0 \sim \overline{Y}_7$ 中有一位输出低电平。其功能表如表 3-8 所示。

表 3-7 2-4 线译码器功能表

输入		输出			
A_1	A_0	Y_3	Y_2	Y_1	Y_0
0	0	0	0	0	1
0	1	0	0	1	0
1	0	0	1	0	0
1	1	1	0	0	0

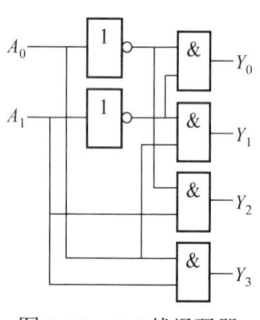

图 3-17 2-4 线译码器

图 3-18 3-8 线译码器 74LS138 的逻辑符号

利用两块 74LS138 可以实现 4-16 线译码功能，其逻辑图如图 3-19 所示。图中，4 位输入为 A、B、C、D，A 为最高位。当 $A=0$ 时，片①工作；当 $A=1$ 时，片②工作。

表 3-8 74LS138 功能表

使能控制输入			输入			输出							
S_1	$\overline{S}_2$	$\overline{S}_3$	A_2	A_1	A_0	$\overline{Y}_0$	$\overline{Y}_1$	$\overline{Y}_2$	$\overline{Y}_3$	$\overline{Y}_4$	$\overline{Y}_5$	$\overline{Y}_6$	$\overline{Y}_7$
×	1	×	×	×	×	1	1	1	1	1	1	1	1
×	×	1	×	×	×	1	1	1	1	1	1	1	1
0	×	×	×	×	×	1	1	1	1	1	1	1	1
1	0	0	0	0	0	0	1	1	1	1	1	1	1
1	0	0	0	0	1	1	0	1	1	1	1	1	1
1	0	0	0	1	0	1	1	0	1	1	1	1	1
1	0	0	0	1	1	1	1	1	0	1	1	1	1
1	0	0	1	0	0	1	1	1	1	0	1	1	1
1	0	0	1	0	1	1	1	1	1	1	0	1	1
1	0	0	1	1	0	1	1	1	1	1	1	0	1
1	0	0	1	1	1	1	1	1	1	1	1	1	0

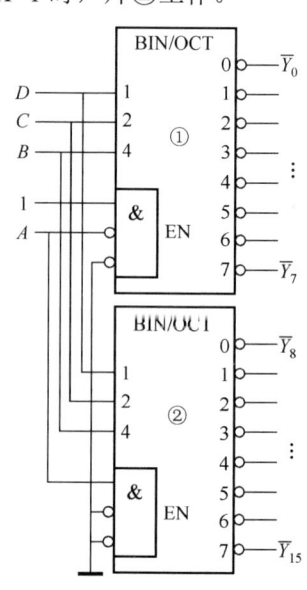

图 3-19 4-16 线译码逻辑图

> 工程应用

（1）全译码器做地址译码器。

全译码器的用途很广，最典型的是在计算机或手机中做地址译码器。图 3-20 所示为在计算机中利用全译码器做地址译码器来选通芯片的示意图。CPU 首先由 A_yA_x 送出地址信号，然后由 IO 送出片使能信号，通过 2-4 线译码器译码，选中 4 块 IC 中的一块与 CPU 进行数据交换。双线是"总线"的另一种表示方法，箭头用于表示数据的传输方向，图 3-20 中的总线都是双向总线。

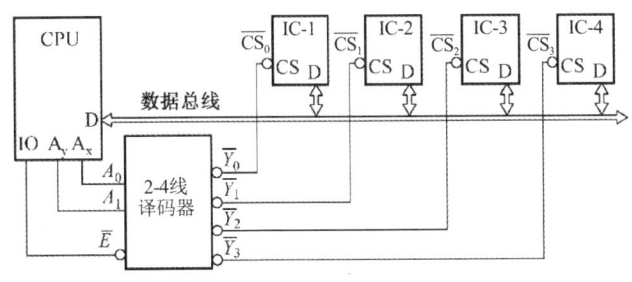

图 3-20 利用全译码器选通芯片的示意图

（2）全译码器实现逻辑函数。

例如，用 74LS138 并辅以适当门电路实现逻辑函数 $F=\sum m(1,3,4)$。由于全译码器的每个输出端都对应一个最小项，且 74LS138 是反码输出，所以

$$F=\sum m(1,3,4)=m_1+m_3+m_4=\overline{\overline{m_1+m_3+m_4}}=\overline{\overline{m_1}\ \overline{m_3}\ \overline{m_4}}=\overline{\overline{Y_1}\overline{Y_3}\overline{Y_4}}$$

上式表明，在 74LS138 输出端外接一个与非门便可实现逻辑函数 F，电路接法如图 3-21 所示。

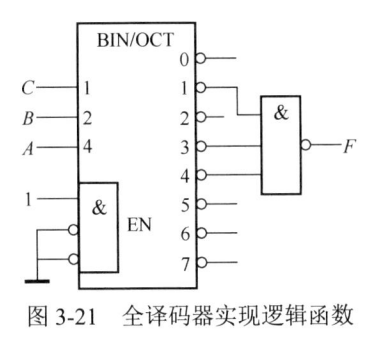

图 3-21 全译码器实现逻辑函数

2. 码制变换译码器

码制变换译码器能将一种码制（或数制）的代码转换成另一种码制（或数制）的代码。通常码制变换译码器的输出端为 $M<2^N$ 个（N 为输入端数），所以又被称为部分译码器。

74LS42 可作为 4-10 线译码器，它可以接收高电平有效的 4 位 8421BCD 码输入，并提供 10 个互斥低电平有效输出，若输入二进制码对应的十进制数大于 9，则所有输出均为高电平。其功能及逻辑符号如表 3-9 所示。

表 3-9 74LS42 作为 4-10 线译码器的功能及逻辑符号

十进制数	8421BCD 码输入				输出										逻辑符号
	A_3	A_2	A_1	A_0	$\overline{Y}_0$	$\overline{Y}_1$	$\overline{Y}_2$	$\overline{Y}_3$	$\overline{Y}_4$	$\overline{Y}_5$	$\overline{Y}_6$	$\overline{Y}_7$	$\overline{Y}_8$	$\overline{Y}_9$	
0	0	0	0	0	0	1	1	1	1	1	1	1	1	1	
1	0	0	0	1	1	0	1	1	1	1	1	1	1	1	
2	0	0	1	0	1	1	0	1	1	1	1	1	1	1	
3	0	0	1	1	1	1	1	0	1	1	1	1	1	1	
4	0	1	0	0	1	1	1	1	0	1	1	1	1	1	
5	0	1	0	1	1	1	1	1	1	0	1	1	1	1	
6	0	1	1	0	1	1	1	1	1	1	0	1	1	1	
7	0	1	1	1	1	1	1	1	1	1	1	0	1	1	
8	1	0	0	0	1	1	1	1	1	1	1	1	0	1	
9	1	0	0	1	1	1	1	1	1	1	1	1	1	0	
无效码	1	0	1	0	全部为 1										
	1	0	1	1											
	1	1	0	0											
	1	1	0	1											
	1	1	1	0											
	1	1	1	1											

74LS42 也可作为 3-8 线译码器,这时最高位输入 A_3 作为使能信号,其功能及逻辑符号如表 3-10 所示。

表 3-10 74LS42 作为 3-8 线译码器的功能及逻辑符号

使能输入	输入			输出								逻辑符号
A_3	A_2	A_1	A_0	$\overline{Y}_0$	$\overline{Y}_1$	$\overline{Y}_2$	$\overline{Y}_3$	$\overline{Y}_4$	$\overline{Y}_5$	$\overline{Y}_6$	$\overline{Y}_7$	
译码 0	0	0	0	0	1	1	1	1	1	1	1	
	0	0	1	1	0	1	1	1	1	1	1	
	0	1	0	1	1	0	1	1	1	1	1	
	0	1	1	1	1	1	0	1	1	1	1	
	1	0	0	1	1	1	1	0	1	1	1	
	1	0	1	1	1	1	1	1	0	1	1	
	1	1	0	1	1	1	1	1	1	0	1	
	1	1	1	1	1	1	1	1	1	1	0	
禁止译码 1	0	0	0	全部为 1								
	0	0	1									
	0	1	0									
	0	1	1									
	1	0	0									
	1	0	1									
	1	1	0									
	1	1	1									

3. 显示译码器

在数字系统中，有时需要将译码的结果以数码的形式显示出来，这时就要用到显示译码器。显示译码器能将输入代码译成相应的高低电平，并利用此电平驱动数码显示器。

（1）数码显示器。

数码显示器的种类很多，如半导体显示器（Low Emitting Diode，LED）、液晶显示器（Liquid Crystal Display，LCD）、荧光数码管等。常用的七段半导体显示器的外形如图 3-22（a）所示，它由 a、b、c、d、e、f、g 七个发光二极管做成条状，按 "8" 形排列组成，如图 3-22（b）所示（如果考虑小数点 DP，则实际为八段显示）。其中，发光二极管的连接方式有共阴极与共阳极两种，如图 3-23 所示。采用共阴极连接时，对应阳极接高电平时字段发光，而采用共阳极连接时，对应阴极接低电平时字段发光。例如，显示数字 7，采用共阳极连接时，a、b、c 端接低电平，d、e、f、g 端接高电平，显示效果如图 3-22（b）所示。

图 3-22 常用的七段半导体显示器

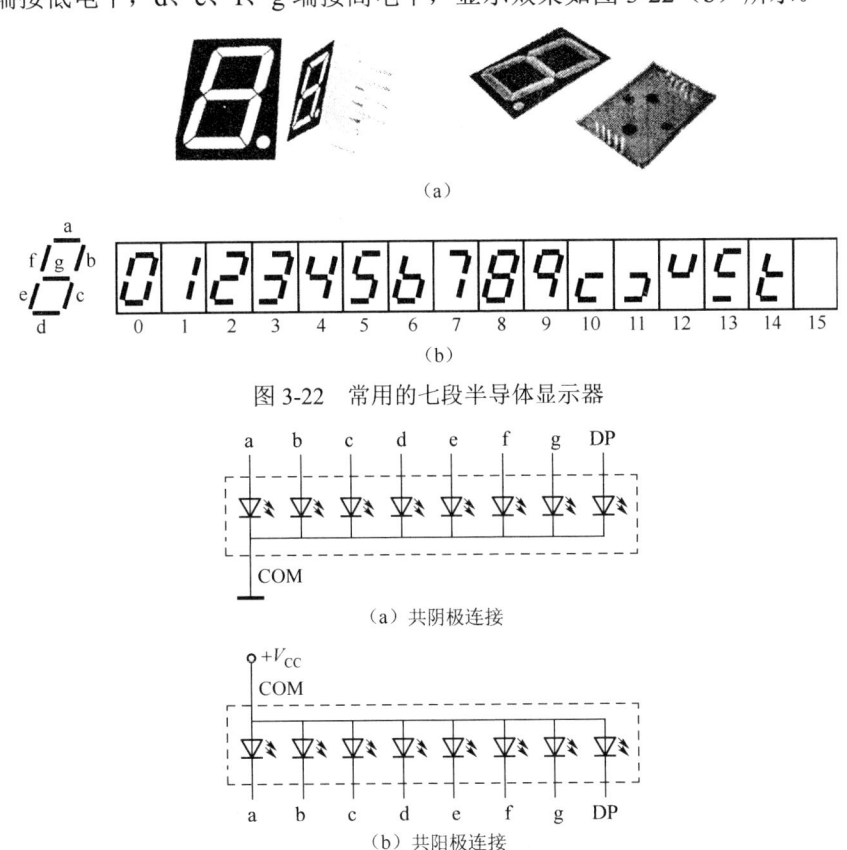

图 3-23 发光二极管的连接方式

半导体显示器具有工作电压小、响应速度快、色彩鲜艳（发红光、绿光及其中间色光等）、亮度较高、寿命长、工作稳定可靠等优点，缺点是工作电流较大。

另一种常用的数码显示器是液晶显示器。液晶即液态晶体，是一种既具有液体的流动性，又具有光学特性的有机化合物。它的透明度和呈现的颜色受外加电场的控制，利用这一特性可做成数码显示器。

在没有外加电场的情况下，液晶分子按一定取向整齐排列，如图 3-24（a）所示。这时液晶为透明状态，入射光线大部分被反射电极反射回来，显示器呈灰白色。在电极上加电压后，液晶分子因电离而产生正离子，这些正离子在外加电场的作用下运动并碰撞其他液晶分子，破坏了液晶分子的整齐排列，如图3-24（b）所示，使液晶呈现混浊状态。这时，入射光线散射后仅有少量被反射回来，因此显示器呈黑灰色。外加电场消失以后，液晶又恢复到整齐排列的状态。如果将七段透明的电极排成"8"形，如图3-24（c）所示，那么只要选择不同的电极组合并加正电压，便能显示出各种字符。

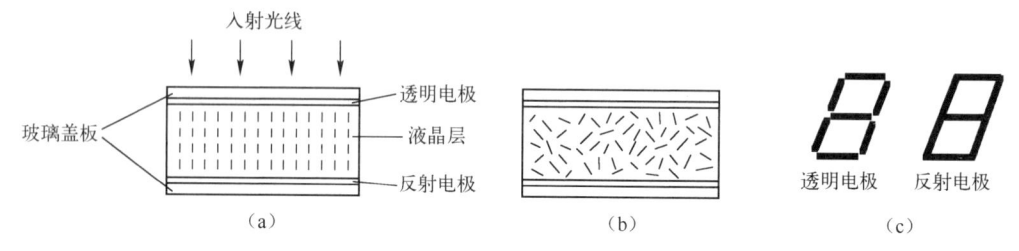

图3-24 液晶显示器的结构

为了使正离子碰撞液晶分子的过程不断进行，通常在液晶显示器的两个电极上加30~100Hz的交流方波电压。对交流电压的控制可以用异或门实现，如图3-25（a）所示。u_i是外加固定频率的对称方波电压。当控制电压 u_A 为低电平，即 $A=0$ 时，液晶两端的电压 $u_L=u_i-u_o=0V$，显示器不工作，呈灰白色；当控制电压 u_A 为高电平，即 $A=1$ 时，u_L 为幅度等于2倍 u_i 的对称方波电压，显示器工作，呈黑灰色。各点电压的波形如图3-25（b）所示。

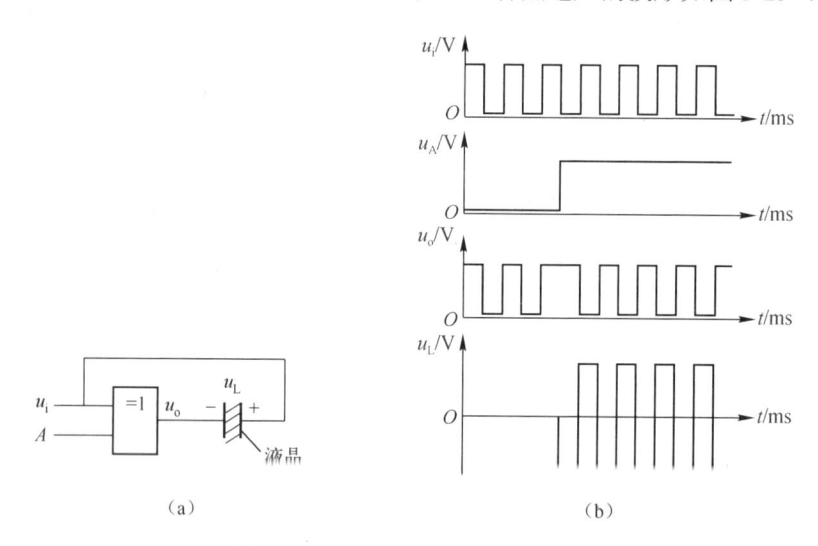

图3-25 用异或门驱动液晶显示器

液晶显示器的最大优点是功耗极低，每平方厘米的功耗在1μW以下。它的工作电压也很小，在1V以下仍能工作。因此，液晶显示器在电子表及小型便携式仪器、仪表中得到了广泛应用。但是，由于它本身不发光，仅靠反射外界光线显示字符，所以亮度很差。此外，它的响应速度较低（10~200ms），限制了它在快速系统中的应用。

（2）译码器。

配合各种七段显示器有专用的七段译码器，下面结合74LS47进行介绍。74LS47的逻辑图及逻辑符号如图 3-26 所示,功能表如表 3-11 所示。它是 4 线-七段译码器/驱动器,$A_3A_2A_1A_0$ 为 4 线输入;$\bar{a}\sim\bar{g}$ 为七段输出,低电平有效,能直接驱动共阳极显示器件。当 $A_3A_2A_1A_0$=0111 时,$\bar{a}=\bar{b}=\bar{c}=0$,$\bar{d}=\bar{e}=\bar{f}=\bar{g}=1$,用 $\bar{a}\sim\bar{g}$ 驱动共阳极显示器件,便可显示数字 7。

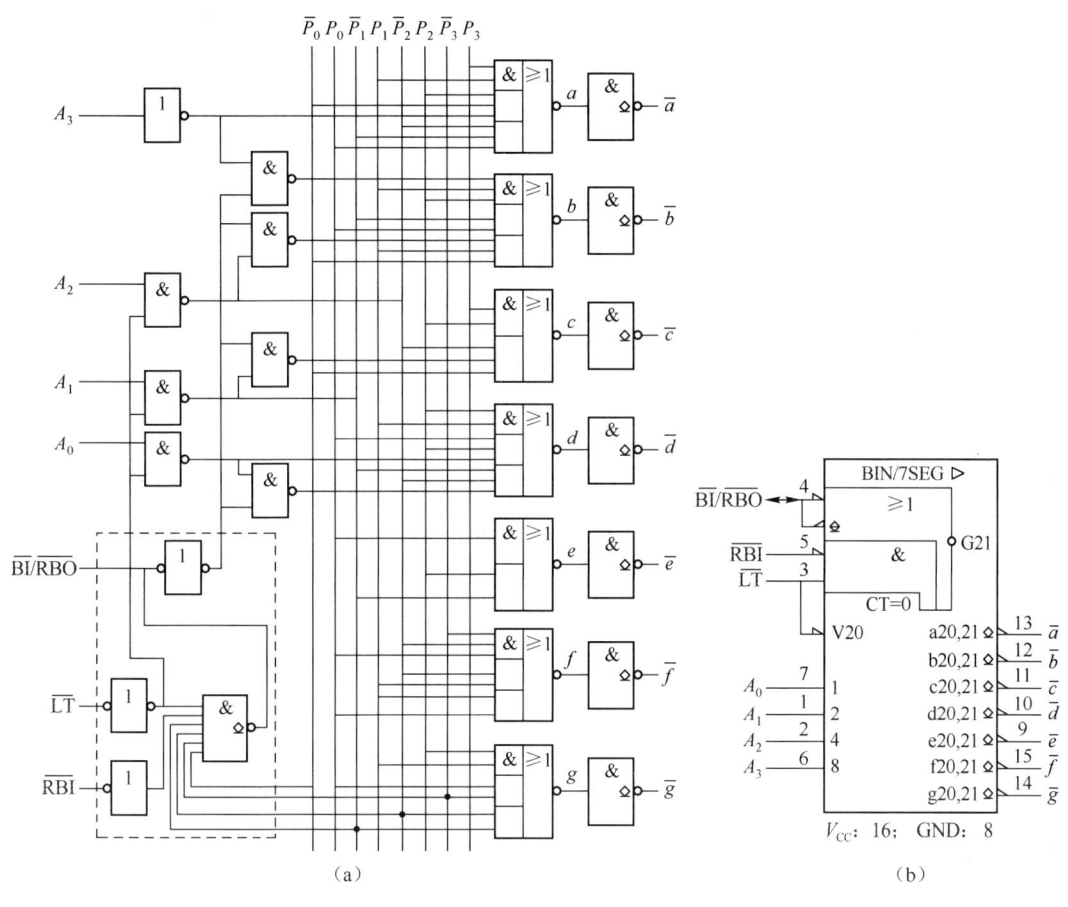

图 3-26 74LS47 的逻辑图及逻辑符号

表 3-11 74LS47 功能表

十进制数或功能	输入						$\overline{BI/RBO}$	输出						
	$\overline{LT}$	$\overline{RBI}$	A_3	A_1	A_1	A_0		$\bar{a}$	$\bar{b}$	$\bar{c}$	$\bar{d}$	$\bar{e}$	$\bar{f}$	$\bar{g}$
0	1	1	0	0	0	0	1	0	0	0	0	0	0	1
1	1	×	0	0	0	1	1	1	0	0	1	1	1	1
2	1	×	0	0	1	0	1	0	0	1	0	0	1	0
3	1	×	0	0	1	1	1	0	0	0	0	1	1	0
4	1	×	0	1	0	0	1	1	0	0	1	1	0	0
5	1	×	0	1	0	1	1	0	1	0	0	1	0	0
6	1	×	0	1	1	0	1	1	1	0	0	0	0	0
7	1	×	0	1	1	1	1	0	0	0	1	1	1	1
8	1	×	1	0	0	0	1	0	0	0	0	0	0	0
9	1	×	1	0	0	1	1	0	0	0	1	1	0	0

续表

十进制数或功能	输入						$\overline{BI/RBO}$	输出						
	$\overline{LT}$	$\overline{RBI}$	A_3	A_2	A_1	A_0		$\overline{a}$	$\overline{b}$	$\overline{c}$	$\overline{d}$	$\overline{e}$	$\overline{f}$	$\overline{g}$
10	1	×	1	0	1	0	1	1	1	1	0	0	1	0
11	1	×	1	0	1	1	1	1	1	0	0	1	1	0
12	1	×	1	1	0	0	1	1	0	1	1	1	0	0
13	1	×	1	1	0	1	1	0	1	1	0	1	0	0
14	1	×	1	1	1	0	1	1	1	1	0	0	0	0
15	1	×	1	1	1	1	1	1	1	1	1	1	1	1
消隐	1	×	×	×	×	×	0	1	1	1	1	1	1	1
脉冲消隐	1	0	0	0	0	0	0	1	1	1	1	1	1	1
试灯	0	×	×	×	×	×	1	0	0	0	0	0	0	0

$\overline{LT}$为试灯输入端,用于检查数码管七段是否都能发光,低电平有效。当$\overline{LT}=0$且$\overline{BI/RBO}=1$时,无论其他输入端状态如何,$\overline{a}\sim\overline{g}$输出均为0,数码管七段全亮,显示"8"。当$\overline{LT}=1$时,译码器译码显示。

$\overline{RBI}$为灭零输入端,其作用是将数码管显示的数字 0 熄灭。当$\overline{LT}=1$,$\overline{RBI}=0$且输入$A_3A_2A_1A_0=0000$时,$\overline{a}\sim\overline{g}$输出均为1,数码管无显示,即灭零。若$\overline{LT}=1$,$\overline{RBI}=0$而$A_3A_2A_1A_0\ne0000$,则数码管仍正常显示。不需要灭零时,应使$\overline{RBI}=1$。

灭灯输入与灭零输出公用$\overline{BI/RBO}$,也就是$\overline{BI/RBO}$既可以作为输入端使用,又可以作为输出端使用。当作为输入端使用时,称为灭灯输入控制端$\overline{BI}$,利用灭灯输入信号可控制数码管按照需要显示或不显示,当$\overline{BI}=0$时,无论$A_3\sim A_0$状态如何,数码管均无显示。$\overline{BI}$是级别最高的控制信号;当作为输出端使用时,称为灭零输出端$\overline{RBO}$。灭零输出信号在多位显示时与$\overline{RBI}$配合,可消去混合小数的前零和无用的尾零。当$\overline{LT}=1$,$\overline{RBI}=0$且输入$A_3A_2A_1A_0=0000$时,$\overline{RBO}$输出 0。

例如,一个 8 位数字显示器,如果将 00203.400 显示成 203.4,可按图 3-27 连接。图 3-27 采用了 8 块 74LS47,各块$\overline{LT}=1$。将片①$\overline{RBI}$接地,即$\overline{RBI}_1=0$,又因片①的输入数码为 0000,所以十进制数 0 不显示,而且$\overline{RBO}_1=0$。将$\overline{RBO}_1$连接到片②的$\overline{RBI}$端,又使$\overline{RBI}_2=0$,加上片②的输入数码也为 0000,所以十进制数 0 也不显示。将$\overline{RBO}$接到片③的$\overline{RBI}$端,虽使$\overline{RBI}_3=0$,但因片③的输入数码不是 0000,而是 0010,因而可以正常显示十进制数 2,且$\overline{RBO}_3=1$。$\overline{RBI}_4=1$,虽然输入数码是 0000,但仍能显示十进制数 0。片⑤与片⑥的$\overline{RBI}$为 1,可显示由输入决定的任何数字,所以片⑤显示十进制数 3,片⑥显示十进制数 4。而$\overline{RBI}_8=0$,输入数码 0000 被熄灭,同时$\overline{RBO}_8=0$,使$\overline{RBI}_7=0$,片⑦被灭零。

【例 3-6】画出用 74LS47 驱动数码管 LA5011 的 1 位数码显示电路,要求同时显示小数点。

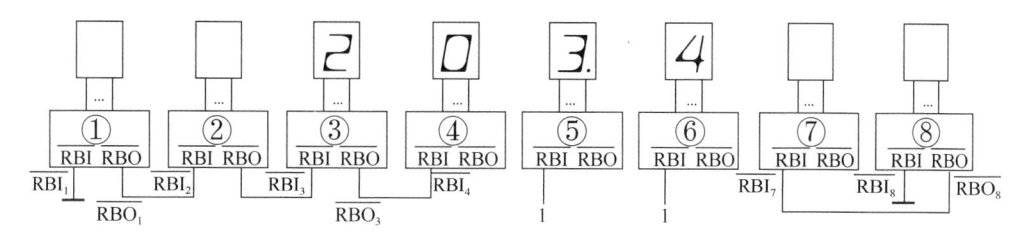

图 3-27 8 位数字显示接线图

解：LA5011 的引脚为上下排列，引脚序号如图 3-28（a）所示（如果是两侧排列的引脚，则左上角引脚序号为 1）。LA5011 是共阳极数码管，发红光，电源电压为 5V，驱动电流为 10～20mA。74LS47 为反码输出，OC 输出结构，最大工作电压为 15V，能为各显示段提供 24mA 的电流，工作时需要外接上拉电阻。根据上述分析，电路如图 3-28（b）所示，图中排阻（集中制作的 8 个阻值相同的电阻）330Ω×8 中的 7 个为 74LS47 的上拉电阻，1 个为小数点段的限流电阻。

74LS47 用于 BCD 码输入-七段译码输出时，若输入代码大于 9，则用不正常显示字符或不显示字符的方法表示，如图 3-22 所示。

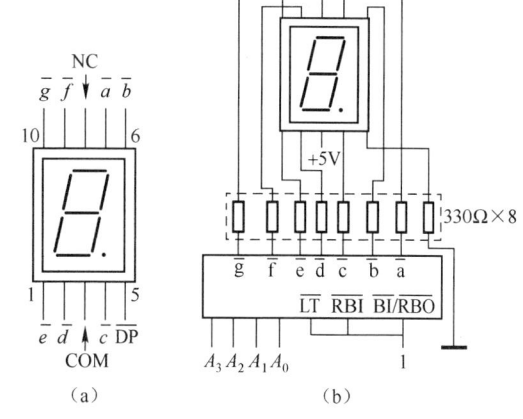

图 3-28 74LS47 与 LA5011 的连接图

对于共阴极数码管，应使用高电平输出有效的七段译码器/驱动器来驱动，如 74LS48。

3.2.4 数值比较器

数值比较器是用来比较两数大小的运算电路。

1. 1 位数值比较器

两个 1 位二进制数 A 和 B 进行比较的结果有三种：A 等于 B、A 大于 B、A 小于 B。所以，设 1 位数值比较器的输入变量为 A、B，当 A 大于 B 时，对应输出 $O_{(A>B)}$ 为高电平；当 A 小于 B 时，对应输出 $O_{(A<B)}$ 为高电平；当 A 等于 B 时，对应输出 $O_{(A=B)}$ 为高电平，且 $O_{(A>B)}$、$O_{(A<B)}$、$O_{(A=B)}$ 为高电平互斥变量。由此可列真值表 3-12。根据表 3-12 可得

$$O_{(A>B)}=A\overline{B}=A \cdot \overline{AB} \ ; \ O_{(A<B)}=\overline{A}B=B \cdot \overline{AB} \ ; \ O_{(A=B)}=\overline{A\oplus B}=\overline{\overline{A}B+A\overline{B}}$$

由以上各式画 1 位数值比较器的逻辑图及逻辑符号，如图 3-29 所示。

表 3-12 1 位数值比较器真值表

输入		输出		
A	B	$O_{(A>B)}$	$O_{(A<B)}$	$O_{(A=B)}$
0	0	0	0	1
0	1	0	1	0
1	0	1	0	0
1	1	0	0	1

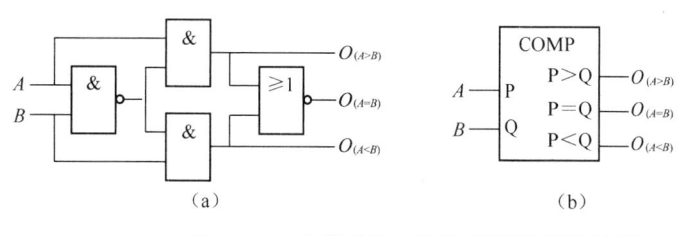

图 3-29 1 位数值比较器的逻辑图及逻辑符号

2. 多位数值比较器

多位数值比较时先从高位开始,如果高位能比较出大小,便可立即做出结论。若高位相等,则比较次高位,依次类推。74HC85 是 4 位数值比较器,其功能表如表 3-13 所示。$A_3 \sim A_0$ 和 $B_3 \sim B_0$ 是比较输入;$I_{(A>B)}$、$I_{(A<B)}$、$I_{(A=B)}$ 是级联输入,在多片连接时与低位片输出端相连;$O_{(A>B)}$、$O_{(A<B)}$、$O_{(A=B)}$ 是总比较结果输出。图 3-30 所示为 74HC85 的逻辑符号。

表 3-13 74HC85 功能表

比较输入				级联输入			总比较结果输出		
A_3、B_3	A_2、B_2	A_1、B_1	A_0、B_0	$I_{(A>B)}$	$I_{(A<B)}$	$I_{(A=B)}$	$O_{(A>B)}$	$O_{(A<B)}$	$O_{(A=B)}$
$A_3>B_3$	×	×	×	×	×	×	1	0	0
$A_3<B_3$	×	×	×	×	×	×	0	1	0
$A_3=B_3$	$A_2>B_2$	×	×	×	×	×	1	0	0
$A_3=B_3$	$A_2<B_2$	×	×	×	×	×	0	1	0
$A_3=B_3$	$A_2=B_2$	$A_1>B_1$	×	×	×	×	1	0	0
$A_3=B_3$	$A_2=B_2$	$A_1<B_1$	×	×	×	×	0	1	0
$A_3=B_3$	$A_2=B_2$	$A_1=B_1$	$A_0>B_0$	×	×	×	1	0	0
$A_3=B_3$	$A_2=B_2$	$A_1=B_1$	$A_0<B_0$	×	×	×	0	1	0
$A_3=B_3$	$A_2=B_2$	$A_1=B_1$	$A_0=B_0$	1	0	0	1	0	0
$A_3=B_3$	$A_2=B_2$	$A_1=B_1$	$A_0=B_0$	0	1	0	0	1	0
$A_3=B_3$	$A_2=B_2$	$A_1=B_1$	$A_0=B_0$	0	0	1	0	0	1

利用级联输入端,可以扩展数值比较器的比较位数。例如,两块 74HC85 按图 3-31 级联,可以对两个 8 位二进制数进行比较。两个 8 位数码同时加到比较器输入端,低 4 位比较结果送到高 4 位的级联输入端,最后的比较结果由高 4 位数值比较器的输出端输出。

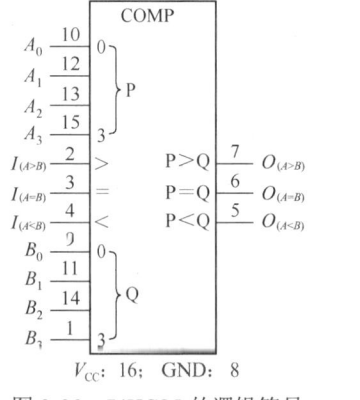

图 3-30 74HC85 的逻辑符号

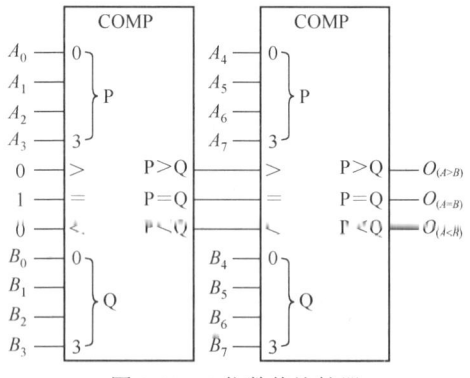

图 3-31 8 位数值比较器

3.2.5 数据选择器与数据分配器

1. 数据选择器

数据选择器是一种多输入、单输出的组合逻辑电路,能在控制信号的作用下,从多路数据中选择一路传输,又称多路调制器或多路开关。常用的数据选择器有 2 选 1、4 选 1、8 选 1、16 选 1 等。图 3-32 所示为 4 选 1 数据选择器,图 3-32(a)为逻辑图,其作用相当于一个单刀四掷开关,示意如图 3-32(b)所示,图 3-32(c)为逻辑符号。

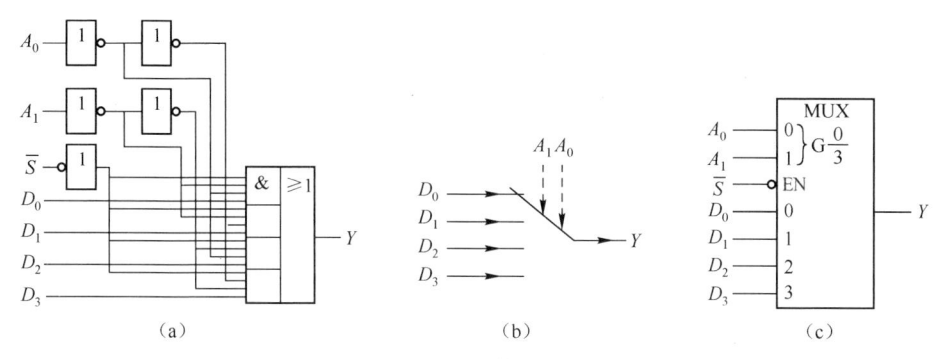

图 3-32 4 选 1 数据选择器

在图 3-32 中,$D_0 \sim D_3$ 为数据输入,其个数称为通道数;A_1、A_0 是控制信号,又称地址输入信号、地址码。地址输入端数 M 与通道数 N 应满足 $N=2^M$。根据 A_1、A_0 取值组合,输出 Y 选取 $D_0 \sim D_3$ 中的一路数据传输;输入控制端 EN 称为选通端,选通信号 $\overline{S}$ 低电平有效。其功能表如表 3-14 所示。由表 3-14 可得

$$Y=(\overline{A}_1\overline{A}_0D_0+\overline{A}_1A_0D_1+A_1\overline{A}_0D_2+A_1A_0D_3) \cdot \overline{\overline{S}}$$

当 $\overline{S}=1$ 时,$Y=0$,数据选择器禁止传输数据;当 $\overline{S}=0$ 时,有

$$Y=\overline{A}_1\overline{A}_0D_0+\overline{A}_1A_0D_1+A_1\overline{A}_0D_2+A_1A_0D_3$$

如果地址 A_1A_0 依次改变,由 00→01→10→11,则数据选择器将依次输出 $D_0 \to D_1 \to D_2 \to D_3$。可见,数据选择器能将同时输入的数据即并行数据,转换为依次输出的数据即串行数据。

图 3-33 所示为 8 选 1 数据选择器 74LS251 的逻辑符号。它有一对互补三态输出 Y 与 $\overline{Y}$,$\overline{S}$ 为高电平时,电路工作为禁止状态,输出是高阻态,所以允许多片输出并联,以扩大数据通道。

表 3-14 4 选 1 数据选择器功能表

输入							输出
$\overline{S}$	A_1	A_0	D_3	D_2	D_1	D_0	Y
1	×	×	×	×	×	×	0
0	0	0	×	×	×	0	0
0	0	0	×	×	×	1	1
0	0	1	×	×	0	×	0
0	0	1	×	×	1	×	1
0	1	0	×	0	×	×	0
0	1	0	×	1	×	×	1
0	1	1	0	×	×	×	0
0	1	1	1	×	×	×	1

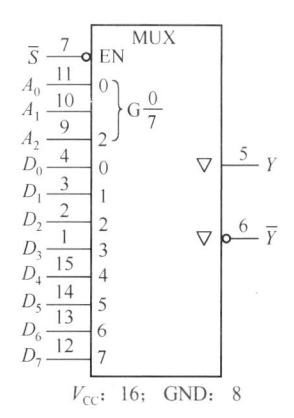

图 3-33 8 选 1 数据选择器 74LS251 的逻辑符号

2. 数据分配器

能将一路输入变为多路输出的组合逻辑电路称为数据分配器,又称多路解调器。它的功能与数据选择器相反,能将串行数据转换为并行数据。图 3-34(a)所示为 4 路数据分配器的逻辑图,其功能相当于单刀四掷开关,如图 3-34(b)所示,D 是被传输数据输入;A_1、A_0 是地址码输入;$Y_0 \sim Y_3$ 是数据输出。当一路数据传输至 D 时,若地址码依次为 $00 \to 01 \to 10 \to 11$,则数据可从 Y_0、Y_1、Y_2、Y_3 依次输出。图 3-34(c)所示为 4 路数据分配器的逻辑符号。

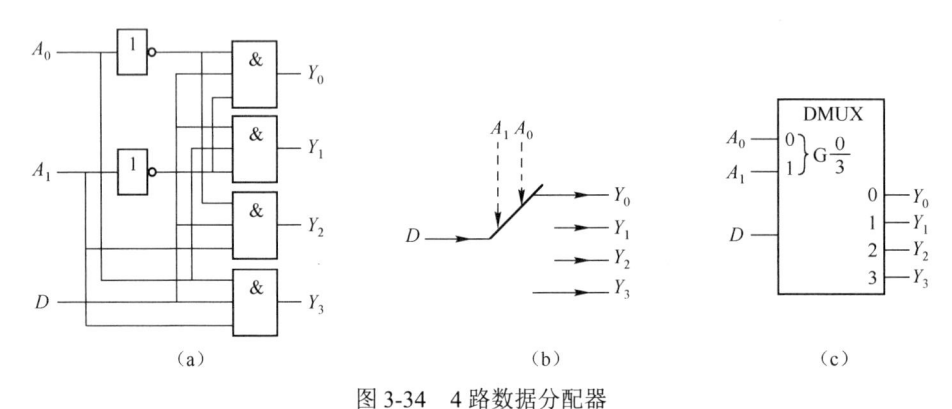

图 3-34 4 路数据分配器

若将 A_1、A_0 看作译码器的输入数据,D 看作译码器的使能控制信号,则图 3-34(a)的逻辑图与 2-4 线译码器完全一样。因此,任何带使能端的全译码器都可作为数据分配器。

3. 双向开关

双向开关既可作为数据选择器,又可作为数据分配器。图 3-35 所示为双向开关 CC4051 的逻辑符号。CC4051 为三态工作,$\overline{\text{INH}}$ 是使能端,低电平有效;A_2、A_1、A_0 是地址码输入;$D_0 \sim D_7$ 是数据输入/输出;D_8 是数据输出/输入。由符号"∩"可知,CC4501 能够传输模拟信号,所以它是一个模拟双向开关。

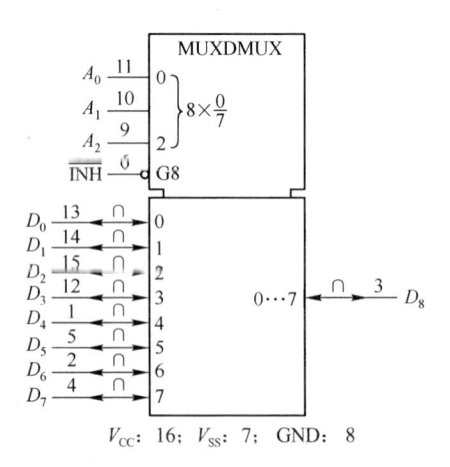

图 3-35 双向开关 CC4051 的逻辑符号

工程应用

（1）串/并行数据转换。

利用数据选择器可将并行数据转换成串行数据，而用数据分配器可将串行数据转换成并行数据。

图 3-36 所示为由 16 选 1 数据选择器/多路转换器（3S）74150 构成的并/串行转换器。当使能控制 $\overline{G}=0$，选择输入 $A_3A_2A_1A_0$ 由 0000 依次递增至 1111 时，16 位并行数据 $D_0 \sim D_{15}$ 依次被传送到输出端转换成串行数据。如果将 $D_0 \sim D_{15}$ 预先设置为 0 或 1，则此时在选择输入 $A_3A_2A_1A_0$ 的控制下，$\overline{Y}$ 将输出所要求的序列信号，这时称电路为"可编序列信号发生器"。

（2）实现总线传输。

利用数据选择器和数据分配器可以使用一条数据线分时传送多路数据，如图 3-37 所示。

图 3-36　由 74150 构成的并/串行转换器

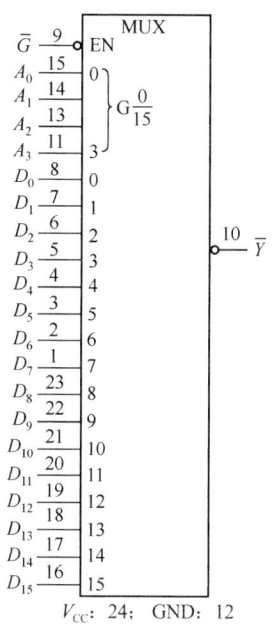

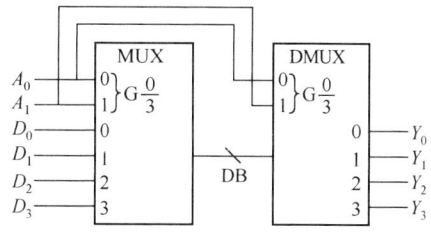

图 3-37　总线传输

（3）实现逻辑函数。

利用数据选择器能够实现逻辑函数。若数据选择器的地址输入端数为 N，则该数据选择器能够实现任意给定的 $(N+1)$ 个输入变量的逻辑函数。其中，N 个变量作为地址输入，剩下的 1 个变量，根据需要以原变量或反变量的形式，接到相应的数据输入端。

【例 3-7】用数据选择器实现逻辑函数

$$F=\overline{A}\,\overline{B}\,\overline{C}\overline{D}+\overline{A}\,\overline{B}CD+\overline{A}B\overline{C}\overline{D}+\overline{A}BC\overline{D}+A\overline{B}C\overline{D}+A\overline{B}C\overline{D}+ABC\overline{D}+ABC\overline{D}$$

解：F 是一个四变量函数，所以要用具有 3 个地址输入端的数据选择器，即 8 选 1 数据选择器实现。令 8 选 1 数据选择器的 3 个地址输入分别为 A、B、C，且 A 为高位，则输出 Y 为

$Y=\bar{A}\bar{B}\bar{C}D_0+\bar{A}\bar{B}CD_1+\bar{A}B\bar{C}D_2+\bar{A}BCD_3+A\bar{B}\bar{C}D_4+A\bar{B}CD_5+AB\bar{C}D_6+ABCD_7$

为了便于将 F 与 Y 比较，对 F 进行适当变换，重写 F 为

$F=\bar{A}\bar{B}\bar{C}\bar{D}+\bar{A}\bar{B}CD+\bar{A}B\bar{C}(\bar{D}+D)+A\bar{B}\bar{C}D+A\bar{B}CD+AB\bar{C}(\bar{D}+D)$

比较 F 与 Y 可知

$D_0=\bar{D}$；$D_1=D$；$D_2=D+\bar{D}=1$；$D_3=0$；$D_4=D$；$D_5=\bar{D}$；$D_6=D+\bar{D}=1$；$D_7=0$

现选用 74LS251，按图 3-38 连接，便可实现逻辑函数 F。

（4）扩展数据通道。

图 3-39 所示为利用选通端扩展数据通道。74HC153 是双 4 选 1 数据选择器，在图 3-39 的连接下，实现了 8 选 1 功能。当 $\bar{S}=0$ 时，选中上方选择器，根据 A_1A_0 取值组合，从 $D_0\sim D_3$ 中选出 1 路数据输出；当 $\bar{S}=1$ 时，选中下方选择器，从 $D_4\sim D_7$ 中选出 1 路数据输出。

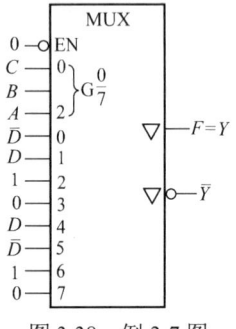

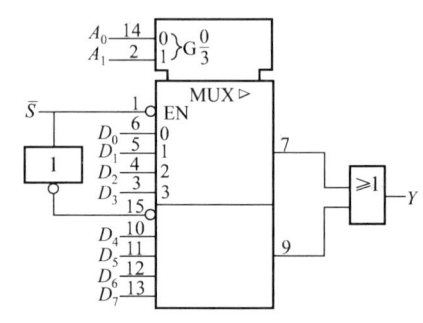

图 3-38 例 3-7 图　　　　图 3-39 利用选通端扩展数据通道

图 3-40 所示为用数据选择器 74150 按树形结构组成的 256 选 1 多路开关。它采用分级选择的方法，即根据地址码低 4 位 $A_3A_2A_1A_0$ 由片①～⑯先进行一级选择，从 256 路数据中选出 16 路，再根据地址码高 4 位 $A_7A_6A_5A_4$ 由片⑰进行二级选择，最后选出 1 路数据输出。

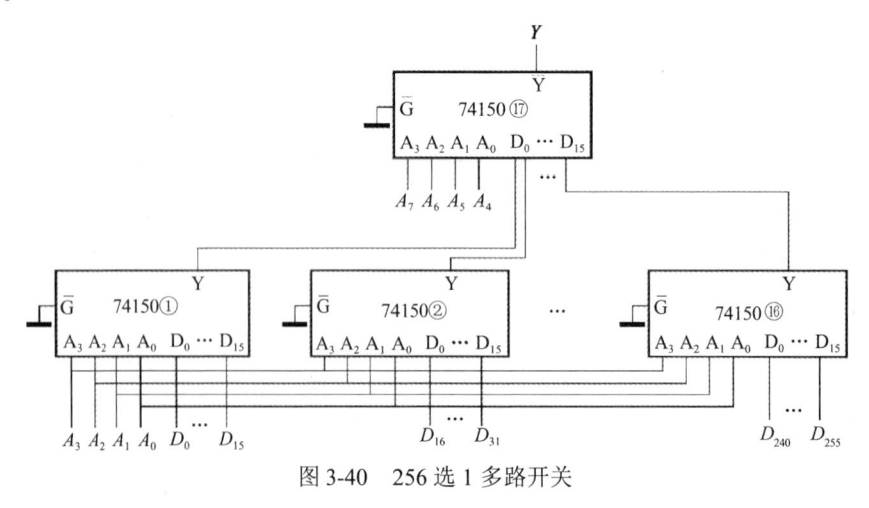

图 3-40 256 选 1 多路开关

3.2.6 算术逻辑单元

算术逻辑单元（Arithmetic and Logic Unit，ALU）又称多功能函数发生器，能够执行数值比较、加、减等算术运算，与、或、非等逻辑运算，以及算术运算和逻辑运算的混合运算。工作时，由控制信号决定具体执行何种运算。

74AS181 是 4 位 ALU，其功能及逻辑符号如表 3-15 所示。$A_3 \sim A_0$ 和 $B_3 \sim B_0$ 是输入，$\overline{C}_n$ 是低位进位输入；$S_3 \sim S_0$ 及 M 是控制输入。$F_3 \sim F_0$ 是输出，$\overline{C}_{n+4}$ 是进位输出，P 和 G 是快速进位输出。所谓快速进位是指在进行多位加法运算时，如果本 ALU 的 4 位相加结果能够产生向更高位的进位，则由 G 快速输出进位信号；如果考虑低位进位 $\overline{C}_n$ 与本 ALU 的 4 位相加后能够产生向更高位的进位，则由 P 快速输出进位信号。$O_{(A=B)}$ 是比较输出信号，在进行数值比较时，若输入信号 $A=B$，则 $O_{(A=B)}=1$。

表 3-15　74AS181 功能及逻辑符号

功能选择				逻辑运算	算术运算		逻辑符号
S_3	S_2	S_1	S_0	$M=1$	$M=0$		
					$\overline{C}_n=1$（无进位）	$\overline{C}_n=0$（有进位）	
0	0	0	0	$F=\overline{A}$	$F=A$	$F=A$ 加 1①	
0	0	0	1	$F=\overline{A+B}$	$F=A+B$	$F=(A+B)$ 加 1	
0	0	1	0	$F=\overline{A}B$	$F=A+\overline{B}$	$F=(A+\overline{B})$ 加 1	
0	0	1	1	$F=0$	$F=$ 减 1②	$F=0$	
0	1	0	0	$F=\overline{AB}$	$F=A$ 加 $A\overline{B}$	$F=A$ 加 $A\overline{B}$ 加 1	
0	1	0	1	$F=\overline{B}$	$F=(A+B)$ 加 $A\overline{B}$	$F=(A+B)$ 加 $A\overline{B}$ 加 1	
0	1	1	0	$F=A\oplus B$	$F=A$ 减 B 减 1	$F=A$ 减 B③	
0	1	1	1	$F=A\overline{B}$	$F=A\overline{B}$ 减 1	$F=A\overline{B}$	
1	0	0	0	$F=\overline{A}+B$	$F=A$ 加 AB	$F=A$ 加 AB 加 1	
1	0	0	1	$F=\overline{A\oplus B}$	$F=A$ 加 B	$F=A$ 加 B 加 1	
1	0	1	0	$F=B$	$F=(A+\overline{B})$ 加 AB	$F=(A+\overline{B})$ 加 AB 加 1	
1	0	1	1	$F=AB$	$F=AB$ 减 1	$F=AB$	
1	1	0	0	$F=1$	$F=A$ 加 A④	$F=A$ 加 A 加 1	
1	1	0	1	$F=A+\overline{B}$	$F=(A+B)$ 加 A	$F=(A+B)$ 加 A 加 1	
1	1	1	0	$F=A+B$	$F=(A+\overline{B})$ 加 A	$F=(A+\overline{B})$ 加 A 加 1	
1	1	1	1	$F=A$	$F=A$ 减 1	$F=A$	

注：①加 1 和减 1 都是在最低位进行的，即 F_0 加 1 或减 1。
　　②减 1 意味着加 "1111"。
　　③此时如果输入信号 $A=B$，则比较输出端输出高电平，即 $O_{(A=B)}=1$。
　　④A 加 A 相当于每位都移至下一更高位，即 $F_3=A_2,F_2=A_1,F_1=A_0,F_0=0$。

部分集成组合逻辑电路产品如表 3-16 所示，以供参考。

表 3-16 部分集成组合逻辑电路产品

类型	功能	型号
加法器	双全加器	183
	4 位超前进位加法器	283，4008
编码器	8-3 线优先编码器	148，348，4532，14532
	10-4 线优先编码器	147，40147
译码器	4-16 线译码器/分配器	154，159，4514，4515
	4-10 线译码器	42，43，44，537，4028
	双 2-4 线译码器/多路分配器	138，238，538，548
	3-8 线译码器（带地址锁存）	131，137，237，547
数据选择器	16 选 1 数据选择器	150，250，850，851，4067
	双 4 选 1 数据选择器/多路转换器	153，352，4052，4539
	四 2 选 1 数据选择器（有存储）	604，605，606，607
	双 8 选 1 数据选择器	351，4097
代码转换器	BCD-二进制代码转换器	184，484
	二-BCD 代码转换器	185，485

思考与练习

1. 设计一个大数优先编码器，将十进制数转换成 2421BCD 码。

2. 分析图 3-16 中优先编码标志 G 的逻辑取值。如果用三块 74HC148 组成 24 线输入优先编码器，请确定输出线数，并画出逻辑图。

3. 通过因特网或器件手册，确定 74LS147 的功能。说明：器件手册中一般用 "H" 表示高电平，用 "L" 表示低电平，用 "×" 表示任意项。

4. 用一块 74LS138 并辅以适当门电路构成 4-10 线译码器，应如何连接？用数块 74LS138 构成 6-64 线译码器，应如何连接？

5. 写出图 3-41 电路中 F_1、F_2、F_3、F_4 的逻辑函数表达式。

6. 设计一个将 8421BCD 码转换为 BCD 格雷码的码制变换器。

7. 表 3-17 所示为 74LS48 功能表。根据表 3-17 回答下列问题。

（1）74LS48 驱动共阴极数码管还是共阳极数码管？

（2）在表 3-17 中填写"字形"栏。

（3）正常显示时，$\overline{LT}$、$\overline{BI}/\overline{RBO}$ 应位于什么电平？

（4）试灯时 $\overline{LT}=$？对输入数据 $A_0 \sim A_3$ 有要求吗？

（5）灭零时，应如何处理 $\overline{RBI}$ 端？当 $\overline{RBI}=0$ 但

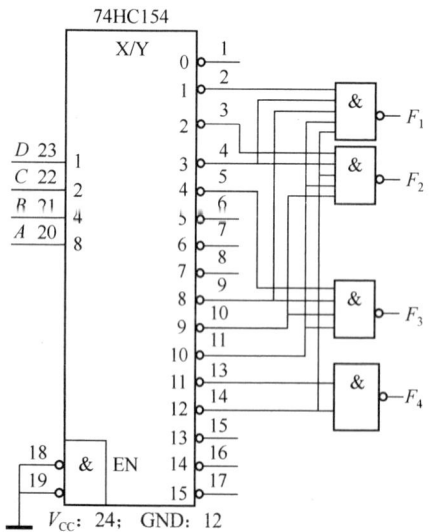

图 3-41 74HC154 构成的组合逻辑电路

输入数据不为 0 时，显示器是否正常显示？当灭零时，$\overline{BI}/\overline{RBO}$ 输出什么电平？

表 3-17　74LS48 功能表

十进数或功能	输入						$\overline{BI}/\overline{RBO}$	输出							字形
	$\overline{LT}$	$\overline{RBI}$	A_3	A_1	A_1	A_0		a	b	c	d	e	f	g	
0	1	1	0	0	0	0	1	1	1	1	1	1	1	0	
1	1	×	0	0	0	1	1	0	1	1	0	0	0	0	
2	1	×	0	0	1	0	1	1	1	0	1	1	0	1	
3	1	×	0	0	1	1	1	1	1	1	1	0	0	1	
4	1	×	0	1	0	0	1	0	1	1	0	0	1	1	
5	1	×	0	1	0	1	1	1	0	1	1	0	1	1	
6	1	×	0	1	1	0	1	0	0	1	1	1	1	1	
7	1	×	0	1	1	1	1	1	1	1	0	0	0	0	
8	1	×	1	0	0	0	1	1	1	1	1	1	1	1	
9	1	×	1	0	0	1	1	1	1	1	0	0	1	1	
10	1	×	1	0	1	0	1	0	0	0	1	1	0	1	
11	1	×	1	0	1	1	1	0	0	1	1	0	0	1	
12	1	×	1	1	0	0	1	0	1	0	0	0	1	1	
13	1	×	1	1	0	1	1	1	0	0	1	0	1	1	
14	1	×	1	1	1	0	1	0	0	0	1	1	1	1	
15	1	×	1	1	1	1	1	0	0	0	0	0	0	0	
消隐	×	×	×	×	×	×	0	0	0	0	0	0	0	0	
脉冲消隐	1	0	0	0	0	0	0	0	0	0	0	0	0	0	
试灯	0	×	×	×	×	×	1	1	1	1	1	1	1	1	

8．计算图 3-28 中小数点段的工作电流。能否将限流电阻减小到 200 Ω 或增大到 510Ω？

9．在 9 位数字显示电路中，若将 00607.0100 显示成 607.01，应如何连接？若将 00000.0000 显示成 0，应如何连接（提示：小数点显示驱动可与小数点后第 1 位的 $\overline{RBO}$ 相连，但要考虑驱动电平和限流问题）？

10．试用 74LS138 实现逻辑函数 $F=\overline{A}C+BC+A\overline{B}\,\overline{C}$，画出逻辑图。用 74LS251 实现上述函数时应如何连接？

11．用两块 74LS251 构成 16 选 1 数据选择器。

12．用数据选择器实现逻辑函数：$F_1=\sum m(1,2,4,7)$；$F_2=\sum m(0,2,5,7,10,12,15)$；$F_3=\sum m(3,5,6,9,12,13,14,15)+\sum m_\times(0,1,7)$。

13．设计一个 1 位二进制数全减器。设 A_i 为被减数，B_i 为减数，J_{i-1} 为低位向本位的借位输入，D_i 为本位差，J_i 为本位向高位的借位输出。

14．用 74HC85 对两个 12 位二进制数进行比较，应如何连接电路？

15．判断图 3-42 电路中各 LED 的状态。问：330Ω×3 电阻有何作用？不接行吗？

16．在图 3-36 中，欲使 $\overline{Y}$ 输出序列为 0001 0010 0100 1000，应如何设置 $D_0 \sim D_{15}$？

17．何为 ALU？ALU 具有什么功能？

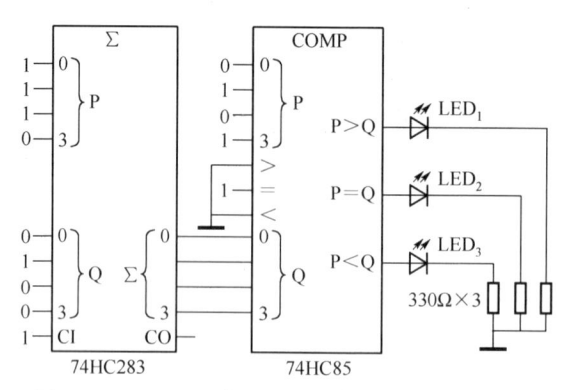

图 3-42 74HC283 与 74HC85 构成的组合逻辑电路

3.3 组合逻辑电路的竞争与冒险

前面讨论组合逻辑电路时，没有考虑门电路的传输延迟。但实际由于门电路传输延迟的影响，会导致电路在某些情况下，在输出端产生错误信号。

3.3.1 竞争与冒险

在图 3-43（a）中，$F=A+\overline{A}=1$，即无论 A 如何变化，F 取值应恒为 1。但实际在图 3-43（b）中，当 A 由 1 变为 0 的时刻 t_2，由于 G_1 存在传输延迟 t_p，所以在 $t_2 \sim (t_2+t_p)$ 期间，G_2 的两个输入均为 0，经 G_2 延迟 t_p 后，F 在 $(t_2+t_p) \sim (t_2+2t_p)$ 期间为 0，产生了不应有的负窄脉冲（俗称毛刺），这种现象称为 0 型冒险。

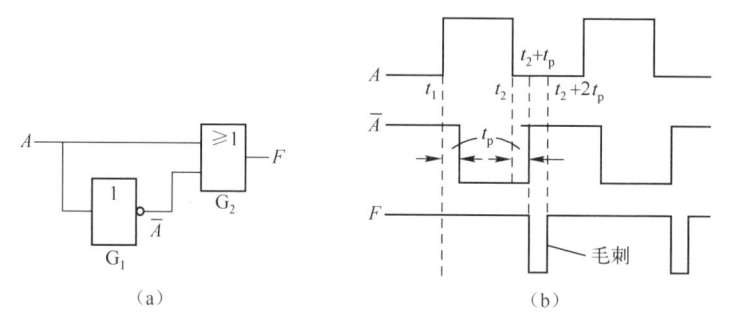

图 3-43 0 型冒险

在图 3-44 中，F 应恒为低电平，但实际因传输延迟 t_p 的影响，在输出端出现了正向毛刺，这种现象称为 1 型冒险。

在图 3-45（a）中，当 $A=0$、$B=1$ 时，$F=1$。若 $A=1$、$B=0$，则 $F=1$ 不变。但如果把电路改为图 3-45（b），这时，由于 A 由 0 变为 1 的时刻早于 B' 由 1 变为 0 的时刻，因此在输出端会出现毛刺，如图 3-45（c）所示。

一般来说，当一个门电路的输入有两个或两个以上信号发生改变时，由于这些信号是经过不同的路径传输来的，因此使得它们状态改变的时刻有先有后，这种现象称为竞争。竞争的结果有时会导致产生冒险。在图 3-43（b）中，在时刻 t_1 附近，虽有竞争，但没有产生冒险。而在时刻 t_2 附近，有竞争并导致产生冒险。

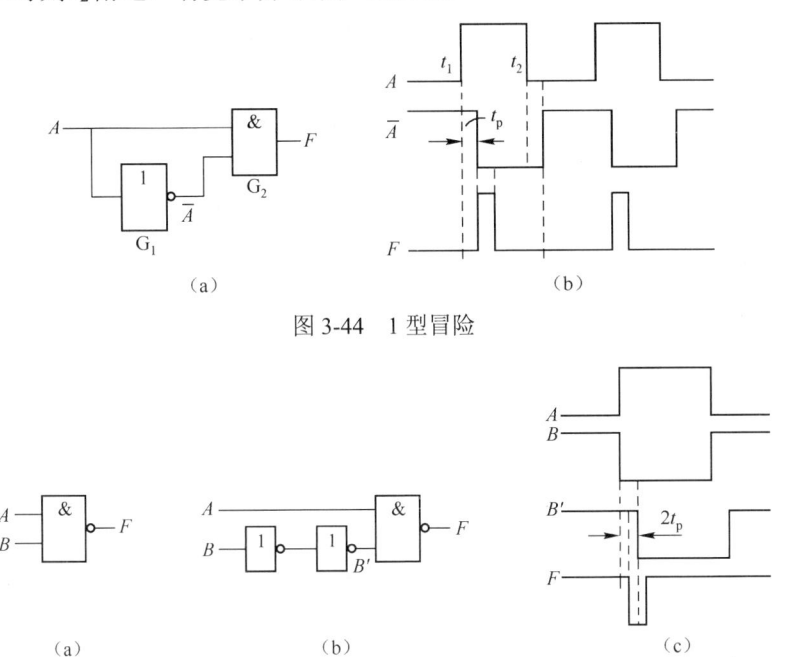

图 3-44　1 型冒险

图 3-45　输入信号变化时的冒险

3.3.2　冒险的判断

由以上分析可见，产生冒险有以下两种情况。

(1) 如果一个门电路的两个输入信号 A 和 $\overline{A}$ 是输入变量 A 经过两个不同的传输路径而来的，那么当输入变量 A 发生突变时，该门电路的输出有可能产生冒险。因此，只要一个门电路的输出逻辑函数在一定条件下能简化成

$$F=A+\overline{A}；F=A\cdot\overline{A}；F=\overline{A+\overline{A}}；F=\overline{A\cdot\overline{A}}$$

则可判定有可能产生冒险。

(2) 当门电路有两个或两个以上输入信号发生改变时，容易产生冒险。对于这类情况，可以利用卡诺图进行判断。具体方法是：在卡诺图中，若两个大卡诺圈（至少包含两个最小项）相切，即两圈不重叠，彼此之间又有相邻最小项，则对应逻辑电路便可能产生冒险。

【例 3-8】判断在图 3-46（a）的逻辑电路中，F 是否存在冒险。

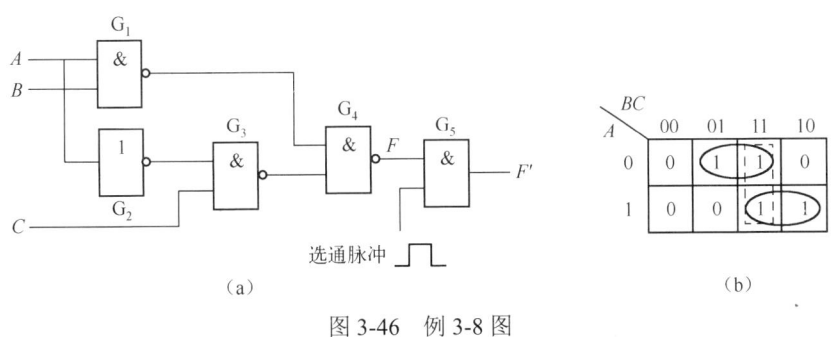

图 3-46　例 3-8 图

解：由图 3-46（a）得 $F=\overline{\overline{AB}\,\overline{\overline{A}C}}=AB+\overline{A}C$，画卡诺图如图 3-46（b）所示。由图可见，$\sum m(1,3)$ 与 $\sum m(6,7)$ 两圈相切，因此 F 在 ABC 由 011→111 时可能产生 0 型冒险。

必须指出，在多个输入变量同时发生改变时，如果输入变量的数目很多，那么采用以上方法很难找出所有可能产生冒险的情况，这时可利用计算机辅助分析来迅速查出电路是否存在冒险。目前这类成熟的程序已有很多。

3.3.3 消除冒险的方法

1. 接入滤波电容

由于冒险而产生的窄脉冲一般在几十纳秒以内，所以只要在输出端并联一个很小的滤波电容 C_f，如图 3-47 所示，就足以把窄脉冲的幅度削弱至门电路的阈值电压以下。在 TTL 门电路中，C_f 的值通常取几十至几百皮法。

这种方法的优点是简单易行，缺点是增加了输出矩形电压波形的上升时间和下降时间，使波形变坏。

2. 加选通脉冲

消除冒险的第二种方法是加选通脉冲，如图 3-46（a）所示。选通脉冲仅在 F 处于稳定值期间到来，以保证输出正确的结果。但需要注意的是，这时的输出信号 F' 也将变成脉冲信号，其宽度与选通脉冲相同。

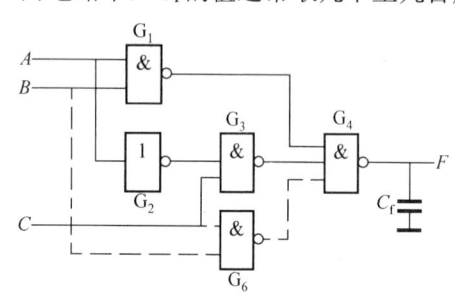

图 3-47 消除冒险的方法

3. 修改逻辑设计

下面结合例子介绍通过修改逻辑设计，增加冗余项来消除冒险的方法。

【例 3-9】已知在图 3-46（a）的逻辑电路中，F 存在冒险，试加以消除。

解：由例 3-8 分析可知，$\sum m(1,3)$ 与 $\sum m(6,7)$ 两圈相切，当 ABC 由 011→111 时，可能产生 0 型冒险。为消除该冒险，增加冗余项 $\sum m(3,7)$，如图 3-46（b）中虚线所示，原逻辑设计修改为 $F=AB+\overline{A}C+BC=\overline{\overline{AB}\,\overline{\overline{A}C}\,\overline{BC}}$，电路相应增加 G_6，如图 3-47 中虚线所示（图中未画出 G_5），这样，当 ABC 由 011→111 时，因 G_6 输出低电平将 G_4 封锁，从而 F 不会产生冒险。

思考与练习

判断如图 3-48 所示的电路是否存在冒险。如果存在，试通过修改逻辑设计加以消除。

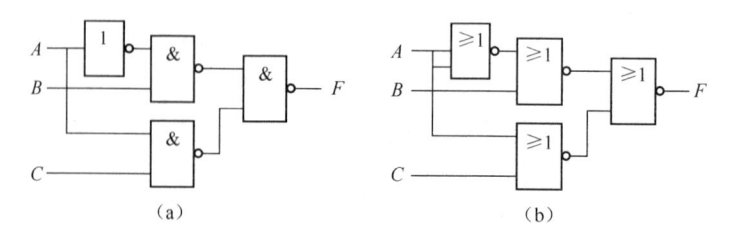

图 3-48 用于判断是否存在冒险的组合逻辑电路

小结

1. 组合逻辑电路在逻辑功能上的特点是，任意时刻的输出仅取决于同一时刻的输入，而与电路过去的状态无关；在电路结构上的特点是，只包含门电路，没有存储（记忆）单元，没有反馈电路。

2. 组合逻辑电路的种类很多，常用的中规模集成组合逻辑电路有加法器、编码器、译码器、数值比较器、数据选择器和数据分配器等，它们的共同特点如下。

通用性：一个功能部件芯片可实现多种功能。

自扩展：将若干功能部件芯片通过适当连接，扩展成位数更多的复杂部件。

兼容性：便于不同品种、功能的电路混合使用。

要掌握各类常用组合逻辑电路的功能及用途，特别是附加控制端（或称为使能端、选通输入端、片选端、禁止端等）的使用方法，合理运用这些控制端，能最大限度地发挥电路的潜力。

3. 组合逻辑电路在工作状态转换过程中经常会产生竞争与冒险。如果负载是对毛刺窄脉冲敏感的电路（如在项目 4 中介绍的触发器），则必须采取措施防止由于竞争而产生的窄脉冲；如果负载对这种窄脉冲不敏感（如负载为光电显示器件），则不必考虑这个问题。

实验与技能训练

实验 5. 组合逻辑电路

1. 实验目的

初步掌握组合逻辑电路的设计方法及功能测试方法。

2. 实验用器件

74LS00、74LS54、74LS86。74LS54 是 4 路 2-3-3-2 输入与或非门，74LS86 是四 2 输入异或门，它们的逻辑符号如图 3-49 所示。

3. 实验内容

（1）用已有器件构成半加器、全加器、4 位奇偶校验电路，画出逻辑图。

（2）观察电路是否存在冒险，若存在，则用修改逻辑设计的方法消除冒险。参考图 3-47 接线，输入 A 为 1MHz 以上的矩形波，$B=C=1$。

4. 实验要求

（1）准备实验用资料、设备、器材。

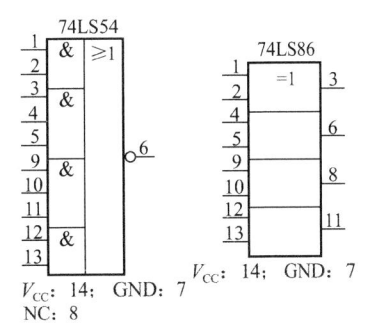

图 3-49 74LS54 和 74LS86 的逻辑符号

(2) 拟定实验步骤,准备实验用表格。
(3) 布置实验环境。
(4) 根据逻辑图仔细连接电路,认真检查电路无误后,通电测试。
(5) 分析、整理采集的实验数据,并完成实验报告。

实验6. 译码器

1. 实验目的

学会译码器、显示译码器、显示器件的使用方法。

2. 实验用设备、器件

数字电路通用实验仪、万用表,74LS00、74LS139、74LS48、LC5011。

(1) 74LS139是双2-4线译码器/双4路分配器,作为译码器时的逻辑符号如图3-50(a)所示,作为分配器时的逻辑符号如图3-50(b)所示。

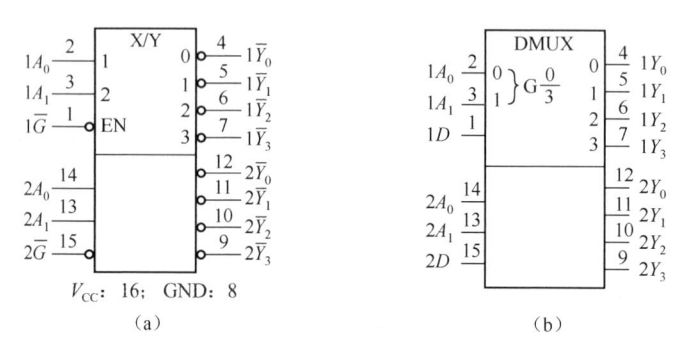

图3-50 74LS139的逻辑符号

(2) 74LS48的逻辑符号如图3-51(a)所示,它是4线-七段译码器/驱动器,BCD输入,OC输出,输出高电平有效,驱动共阴极显示器件。由于内有上拉电阻[图3-51(b)是其一个输出端——a端的结构],所以在逻辑符号的输出端加了符号"✧"。

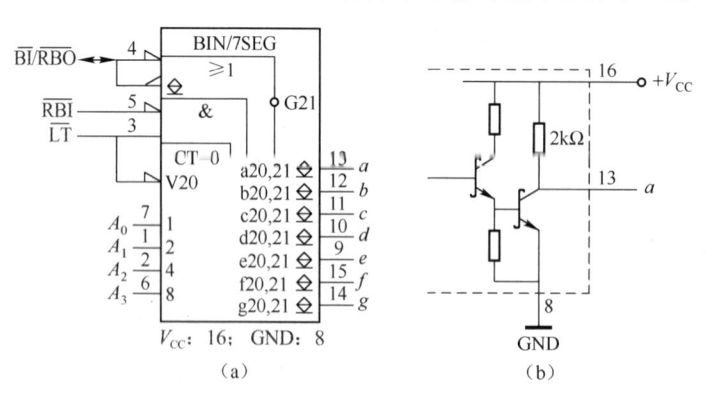

图3-51 74LS48的逻辑符号及a端的结构

项目3 数码显示器电路

（3）LC5011 为 LED 共阴极数码管，字段引脚排列同 LA5011，如图 3-28（a）所示，发红光，驱动电流为 10~20mA。

3．实验内容

（1）验证 74LS139 的 2-4 线译码功能，并将结果填入表 3-18。

（2）用 74LS139 构成 3-8 线译码器，如图 3-52 所示。验证 3-8 线译码功能，并将结果填入自拟表格。

（3）用 74LS48 与 LC5011 构成译码显示单元电路，如图 3-53 所示，V_{CC}=5V。考虑 74LS48 当输出管截止、输出高电平时，如果直接驱动 LC5011，流过 LED 的电流是由 V_{CC} 经其内部 2kΩ 的上拉电阻提供的，只有 2mA 左右。所以在 2kΩ 的上拉电阻上又并联了 510Ω 的电阻，使 LC5011 的驱动电流增大到 12mA 左右。

根据表 3-19，改变输入信号状态，观察并记录数码管显示情况，填入表 3-19。

表 3-18 74LS139 功能表

输入			输出			
$\overline{G}$	A_1	A_0	$\overline{Y}_3$	$\overline{Y}_2$	$\overline{Y}_1$	$\overline{Y}_0$
0	0	0				
0	0	1				
0	1	0				
0	1	1				
1	0	0				
1	0	1				
1	1	0				
1	1	1				

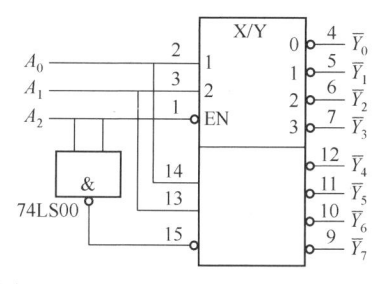

图 3-52 74LS139 构成的 3-8 线译码器

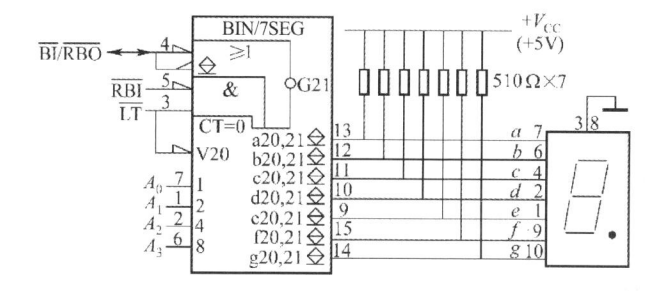

图 3-53 74LS48 与 LC5011 构成的译码显示单元电路

表 3-19 数码管显示情况

十进制数或功能	输入						$\overline{BI/RBO}$	输出							字形
	$\overline{LT}$	$\overline{RBI}$	A_3	A_1	A_1	A_0		a	b	c	d	e	f	g	
0	1	1	0	0	0	0	1								
1	1	×	0	0	0	1	1								
2	1	×	0	0	1	0	1								
3	1	×	0	0	1	1	1								
4	1	×	0	1	0	0	1								
5	1	×	0	1	0	1	1								
6	1	×	0	1	1	0	1								
7	1	×	0	1	1	1	1								
8	1	×	1	0	0	0	1								
9	1	×	1	0	0	1	1								
10	1	×	1	0	1	0	1								

续表

十进制数或功能	输入						$\overline{BI}/RBO$	输出							字形
	$\overline{LT}$	$\overline{RBI}$	A_3	A_2	A_1	A_0		a	b	c	d	e	f	g	
11	1	×	1	0	1	1	1								
12	1	×	1	1	0	0	1								
13	1	×	1	1	0	1	1								
14	1	×	1	1	1	0	1								
15	1	×	1	1	1	1	1								
消隐	×	×	×	×	×	×	0								
脉冲消隐	1	0	0	0	0	0	0								
试灯	0	×	×	×	×	×	1								

目标检测 3

一、填空题

1. 组合逻辑电路的特点是_____。
2. 编码是指_____；译码是指_____。
3. 数据选择器的功能是_____；数据分配器的功能是_____。
4. 七段译码/显示驱动器试灯输入信号的作用是_____。
5. 组合逻辑电路的竞争是指_____。

二、单项选择题

1. 在图 3-54 中，使组件 P 动作的地址码 $A_7A_6 \cdots A_0$ 为____。

　　A．A5$_H$　　　　B．A2$_H$　　　　C．B5$_H$　　　　D．B2$_H$

2. 在图 3-55 中，用 7448 驱动 LED，已知 7448 内置上拉电阻为 20kΩ，LED 的驱动电流为 10～20mA，则关于电阻 R 的正确选择是____。

　　A．将 R 断开　　B．$R=200\Omega$　　C．$R=330\Omega$　　D．用导线代替 R

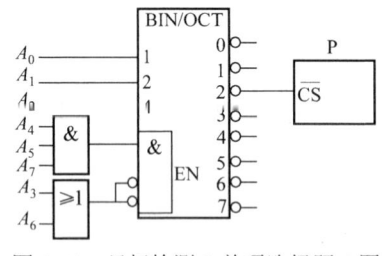

图 3-54　目标检测 3 单项选择题 1 图 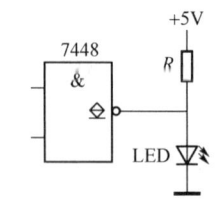　　　图 3-55　目标检测 3 单项选择题 2 图

3. 多路调制器有 16 个通道，则地址线应有____。

　　A．1 条　　　　B．2 条　　　　C．3 条　　　　D．4 条

4. 将译码器的使能端看作输入端，译码器的输入端看作地址端，则全译码器可作为____使用。

　　A．多路调制器　　B．多路解调器　　C．编码器　　D．码制变换器

5. 4位串行进位加法器每位的最长延迟为5ns,则加法器的最高工作频率是____。
   A. 50MHz B. 100MHz C. 120MHz D. 150MHz

6. 在图3-56(b)中,G_1的延迟时间t_p为20ns,G_2的延迟时间t_p为30ns,输入信号波形如图3-56(a)所示,则F为高电平的时间为____。
   A. 20~60ns B. 50~100ns C. 20~80ns D. 80~110ns

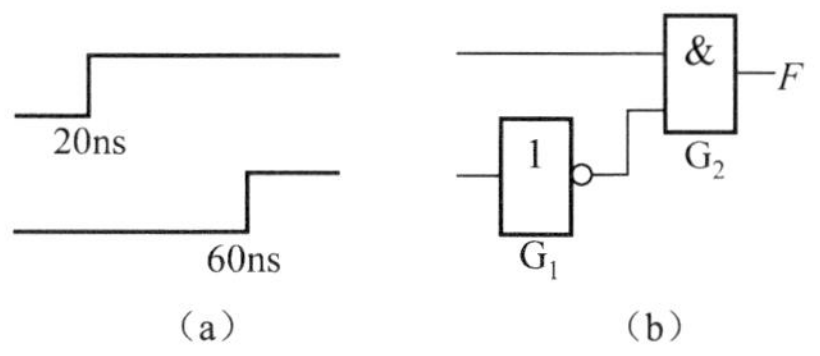

图3-56 目标检测3 单项选择题6图

三、多项选择题

1. 利用____能实现总线的时分复用。
   A. OC门   B. 三态门
   C. 数据选择器及数据分配器   D. 双向开关

2. 组合逻辑电路消除冒险的方法有____。
   A. 加选通脉冲   B. 接入滤波电容
   C. 修改逻辑设计 D. 增加电源电压

四、判断题(正确的在括号中打"√",错误的打"×")

1. 全加器的功能是将本位的两个数与低位的进位数相加,得本位和。( )
2. 优先编码器只对同时输入的信号中优先级高的一个信号编码。( )
3. 奇偶校验电路的功能是,利用输出信号的逻辑取值反映输入信号中含1的总个数是奇数还是偶数。( )
4. 液晶显示器的突出优点是功耗极低,因此,在电子表及小型便携式仪器、仪表中得到了广泛应用。其缺点是亮度很差、响应速度较低。( )
5. 三态门与数据选择器的输出端都能接数据总线,且二者的工作原理相同。( )
6. 4位数值比较器进行数值比较时,是从低位到高位进行的。( )
7. 超前进位加法器第i位的进位输入信号C_i由2个加数的$A_{i-1}A_{i-2}\cdots A_0$和$B_{i-1}B_{i-2}\cdots B_0$直接来运算,而不是从最低位开始向高位逐位传递进位信号,从而有效地提高了运算速度。( )
8. ALU能够执行算术运算和逻辑运算。( )
9. 组合逻辑电路中有竞争就一定会产生冒险。( )
10. MOS IC,未用输入端允许悬空。( )

五、问答题

1. 试用74LS138与一个与非门实现$F_1=\overline{ABC}+AB$,并与一个与门实现$F_2=A\overline{B}+\overline{C}$,画出逻辑图。

2. 由两块74153组成的电路和输入波形如图3-57所示。试写出逻辑函数表达式,并根据输入波形，画出输出函数 F 的波形。

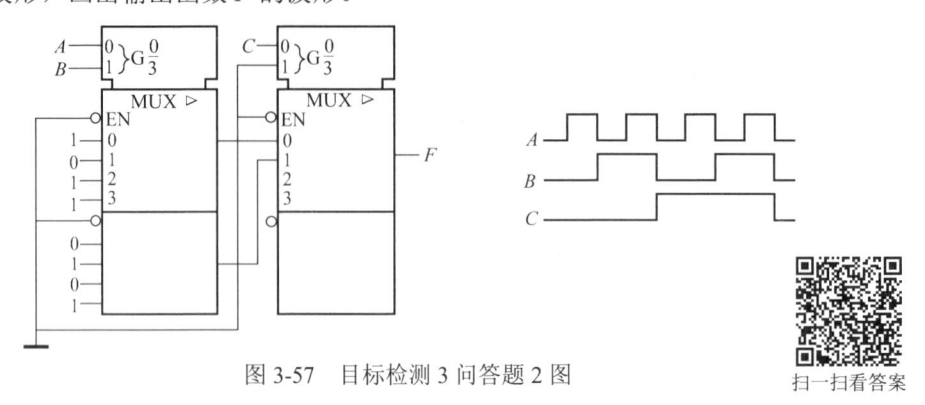

图 3-57　目标检测 3 问答题 2 图

3．由 74LS153 组成的逻辑电路如图 3-58 所示，写出 F_1、F_2 的逻辑函数表达式。

4．用一个 8 选 1 数据选择器并配合少量与非门设计一个多功能电路，功能表如表 3-20 所示。

表 3-20　目标检测 3 问答题 4 表

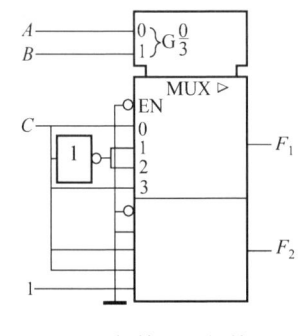

输入		输出
A_1	A_0	F
0	0	A
0	1	$A \oplus B$
1	0	AB
1	1	$A+B$

图 3-58　目标检测 3 问答题 3 图

专题讨论 3

专题 3：数码显示器电路的设计实现

1．专题实现

本专题完成摩托车挡位显示器电路设计。摩托车挡位显示器是用来指示摩托车所处挡位的数码显示器件，如图 3-59 所示，它利用摩托车换挡器处于不同挡位时数码管显示相应的数字，从而使驾驶员能直观地看到当前挡位是否挂上挡，挂的是第几挡。摩托车的挡位通常为 1~5 挡，另外还有 1 个空挡。对应 5 个挡位的扇形金属条呈圆形分布在固定圆盘的 A 面上，如图 3-60 所示，由金属片引出的导线连接到数码管上；金属触头 S 固定在可转动圆盘的 B 面，触头的另一端接地。固定圆盘的 A 面与可转动圆盘的 B 面贴合工作。摩托车未启动时，S 位于空挡，挡位显示开关断开；挂挡时，可转动圆盘转动，S 与金属条相触，对应挡位显示开关接通，相应的数码管显示此挡数字。可转动圆盘固定在中心轴上，当中心轴转动时，S 随之转动。中心轴的转动与机械挡位对应联动。

摩托车挡位显示器电路工作时，由蓄电池供电，电池电压为 12V。

本专题设计实现如下：当 S 位于空挡时，数码管不亮；当 S 位于其他挡位时，数码管对应显示相应挡位数字。挡位可以高低高或低高低切换，但不能由 5 挡直接到空挡，而是依次由 5→4→…→空挡。

图 3-59　摩托车挡位显示器

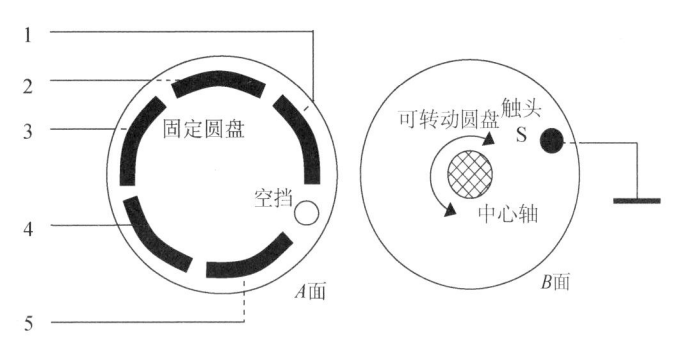

图 3-60　固定圆盘和可转动圆盘

2．工程设计

（1）根据摩托车挡位显示器的工作原理，设计电路实现方案。

摩托车挡位显示器电路包括 5 个部分：译码器、显示驱动器、数码管、挡位显示开关和电源供电电路。

完成摩托车挡位显示器电路实现方案设计，并画出电路图。

（2）确定电路参数。

已知摩托车蓄电池正常工作电压为 12V。根据直流电源电压，确定其他电路参数，选定器件型号。

3．电路调试

搭建实验电路，对摩托车挡位显示器电路功能进行验证，并修改、完善设计方案。

4．方案展示

在指导教师的指导下开展以下学习实践活动。

（1）组建设计团队，完成设计任务。按照 3～5 人规模组建设计团队，团队负责人统筹规划，成员合理分工，协作完成专题设计，形成专题方案汇报展示文案，做好展示专题成果的各项准备工作。

（2）专题成果展示，促进交流提高。各设计团队对完成的摩托车挡位显示器电路实现方案及相关成果进行展示和讲解。通过分享专题成果，促进团队之间相互交流，学习借鉴，共同提高和进步。

（3）选出优秀方案，进行总结。通过讨论和推选，确定优秀方案。最后由指导教师点评和总结，完成整个专题的设计工作。

5．后记

从知识技能、学习方法、团队协作等多个方面总结通过本学习实践活动所取得的收获、存在的问题，以及今后努力的方向。

项目 4

多路抢答器电路

多路抢答器电路可以由触发器、锁存器等构成。触发器是构成时序电路的基本单元，而锁存器实际是一类触发器的别称。触发器按逻辑功能分为 RS、D、JK、T、T′触发器等；按触发方式分为电位触发型、主从触发型、边沿触发型触发器；按结构分为基本、同步、主从触发器等。本项目首先按照触发器的电路结构，以及由于电路结构不同而带来的不同动作特点依次介绍各种触发器，然后从逻辑功能上对触发器进行分类介绍，最后讨论多路抢答器电路的设计实现。

思政目标

培养科学精神，养成一丝不苟、严谨求实的作风。

知识目标

1. 掌握基本 RS 触发器的电路组成、工作原理。
2. 理解同步触发、主从触发、边沿触发的概念，熟悉其触发特点。
3. 掌握 RS 触发器、JK 触发器、D 触发器、T 触发器和 T′触发器的逻辑功能。

技能目标

1. 能根据逻辑功能要求，正确选用触发器。
2. 能掌握集成触发器的使用方法。

组合逻辑电路不具有记忆功能。而在数字系统中，常常需要存储各种数字信息，因此需要具有记忆功能的电路。双稳态电路是最常用的具有记忆功能的基本单元电路。双稳态电路又称双稳态触发器，简称触发器，它有一个或多个输入端，两个互补输出端，分别记作 Q 和 $\overline{Q}$。规定用 Q 的状态表示触发器状态：当 $Q=0$、$\overline{Q}=1$ 时，称触发器为 0 态；当 $Q=1$、$\overline{Q}=0$ 时，称触发器为 1 态。0 态与 1 态是触发器的两种稳态。在外加脉冲信号（称为触发信号）的作用下，触发器可从一种稳态翻转为另一种稳态（称为触发翻转），当触发信号消失后，触发器能保持新的稳态不变。所以说触发器具有记忆功能，或者说触发器能存储信息。

4.1 基本 RS 触发器

基本 RS 触发器是各种触发器中结构形式最简单的一种。同时，它是许多复杂结构触发器的一个组成部分。图 4-1（a）所示为用两个与非门组成的基本 RS 触发器，它有两个输入端：$\overline{R}_D$端称为置 0 端或复位端；$\overline{S}_D$端称为置 1 端或置位端。

4.1.1 逻辑功能分析

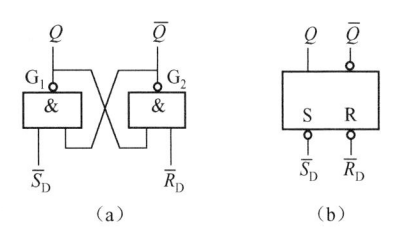

下面结合图 4-1（a），分析$\overline{R}_D$、$\overline{S}_D$在下列 4 种取值组合时触发器的状态。

图 4-1 基本 RS 触发器及其逻辑符号

（1）$\overline{R}_D=\overline{S}_D=1$ 时，触发器保持初态不变。

设触发器初态为 0 态，$Q=0$ 反馈到 G_2，$\overline{Q}=1$ 反馈到 G_1，使 G_2 输入有 0，输出 $\overline{Q}$ 为 1；G_1 输入全为 1，Q 为 0，触发器维持 0 态不变；若触发器初态为 1，则由电路对称性可知，触发器维持 1 态不变。

（2）$\overline{R}_D=0$、$\overline{S}_D=1$ 时，触发器被置 0。

无论 Q 初态如何，只要$\overline{R}_D=0$，将使 G_2 输入有 0，$\overline{Q}$ 为 1；$\overline{Q}=1$ 反馈到 G_1，使 G_1 输入全为 1，Q 为 0，所以触发器被置 0。因此，$\overline{R}_D=0$ 称为置 0 信号，又称复位信号。

可见，使触发器置 0，要在$\overline{R}_D$端加低电平信号，即$\overline{R}_D$信号低电平有效。

（3）$\overline{R}_D=1$、$\overline{S}_D=0$ 时，触发器被置 1。

由电路对称性可知，此时触发器置 1。$\overline{S}_D$信号称为置 1 信号，又称置位信号，低电平有效。

（4）$\overline{R}_D=\overline{S}_D=0$ 不允许。

当$\overline{R}_D=\overline{S}_D=0$ 时，$Q=\overline{Q}=1$。由于规定触发器状态的前提是 Q 与 $\overline{Q}$ 互补，所以这时触发器的状态既不是规定的 0 态，又不是规定的 1 态，因而不能确定。当$\overline{R}_D$和$\overline{S}_D$同时由 0 变为 1 时，G_1 与 G_2 输入全为 1，输出由 1 向 0 转变，这就产生了竞争。因为 G_1 与 G_2 哪个门的延迟时间短、翻转速度快，事前并不知道，所以触发器的新状态无法确定。因此，不允许$\overline{R}_D$与$\overline{S}_D$信号同时为 0，即应满足约束条件$\overline{R}_D+\overline{S}_D=1$。

顺便指出，如果$\overline{R}_D$、$\overline{S}_D$不同时由 0 变为 1，那么触发器的状态由后变信号决定。例如，若$\overline{S}_D=0$ 持续时间长，则当$\overline{R}_D$由 0 变为 1 时，$\overline{S}_D$仍为 0，这时触发器将被置 1。

4.1.2 逻辑功能描述

触发器的逻辑功能用状态转换真值表、特征方程、状态转换图及工作波形等描述。

1. 状态转换真值表

根据以上分析可得，基本 RS 触发器的状态转换真值表（简称状态表）如表 4-1 所示。

表中，Q^n 表示触发器当前的状态，称为现态；Q^{n+1} 表示在输入信号 $\overline{R}_D$、$\overline{S}_D$ 作用下触发器的新状态，称为次态。可见，基本 RS 触发器具有状态保持、置 0 和置 1 功能。图 4-1（b）所示为其逻辑符号。

2．特征方程

触发器特征方程又称特性方程，即触发器次态的逻辑函数表达式。根据表 4-1 可画出 Q^{n+1} 的卡诺图，如图 4-2 所示。利用约束项化简，得 Q^{n+1} 的逻辑函数表达式，即基本 RS 触发器的特征方程为

$$\begin{cases} Q^{n+1} = \overline{\overline{S}_D} + \overline{R}_D Q^n \\ \overline{R}_D + \overline{S}_D = 1 \end{cases} \quad (4\text{-}1)$$

表 4-1 基本 RS 触发器的状态表

现态	触发信号		次态	说明
Q^n	$\overline{R}_D$	$\overline{S}_D$	Q^{n+1}	
0	1	1	0	状态保持
1	1	1	1	
0	1	0	1	置 1
1	1	0	1	
0	0	1	0	置 0
1	0	1	0	
0	0	0	×	不允许
1	0	0	×	

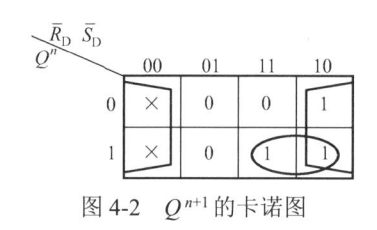

图 4-2 Q^{n+1} 的卡诺图

3．状态转换图

状态转换图简称状态图，是描述触发器状态转换关系的图形，如图 4-3 所示，图中圆圈内的数字表示触发器状态，状态之间用带箭头的转移线连接，箭头所指方向表示状态转换方向，转移线旁边的标注是状态转换所需的输入条件，符号"×"表示信号任意取 0 或取 1。

【例 4-1】根据图 4-4 中 $\overline{R}_D$ 和 $\overline{S}_D$ 的波形，画出基本 RS 触发器 Q 与 $\overline{Q}$ 的波形。

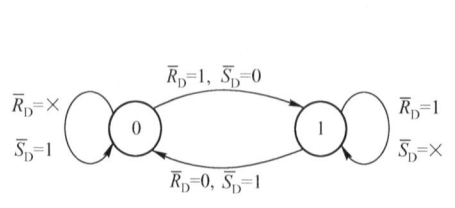

图 4-3 基本 RS 触发器的状态图

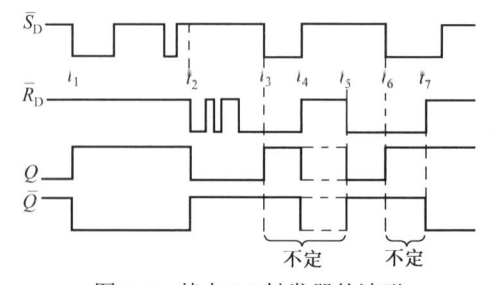

图 4-4 基本 RS 触发器的波形

解：首先设触发器初态 $Q=0$。在 t_1 时刻之前，$\overline{S}_D=1$，触发器维持 0 态不变。t_1 时刻 $\overline{S}_D=0$，触发器被置 1。t_2 时刻 $\overline{R}_D=0$，触发器又被置 0，依次类推。

$t_3 \sim t_4$ 期间，$\overline{R}_D = \overline{S}_D = 0$，$Q = \overline{Q} = 1$，触发器处于不定状态。$t_4$ 时刻，$\overline{R}_D$ 和 $\overline{S}_D$ 同时由 0 变为

1，产生竞争，触发器状态可能为 1 也可能翻转为 0，图 4-4 中用虚线表示这种不定状态。直到 t_5 时刻 $\overline{R_D}$=0，触发器状态确定为 0。$t_6 \sim t_7$ 期间，$\overline{R_D}$ 与 $\overline{S_D}$ 同时为 0，触发器处于 $Q=\overline{Q}=1$ 的不定状态。但 t_7 时刻，由于 $\overline{R_D}$=1、$\overline{S_D}$=0，触发器将稳定在 1 态。

根据以上分析，画出 Q 的波形，如图 4-4 所示。除了不定状态期间，其余时间由 Q 取非，便可画出 $\overline{Q}$ 的波形。

应用实例

机械触点开关在断开或闭合时会产生抖动。图 4-5（a）所示为一个拨动开关，当开关 S 由 "1" 拨到 "2" 时，由于开关产生机械抖动，"3" 间断接 "地"，开关信号 A 的逻辑电平会在 0 与 1 之间抖动一段时间才能稳定，如图 4-5（b）所示，这种抖动对人来说是察觉不到的，但对精密设备来说，情况就完全不一样了。如果设备处理信号的速度在微秒级，而机械抖动的时间至少是毫秒级，当你拨动一次开关时，设备执行了多次处理开关信号的操作，因此，处理起来肯定出错。

利用基本 RS 触发器构成的开关去抖电路如图 4-5（c）所示，当开关由 "1" 拨到 "2" 时，基本 RS 触发器 Q 置 0，这时尽管 A 的逻辑电平有抖动，但 Q 保持 0 不变，如图 4-5（b）所示，消除了开关信号的抖动。

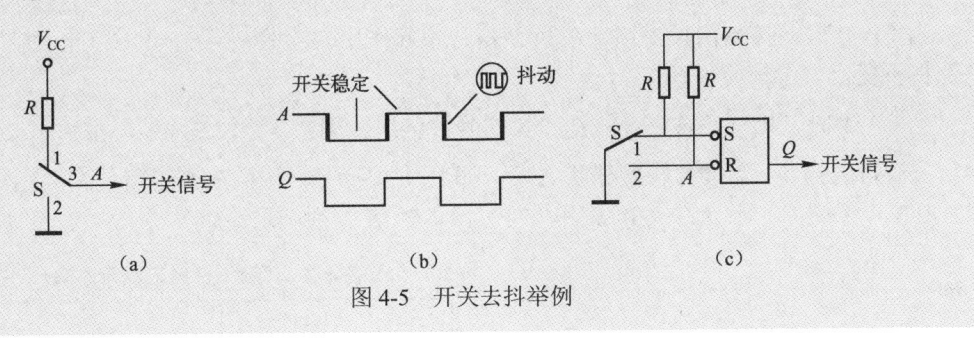

图 4-5 开关去抖举例

思考与练习

1. 分析图 4-6 由两个或非门组成的基本 RS 触发器。将触发器 Q^{n+1} 状态填入表 4-2，并判断触发信号有效电平。

2. 对于图 4-1 电路，当输入信号如图 4-7 所示时，试分别画出 Q 与 $\overline{Q}$ 的波形。

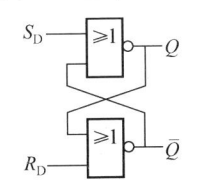

图 4-6 或非门组成的基本 RS 触发器

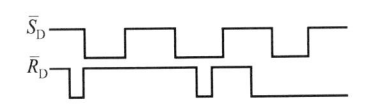

图 4-7 基本 RS 触发器输入信号的波形

表 4-2 触发器状态表

Q^n	R_D	S_D	Q^{n+1}
0	0	0	
0	0	1	
0	1	0	
0	1	1	
1	0	0	
1	0	1	
1	1	0	
1	1	1	

4.2 同步触发器

基本 RS 触发器的状态置入无法从时间上加以控制,只要有效触发信号出现在输入端,触发器状态就翻转。在数字系统中,常常需要某些触发器同步动作。能使各触发器同步动作的矩形脉冲控制信号叫作时钟脉冲(Clock Pulse),记作 CP 或 CLOCK,如图 4-8 所示。用 CP 做控制信号的触发器,可以通过 CP 控制触发器的翻转时刻,所以称为可控触发器或同步触发器。

图 4-8 时钟脉冲

4.2.1 同步 RS 触发器

同步 RS 触发器由基本 RS 触发器与两个控制门 G_1、G_2 构成,其逻辑图如图 4-9(a)所示。时钟脉冲从 CP 端输入,R 是置 0 端,S 是置 1 端。逻辑符号如图 4-9(b)所示。

1. 状态表

当 CP=0 时,控制门被封锁,R 和 S 信号不起作用。这时 $\overline{R_D}=\overline{S_D}=1$,因此,触发器状态保持不变。

当 CP=1 时,控制门被打开,R 和 S 信号被传送。因 $\overline{R_D}=\overline{R}$,$\overline{S_D}=\overline{S}$,由基本 RS 触发器状态表可直接得同步 RS 触发器状态表,如表 4-3 所示。由于 R=S=1 将使 $\overline{R_D}=\overline{S_D}=0$,因此,在 CP=1 期间,不允许 R 和 S 同时为 1,即 R、S 必须满足约束条件 RS=0。

表 4-3 同步 RS 触发器状态表

Q^n	CP	触发信号		Q^{n+1}	说明
		R	S		
×	0	×	×	Q^n	触发信号不起作用
0	1	0	0	0	状态保持
1	1	0	0	1	
0	1	0	1	1	置 1
1	1	0	1	1	
0	1	1	0	0	置 0
1	1	1	0	0	
0	1	1	1	×	不允许
1	1	1	1	×	

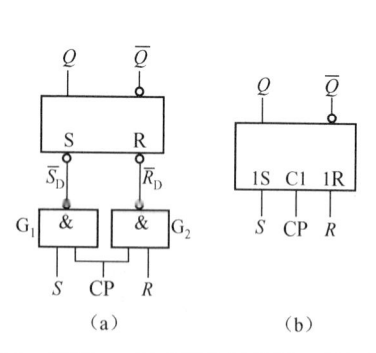

图 4-9 同步 RS 触发器的逻辑图及逻辑符号

将表 4-3 与表 4-1 对照可看出,因同为 RS 触发器,所以触发器的基本功能没有发生变化,但由于 G_1、G_2 的反相作用,输入触发信号由原来的低电平有效变成了高电平有效。

2. 特征方程及状态图

将 $\overline{R_D}=\overline{R}$,$\overline{S_D}=\overline{S}$ 代入基本 RS 触发器的特征方程,经变换得同步 RS 触发器的特征方程为

$$\begin{cases} Q^{n+1} = S + \bar{R}Q^n \\ RS = 0 \end{cases} \quad (4-2)$$

根据表 4-3 画出同步 RS 触发器的状态图，如图 4-10 所示。

【**例 4-2**】由图 4-11 的 R 和 S 的波形，画出同步 RS 触发器 Q 的波形。

解：设 Q 初态为 0。当 CP=0 时，R 和 S 变化，触发器状态不变。只有在 CP=1 期间，R 和 S 变化才能引起触发器状态改变，根据表 4-3，画出 Q 的波形如图 4-11 所示。

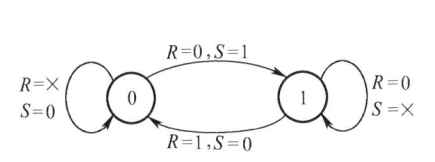

图 4-10 同步 RS 触发器的状态图

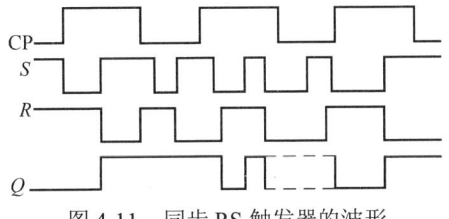

图 4-11 同步 RS 触发器的波形

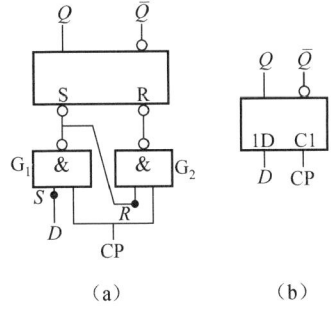

4.2.2 同步 D 触发器

同步 D 触发器的逻辑图及逻辑符号如图 4-12 所示。与图 4-9（a）比较可知，同步 D 触发器由同步 RS 触发器演变而来。可以看出，在 CP=1 期间，总能满足 $R \neq S$，所以不会出现触发器状态不定现象。

因 CP=1 期间，$R = \bar{D}$，$S = D$。将 R、S 代入同步 RS 触发器的特征方程可得

$$Q^{n+1} = D + \bar{\bar{D}} Q^n = D + D Q^n = D$$

即

$$Q^{n+1} = D \quad (4-3)$$

式（4-3）为同步 D 触发器的特征方程。可见，同步 D 触发器次态总与输入信号 D 状态保持一致。表 4-4 所示为其状态表。

表 4-4 同步 D 触发器的状态表

CP	Q^n	D	Q^{n+1}	说明
0	×	×	Q^n	触发不起作用
1	0	0	0	输出状态与 D 状态相同
1	1	0	0	
1	0	1	1	
1	1	1	1	

图 4-12 同步 D 触发器的逻辑图及逻辑符号

【**例 4-3**】根据图 4-13 的 CP 和 D 的波形，画出同步 D 触发器 Q 的波形。设 Q 初态为 0。

解：CP=0 期间，Q 保持不变；CP=1 期间，$Q=D$，由此可画出 Q 的波形如图 4-13 所示。

由于在 CP=1 期间，始终有 $Q=D$，因此同步 D 触发器又称透明寄存器，也就是说，CP=1 期间，输出对于输入是透明的。

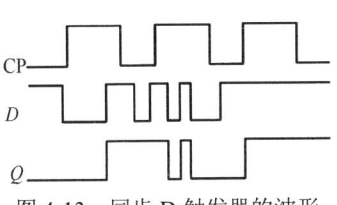

图 4-13 同步 D 触发器的波形

4.2.3 电平触发方式的空翻现象

上述同步触发器，在 CP=1 期间接收触发信号，其状态随触发信号变化而变化，这种触发方式称为电平触发。由于电平触发器在 CP=0 期间能够保持状态不变，即将信号锁存住，所以又被称为锁存器。

因为电平触发器在 CP 为有效电平的整个期间都接收触发信号，所以，当触发信号多次变化时，触发器状态也将多次变化。这种在同一 CP 作用下触发器发生两次或多次翻转的现象称为空翻。

在多数情况下，触发器空翻是不允许的，应予以克服。显而易见，要避免空翻应尽量减小 CP 脉宽。但 CP 脉宽也不能太小，因为电路传输信号需要一定的时间，CP 脉宽太小将使触发器不能可靠翻转，所以，只能在电路结构上加以改进。

> **思考与练习**

1. 什么是时钟信号？其作用是什么？
2. 已知同步 RS 触发器 Q^n、Q^{n+1} 如表 4-5 所示。试写出当 $Q^n \to Q^{n+1}$ 时 R 和 S 的状态，并填入表 4-5（此类表称为触发器激励表）。
3. 已知图 4-9 同步 RS 触发器的输入信号如图 4-14 所示，画出 Q 的波形。

表 4-5 同步 RS 触发器激励表

$Q^n \to Q^{n+1}$		R	S
0	0		
0	1		
1	0		
1	1		

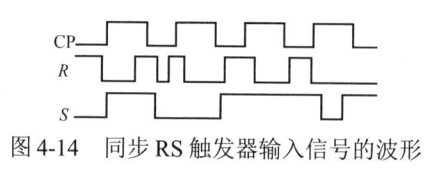

图 4-14 同步 RS 触发器输入信号的波形

4. 已知图 4-12 的 D 锁存器 Q^n、Q^{n+1} 如表 4-6 所示，试写出当 $Q^n \to Q^{n+1}$ 时 D 的状态，并填入表 4-6。
5. 在图 4-12 中，CP 及 D 的波形如图 4-15 所示，画出 Q 的波形。

表 4-6 D 锁存器激励表

$Q^n \to Q^{n+1}$		D
0	0	
0	1	
1	0	
1	1	

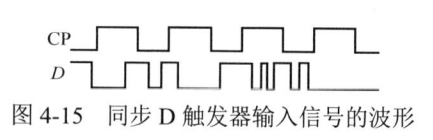

图 4-15 同步 D 触发器输入信号的波形

6. 请根据表 4-4，画出同步 D 触发器的状态图。

4.3 主从触发器

主从触发器采用具有存储功能的触发引导电路，避免了空翻现象。

4.3.1 主从 RS 触发器

主从 RS 触发器的逻辑图如图 4-16（a）所示，其主要结构是两个同步 RS 触发器，直接接收触发信号并能够存储触发信号的触发器称为主触发器，输出信号的触发器称为从触发器。G 是反相器，它将主触发器的 CP 反相后作为从触发器的 CP，从而使主、从触发器的翻转分步进行。第一步，CP 由 0 变为 1 后，主触发器接收输入信号，其状态 Q' 由 R 和 S 决定，由于从触发器的 $\overline{CP}=0$，所以，即使主触发器跟随 R 和 S 多次翻转，从触发器状态也不变；第二步，CP 由 1 变为 0 时，从触发器接收主触发器状态 Q'，使整个触发器状态 Q 发生变化，由于 CP=0 期间主触发器不接收输入信号，主触发器状态保持不变，从触发器状态也不变，可见在一个 CP 作用下，输出 Q 的状态只翻转一次，避免了空翻现象。

由上述分析可知，主从触发器在 CP=1 期间接收触发信号，在 CP 下降沿时改变状态，为表示这一特性，在图 4-16（b）的逻辑符号中，在 Q、$\overline{Q}$ 端加了延迟符号"⌐"。

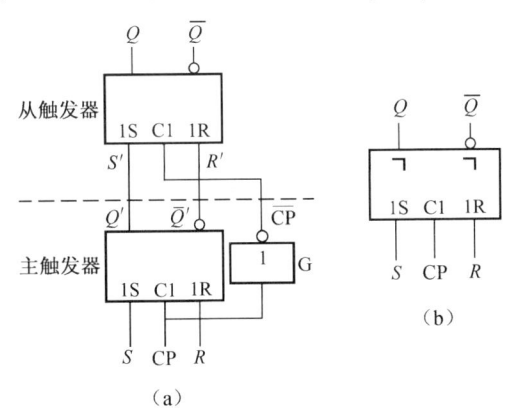

图 4-16 主从 RS 触发器的逻辑图及逻辑符号

由图 4-16 可以求得

$$\begin{cases} Q'^{n+1} = S + \overline{R}Q'^n \\ RS = 0 \end{cases} \tag{4-4}$$

而

$$\begin{cases} Q^{n+1} = S' + \overline{R'}Q^n \\ R'S' = 0 \end{cases} \tag{4-5}$$

又 $S'=Q'$、$R'=\overline{Q'}$，代入式（4-5），得

$$Q^{n+1} = Q'^{n+1} + Q'^{n+1}Q^n = Q'^{n+1} \tag{4-6}$$

即

$$Q^n = Q'^n \tag{4-7}$$

将式（4-6）和式（4-7）代入式（4-4），可得

$$\begin{cases} Q^{n+1} = S + \overline{R}Q^n \\ RS = 0 \end{cases} \tag{4-8}$$

【例 4-4】主从 RS 触发器 CP、R、S 的波形如图 4-17 所示。对图 4-17（a）画 Q' 和 Q

的波形，对图 4-17（b）画 Q 的波形。

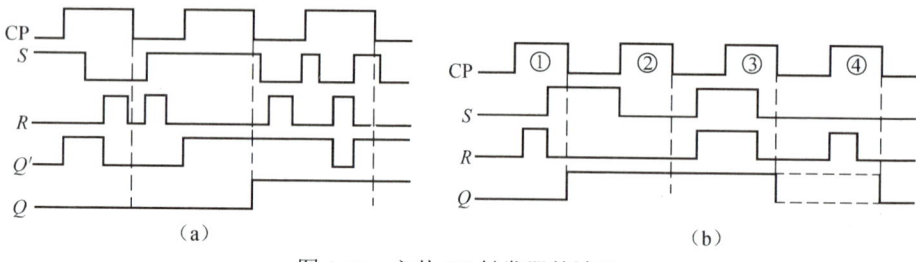

图 4-17 主从 RS 触发器的波形

解：在图 4-17（a）中，设初态 $Q'=Q=0$，画出 Q' 和 Q 的波形如图 4-17（a）所示。可见，在 CP=1 期间，虽然主触发器多次翻转，但从触发器只在 CP 负跳变时刻翻转一次，没有空翻。

分析图 4-17（a）可以看出，从触发器状态是否翻转，取决于 CP=1 期间最后有效的 R 或 S 信号。因此，在画 Q 的波形时，只需观察 CP=1 期间最后有效的信号是哪一个，Q 翻转时刻对应 CP 下降沿。

在图 4-17（b）中，设 Q 初态为 0。第 1 个时钟脉冲信号 CP①作用期间，最后有效的信号是 S，所以 Q 次态为 1；CP②作用期间，由于 S、R 始终为 0，因此，Q 状态不变，Q 次态仍为 1；CP③作用期间，因最后有效的信号 $S=R=1$，故 Q 次态不定；CP④作用期间，Q 次态为 0。

【例 4-5】 根据图 4-18 主从 RS 触发器 CP、$\overline{R}_D$、S_1、S_2、R 的波形，画出 Q 的波形。设 $\overline{S}_D=1$。

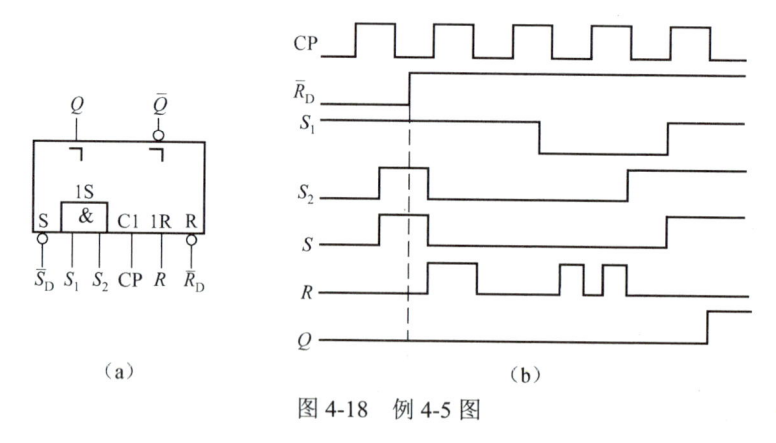

图 4-18 例 4-5 图

解：图 4-18（a）所示为主从 RS 触发器，$\overline{R}_D$ 与 $\overline{S}_D$ 分别为直接置 0 和置 1 端，只要在 $\overline{R}_D$ 或 $\overline{S}_D$ 端加低电平，可立即将触发器置 0 或置 1。也就是说，不管输入信号 R 和 S_1、S_2 状态如何，也不管 CP 状态如何，$\overline{R}_D=0$ 或 $\overline{S}_D=0$ 优先决定触发器状态。但需要注意的是，不能在 $\overline{R}_D$ 和 $\overline{S}_D$ 端同时加低电平。此外，由于 $\overline{R}_D$ 置 0 时刻与 CP 无关，因此又称 $\overline{R}_D$ 为异步置 0 端，称 $\overline{S}_D$ 为异步置 1 端，当需要将触发器预先置于某种状态时，就可以利用这两端的作用，所以 $\overline{S}_D$ 端又被称为预置端，$\overline{R}_D$ 端又被称为清零端或复位端。

在图 4-18 中，触发输入信号 S_1、S_2 相与决定主从 RS 触发器 1S 的信号 S，即 $S=S_1S_2$，因此，特征方程为

$$\begin{cases} Q^{n+1}=S+\overline{R}Q^n=(S_1S_2)+\overline{R}Q^n \\ RS=R(S_1S_2)=0 \end{cases}$$

为作图方便，首先画出 $S=S_1S_2$ 的波形，再根据 R 与 S 的波形，画出 Q 的波形，如图 4-18（b）所示。

主从 RS 触发器虽然避免了空翻现象，但仍存在状态不定现象。下面介绍主从 JK 触发器，它既不存在空翻现象，又不存在状态不定现象。

4.3.2 主从 JK 触发器

1. 逻辑功能分析

主从 JK 触发器的逻辑图及逻辑符号如图 4-19 所示。将其逻辑图与图 4-16 的主从 RS 触发器的逻辑图相比较，显然有

$$S=J\overline{Q}^n；R=KQ^n$$

将 R、S 代入主从 RS 触发器的特征方程，可得

$$Q^{n+1}=S+\overline{R}\,Q^n=J\overline{Q}^n+\overline{KQ^n}\,Q^n=J\overline{Q}^n+\overline{K}\,Q^n$$

即

$$Q^{n+1}=J\overline{Q}^n+\overline{K}\,Q^n \tag{4-9}$$

式（4-9）为主从 JK 触发器的特征方程。考虑到 $RS=KQ^n \cdot J\overline{Q}^n=0$ 总能满足约束条件 $RS=0$，因此 J 与 K 间无须加约束。

由主从 JK 触发器特征方程可列状态表，如表 4-7 所示。由表可见，主从 JK 触发器具有状态保持、置 0、置 1、取反（又称计数翻转，简称计数）功能。

表 4-7 主从 JK 触发器状态表

Q^n	CP=1 期间		Q^{n+1}	说明
	J	K		
0	0	0	0	状态保持
1	0	0	1	
0	0	1	0	置 0
1	0	1	0	
0	1	0	1	置 1
1	1	0	1	
0	1	1	1	取反
1	1	1	0	

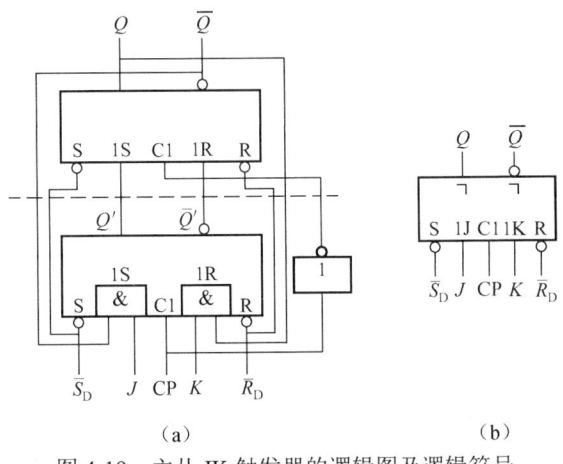

图 4-19 主从 JK 触发器的逻辑图及逻辑符号

2. 一次翻转现象

主从 JK 触发器逻辑功能强，并且 J 与 K 间不存在约束，因此用途十分广泛。但其缺

点是，在 CP=1 期间要求 J 和 K 信号保持不变，否则有可能导致触发器误翻转。为说明这个问题，以下分析在图 4-20 所示 J、K 信号作用下，主从 JK 触发器的工作原理。

设触发器初态为 $Q=Q'=0$。在第 1 个时钟脉冲 CP①作用期间，由于 $J=1$，$K=0$，主触发器状态将变为 $Q'=1$，CP①由 1 变为 0 后，从触发器接收此状态，即 $Q=Q'=1$。

在第 2 个时钟脉冲 CP②作用期间，开始时 $J=1$，$K=0$，主触发器保持 $Q'=1$ 不变。但在 t_1 时刻，K 信号受到干扰，短时间出现 $K=1$，使主触发器被错误置 0。干扰过去后，虽然 K 信号恢复为 0，但因 $\overline{Q}=0$ 使主触发器输入信号 J 被封锁，如图 4-19（a）所示，主触发器无法恢复原来的 1 态。当 CP②由 1 变为 0 时，被错误置 0 的主触发器将状态打入从触发器，使 $Q=0$。

由此可以看出，CP=1 期间主触发器只能翻转一次。一旦翻转，即使 J、K 信号发生变化，也不能再翻转回去，并在 CP 由 1 变为 0 时将状态打入从触发器，这种现象称为一次翻转现象。

同理，当触发器初态为 0 且输入为 $J=0$，$K=1$ 时，如 CP=1 期间 J 端受到正向脉冲干扰，也会将触发器错误置 1。

一次翻转现象减弱了主从 JK 触发器的抗干扰能力。因此，为保证触发器可靠工作，要求 J 和 K 信号在整个 CP=1 期间应保持不变，且信号前沿应略超前于 CP 上升沿，而信号后沿略滞后于 CP 下降沿，如图 4-21 所示。

显而易见，CP 脉宽越小，触发器受干扰的可能性越小。因此，使用脉宽较小的窄脉冲做 CP 信号，有利于增强触发器的抗干扰能力。

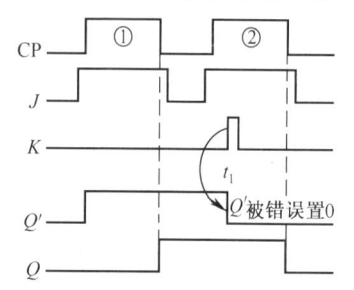

图 4-20 主从 JK 触发器的一次翻转现象

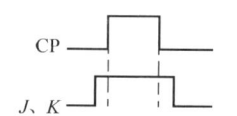

图 4-21 J、K 信号与 CP 脉宽的正确关系

【例 4-6】根据图 4-22 的主从 JK 触发器 J、K 信号的波形，画出 Q 的波形。

解：设 Q 初态为 0，Q 的波形如图 4-22 所示，作图时注意以下两个问题。

①触发器对应 CP 下降沿翻转。

②Q 次态由 CP=1 期间的输入信号决定。由于存在一次翻转现象，故 CP=1 期间，J 或 K 只能一个信号作用有效：当 Q 现态为 0 时，J 信号作用有效；当 Q 现态为 1 时，K 信号作用有效。

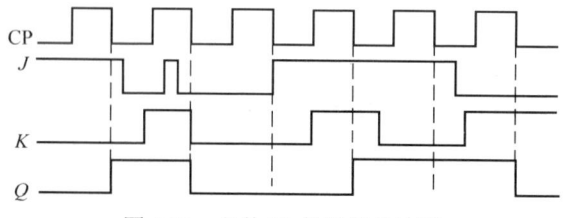

图 4-22 主从 JK 触发器的波形

项目 4 多路抢答器电路

思考与练习

1. 根据图 4-23 的主从 RS 触发器各端波形，画出 Q 的波形。
2. 主从 JK 触发器如图 4-19 所示。将 $Q^n \rightarrow Q^{n+1}$ 时 J 和 K 的状态填入表 4-8。
3. 主从 JK 触发器输入信号的波形如图 4-24 所示，画出 Q 的波形。$\overline{R}_D$ 为异步置 0 端。

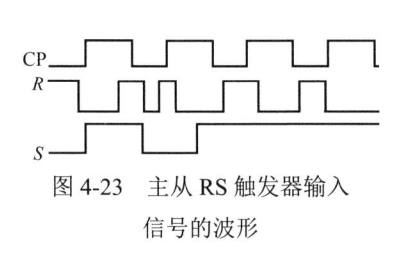

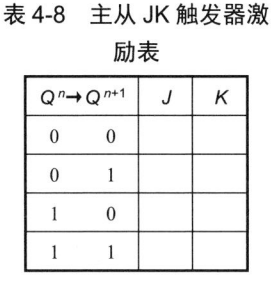

表 4-8 主从 JK 触发器激励表

$Q^n \rightarrow Q^{n+1}$	J	K
0　　0		
0　　1		
1　　0		
1　　1		

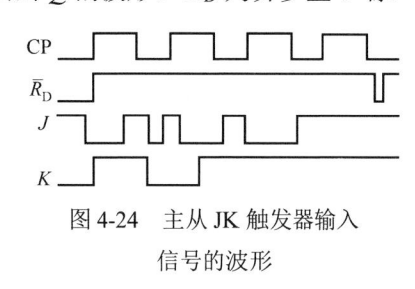

图 4-23 主从 RS 触发器输入信号的波形

图 4-24 主从 JK 触发器输入信号的波形

4. 请根据表 4-7，画出主从 JK 触发器的状态图。
5. 试结合图 4-19，理解触发器逻辑符号中，关联控制输入端（C1 端）与关联控制触发输入端（1J、1K 端），以及直接置位端（R、S 端）的标记方法。

4.4 边沿触发器

主从 JK 触发器虽然避免了空翻现象，但仍有一次翻转现象，容易受脉冲干扰而造成错误翻转。边沿触发器通过对电路进一步改进，使触发器只对应 CP 上升沿或下降沿接收输入信号，并发生状态翻转，是能够避免空翻现象的另一类触发器。其中，使用最多的是上升沿 D 触发器和负边沿 JK 触发器。

上升沿 D 触发器对应 CP 上升沿翻转，其状态仅取决于 CP 上升沿到来时刻触发信号 D 的状态。为表示触发器仅在 CP 上升沿接收信号并立即翻转，在图 4-25（a）的逻辑符号中，CP 输入端 C1 加了动态符号"∧"。上升沿 D 触发器内部结构为维持阻塞型，可查阅相关资料，此处不进行分析。

【例 4-7】根据图 4-26 的有关波形，画出上升沿 D 触发器 Q 的波形。

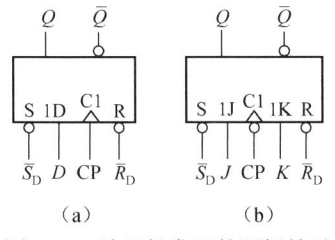

图 4-25 边沿触发器的逻辑符号

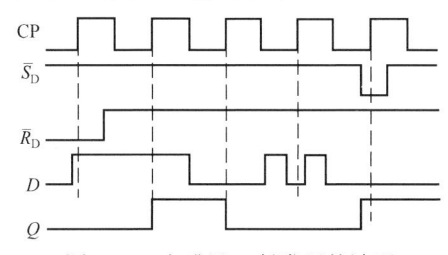

图 4-26 上升沿 D 触发器的波形

解：Q 的波形如图 4-26 所示。作图时需要注意以下几点。

① 异步置复位信号具有优先权。
② 对应每个 CP 上升沿，触发器状态是否翻转，取决于 CP 上升沿到来时刻的 D 信号。

负边沿 JK 触发器只对应 CP 下降沿接收输入信号，为表明这一特性，在图 4-25（b）的负边沿 JK 触发器逻辑符号中，CP 输入端 C1 加了一个小圆圈。

【例 4-8】 已知负边沿 JK 触发器 CP 及 J、K、$\overline{R}_D$ 的波形如图 4-27 所示，画出 Q 的波形。

解： 作图时注意以下两个问题。

① 触发器对应 CP 下降沿翻转。

② Q 次态仅由 CP 下降沿到来时刻的输入信号决定，并且当 Q 现态为 0 时，J 信号作用有效；当 Q 现态为 1 时，K 信号作用有效。

设 $\overline{S}_D=1$，画 Q 的波形如图 4-27 所示。

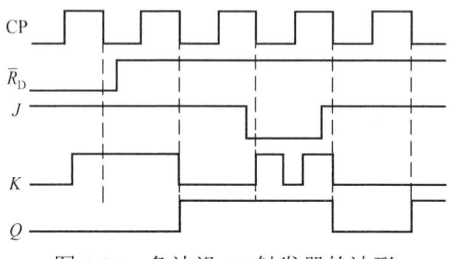

图 4-27 负边沿 JK 触发器的波形

工程应用

实际使用触发器时，一般选用集成触发器。表 4-9 列出了部分常用的集成触发器，其中有 TTL 门电路产品、CMOS 门电路产品，以及 BiCMOS 门电路产品。

表 4-9 部分常用的集成触发器

名称及功能	型号
正边沿 JK 触发器	70
带清零负沿触发双 JK 触发器	73
双 JK 负沿触发器（带预置和清零）	76，112
双主从 JK 触发器（带置位和复位）	4027，14027
双 JK 触发器（带预置端）	78，109
与门输入 JK 触发器（带预置和复位端）	104
双负边沿 JK 触发器	113，114
六 D 触发器（带"使能输出"端）	378
八 D 触发器（三态输出）	374
八 D 触发器（带清零）	273
上升沿触发双 D 触发器（带预置和复位）	74，4013
六 D 锁存器	268
四 $\overline{R}\,\overline{S}$ 锁存器	279，4043，4044

另外，当要选用的触发器没有现成的产品时，可利用已有的触发器进行功能转换。例如，将 JK 触发器两个输入端连接在一起变成一个输入端 T，便构成 T 触发器。令 $J=K=T$，代入 JK 触发器的特征方程，可得 T 触发器的特征方程为

$$Q^{n+1}=T\overline{Q}^n+\overline{T}Q^n \qquad (4\text{-}10)$$

式中，当 $T=0$ 时，$Q^{n+1}=Q^n$，即触发器状态保持不变；当 $T=1$ 时，$Q^{n+1}=\overline{Q}^n$，触发器处于计数状态，即触发器翻转次数，记录了送入触发器的 CP 个数。处于计数状态的触发器称为计数触发器或 T′触发器。因此，若在 T 触发器中令 $T=1$，则 T 触发器为 T′触发器。

项目4 多路抢答器电路

应用实例

触发器是构成时序电路的基本单元,几乎所有的数字系统都会用到触发器。此处仅举一例,用四 $\overline{RS}$ 锁存器 74LS279(逻辑符号如图 4-28 所示)构成 8 路抢答器。

抢答器结构框图如图 4-29 所示,电路具有两个功能:一是分辨出抢答者按键的先后,并锁存优先抢答者的编号,同时译码显示编号;二是使其他选手的按键操作无效。控制部分用来控制抢答器的工作状态依次为准备抢答→等待抢答→接收并显示抢答结果。

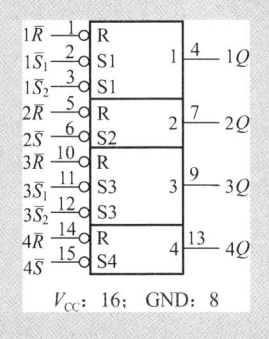

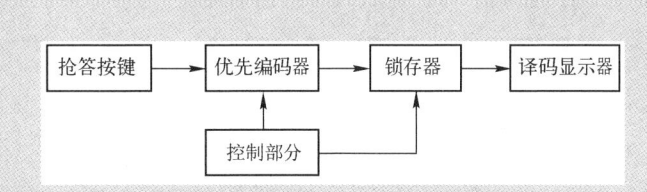

图 4-28 74LS279 的逻辑符号

图 4-29 抢答器结构框图

8 路抢答器的逻辑图如图 4-30 所示。工作过程如下:控制开关 S 首先置于"复位"位置,74LS279 的 4 个 RS 触发器的置 0 端均为 0,使 4 个触发器均被置 0。$1Q$ 为 0 使 74LS148 的使能信号 $\overline{E}$=0,74LS148 处于允许编码状态。同时,$1Q$ 为 0 使 74LS48 的灭灯输入信号 $\overline{BI}$=0,数码管无显示。这时抢答器处于准备抢答状态。

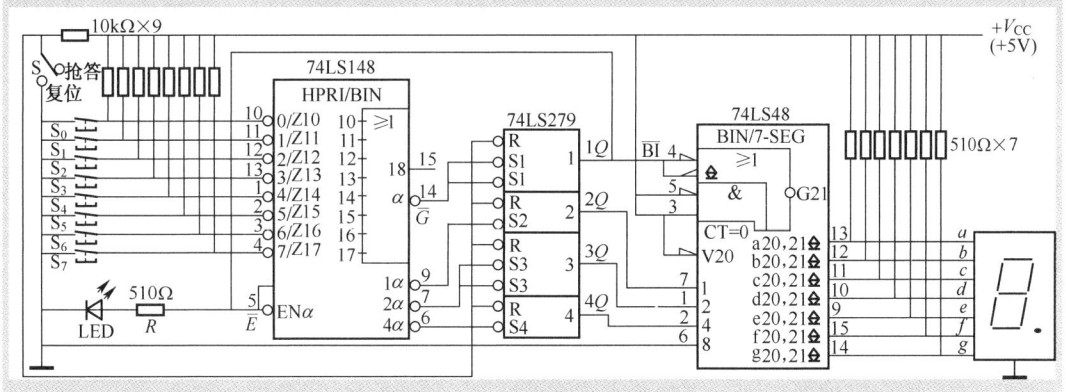

图 4-30 8 路抢答器的逻辑图

当将开关 S 拨向"抢答"位置时,抢答器处于等待状态。当有抢答者按下按键时,抢答器将接收并显示抢答结果,假设按下的是 S_4,则 74LS148 的编码输出为 011,将此代码送入 74LS279 锁存后,使 $4Q3Q2Q=100$,即 74LS48 的输入为 0100;又 74LS148 的优先编码标志输出信号 $\overline{G}$ 为 0,使 $1Q=1$,即 $\overline{BI}=1$,74LS48 处于译码状态,译码的结果显示为"4"。同时 $1Q=1$,使 74LS148 的 $\overline{E}=1$,74LS148 处于禁止状态,从而封锁了其他按键的输入。此外,当优先抢答者的按键先松开再按下时,由于仍为 $1Q=1$ 使 $\overline{E}=1$,因此 74LS148 仍处于禁止状态，确保不会接收二次按键时的输入信号，保证了抢答者的优先性。

如果进行再次抢答，这时将 S 拨向"复位"位置，74LS279 的 4 个 RS 触发器均被置 0，抢答器又进入了准备抢答状态。

思考与练习

1. 上升沿 D 触发器输入信号的波形如图 4-31 所示，画出 Q 的波形。$\overline{R}_D$ 为异步置 0 信号。
2. 负边沿 JK 触发器输入信号的波形如图 4-32 所示，画出 Q 的波形。$\overline{R}_D$ 为异步置 0 信号。

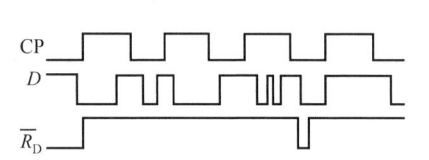

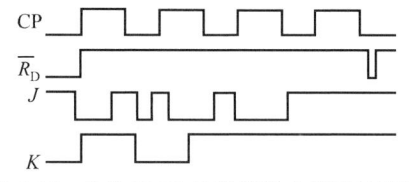

图 4-31 上升沿 D 触发器输入信号的波形　　图 4-32 负边沿 JK 触发器输入信号的波形

3. 比较例 4-6 与例 4-8，可以得出什么结论？
4. 画出用 JK 触发器构成 T 触发器的接线图。根据 T 触发器的特征方程，列出其状态表。
5. 如何用 T 触发器构成 T′触发器。
6. 请将图 4-25 的上升沿 D 触发器接成 T 触发器，画出逻辑图。
7. 请将主从 JK 触发器接成上升沿 D 触发器，画出逻辑图。
8. 设图 4-33（a）中各触发器的初态为 0，试画出各触发器 Q 的波形。CP 的波形如图 4-33（b）所示。

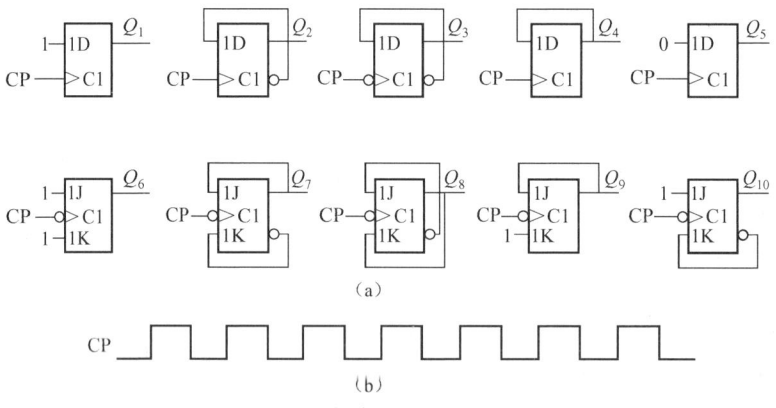

图 4-33 触发器及 CP 的波形

9. 在图 4-30 中，LED 支路有何作用？
10. 描述触发器逻辑功能的方法一般有几种？这些方法各有什么特点？有什么内在联系？请以一种触发器为例进行说明。

小结

1. 触发器是能存储 1 位二进制代码 0、1 的电路，有若干输入端，一对互补输出端。

由于触发器能够保存 1 位二值信息,因此,又把触发器叫作半导体存储单元或记忆单元。

2. 触发器按逻辑功能分为 RS 触发器、D 触发器、JK 触发器、T 触发器和 T′触发器。描述触发器逻辑功能的方法有状态表、特征方程、状态图等。归纳以上触发器的逻辑功能,如表 4-10 所示。

触发器按结构形式可以分为基本型、同步型、主从型和边沿型等。结构形式不同,触发方式也不同。

触发器的结构形式和逻辑功能是两个概念,二者没有固定的对应关系。同一种逻辑功能的触发器可以用不同的电路结构实现;同一种电路结构的触发器可以具有不同的逻辑功能。

3. 使用触发器时要注意空翻现象。基本 RS 触发器没有时钟输入端,触发器状态随 $\overline{R}_D$ 和 $\overline{S}_D$ 的电平变化而变化。电平触发器存在空翻现象。主从触发器和边沿触发器避免了空翻现象,有着广泛应用。

4. 为了保证触发器在动态工作时能可靠地翻转,触发信号、CP 及它们在时间上的相互配合应满足一定的要求。这些要求表现在对触发信号的建立时间、保持时间,以及对 CP 的脉宽和最高工作频率的限制上。对于每个具体型号的集成触发器,可以从器件手册上查到这些动态参数,在工作时应符合这些参数所规定的条件。

表 4-10 触发器的逻辑功能

名称	基本 RS 触发器	同步 RS 触发器	上升沿 D 触发器	负边沿 JK 触发器	T 触发器
逻辑符号	$\overline{S}_D$—S Q $\overline{R}_D$—R $\overline{Q}$	S—1S Q CP—C1 R—1R $\overline{Q}$	$\overline{S}_D$—S Q D—1D CP—>C1 $\overline{R}_D$—R $\overline{Q}$	$\overline{S}_D$—S Q J—1J CP— K—1K $\overline{R}_D$—R $\overline{Q}$	T—1T Q CP—C1 $\overline{Q}$
状态表	$\overline{R}_D$ $\overline{S}_D$ Q^{n+1} 0 0 × 0 1 0 1 0 1 1 1 Q^n	R S Q^{n+1} 0 0 Q^n 0 1 1 1 0 0 1 1 ×	D Q^{n+1} 0 0 1 1	J K Q^{n+1} 0 0 Q^n 0 1 0 1 0 1 1 1 $\overline{Q}^n$	T Q^{n+1} 0 Q^n 1 $\overline{Q}^n$
特征方程	$\begin{cases} Q^{n+1} = \overline{\overline{S}}_D + \overline{R}_D Q^n \\ \overline{R}_D + \overline{S}_D = 1 \end{cases}$	$\begin{cases} Q^{n+1} = S + \overline{R}Q^n \\ RS = 0 \end{cases}$	$Q^{n+1} = D$	$Q^{n+1} = J\overline{Q}^n + \overline{K}Q^n$	$Q^{n+1} = T\overline{Q}^n + \overline{T}Q^n$
状态图	$\overline{S}_D=1$, $\overline{R}_D\overline{S}_D=1$, $\overline{R}_D=1$ 0 ⇄ 1 $\overline{R}_D\overline{S}_D=1$	S=0, $\overline{R}S=1$, R=0 0 ⇄ 1 $\overline{R}S=1$	D=0, D=1 0 ⇄ 1 D=0	J=0, J=1, K=0 0 ⇄ 1 K=1	T=0, T=1, T=0 0 ⇄ 1 T=1
触发方式	直接触发 低电平有效	电平触发 CP 高电平接收	CP 上升沿触发	CP 下降沿触发	CP 下降沿触发
应用	无触点开关、单脉冲发生器、寄存器	寄存器	计数器、寄存器、移位寄存器	计数器、寄存器、移位寄存器	计数器、寄存器

实验与技能训练

实验 7. 触发器

1．实验目的

进一步熟悉触发器的逻辑功能，掌握触发器的使用方法。

2．实验用设备、器件

数字电路通用实验仪、万用表，74LS00、74LS112A、74LS75。

74LS112A 为双下降沿 JK 触发器（有预置和清除功能），其逻辑符号如图 4-34（a）所示。

74LS75 为四 D 锁存器，每两个 D 锁存器由一个锁存信号 C 控制，C 高电平有效：$C=1$ 时，锁存器接收输入数据，Q 随 D 信号变化而变化；$C=0$ 时，Q 锁存 C 在由高变低时刻前的输入数据。74LS75 的逻辑符号如图 4-34（b）所示。

3．实验内容

（1）验证触发器功能。

验证 74LS112A 功能，将测试结果填入表 4-11。注意：CP 由实验仪输出的单次脉冲提供。

表 4-11　74LS112A 功能表

CP	$\overline{R}_D$	$\overline{S}_D$	J	K	Q^{n+1}	功能
×	0	1	×	×		
×	1	0	×	×		
×	0	0	×	×		
×	1	1	×	×		
↓	1	1	0	1		
↓	1	1	1	0		
↓	1	1	0	0		
↓	1	1	1	1		

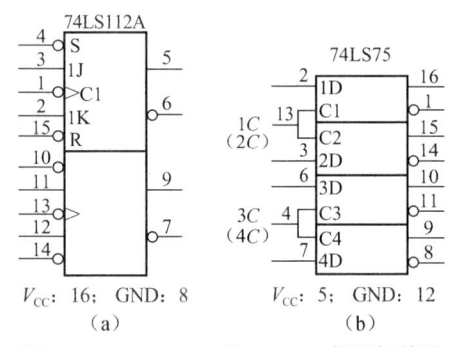

图 4-34　74LS112A 和 74LS75 的逻辑符号

（2）触发器功能转换。

用 74LS112A 接成 D 触发器，如图 4-35 所示。验证触发器功能，并将结果填入自拟表格。

（3）验证锁存器功能。

将 74LS75 其中一个锁存器的输入接逻辑开关、输出接电平指示灯，验证锁存器功能，并填入表 4-12。

（4）数据锁存器。

按图 4-36 接线，74LS75 的 $1D\sim 4D$ 接逻辑开关，$1Q\sim 4Q$ 接 74LS48 的 $A_0\sim A_3$，验证 74LS75 数据锁存功能，填入表 4-13。

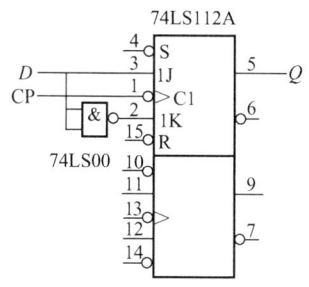

图 4-35 74LS112A 接成 D 触发器

表 4-12 锁存器功能表

1C	1D	1Q
0	0→1→0	
1	0→1→0	
↓	0	
	1	

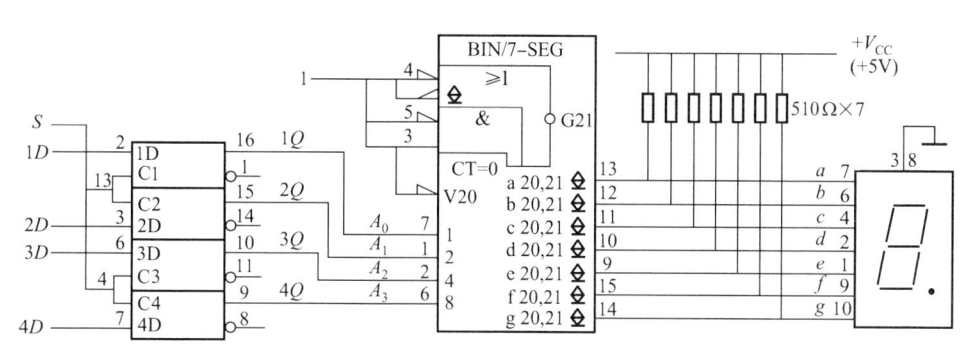

图 4-36 74LS75 数据锁存器接线图

表 4-13 74LS75 数据锁存器功能表

S	4D3D2D1D	显示	功能
1	0000→0001→⋯→1110→1111		
0	0000→0001→⋯→1110→1111		

目标检测 4

一、填空题

1. CP 的作用是_____。
2. 空翻是指_____的现象，_____的触发器存在空翻现象。
3. _____触发器被称为锁存器。

二、单项选择题

1. 电路如图 4-37 所示，其中能实现 $Q^{n+1}=A+\overline{Q}^n$ 功能的电路是____。

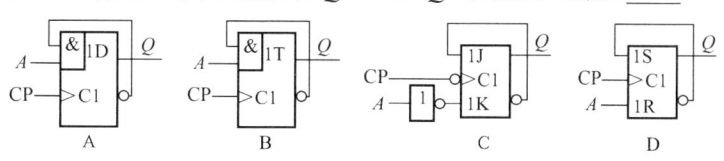

图 4-37 目标检测 4 单项选择题 1 图

2. 当 T 触发器 $T=1$ 时，触发器具有____功能。
    A．保持　　　　　B．禁止　　　　　C．计数　　　　　D．预置位
3. 下降沿触发的 JK 触发器是否翻转，由 CP 下降沿到来时刻的触发信号及触发器现态共同决定。当现态为 1 时，只要 CP 下降沿到来时刻____，触发器状态对应 CP 下降沿就翻转。
    A．$J=0$　　　　B．$K=0$　　　　C．$J=1$　　　　D．$K=1$
4. 时序电路的异步复位信号作用于复位端时，可使时序电路____复位。
    A．在 CP 上升沿　　　　　　　　B．在 CP 下降沿
    C．在 CP 为高电平期间　　　　　　D．立即
5. 某触发器的状态图如图 4-38 所示，则该触发器的逻辑功能属于____。
    A．RS 触发器　　B．T 触发器　　C．JK 触发器　　D．D 触发器

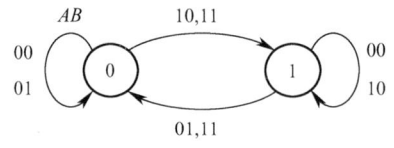

图 4-38　目标检测 4 单项选择题 5 图

6. 存在一次翻转现象的触发器是____。
    A．同步 JK 触发器　　　　　　　B．主从 JK 触发器
    C．上边沿 JK 触发器　　　　　　D．负边沿 JK 触发器

三、多项选择题

1. CP 是____。
    A．控制信号　　　　　　　　　　B．输入信号
    C．输出信号　　　　　　　　　　D．矩形信号
2. 在图 4-39 中，将 JK 触发器转换成 T′触发器的电路有____。

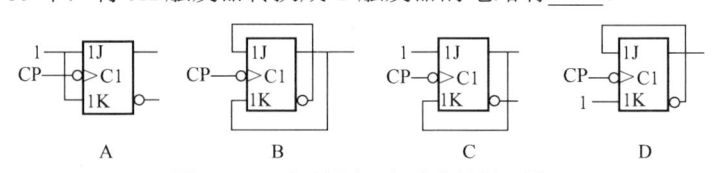

图 4-39　目标检测 4 多项选择题 2 图

3. 为防止主从 JK 触发器发生一次翻转，应____。
    A．减小 CP 脉宽
    B．在整个 CP 有效期间，保持 J、K 信号不变
    C．减小 J 信号宽度
    D．减小 K 信号宽度

四、问答题

根据如图 4-40 所示的电路及 CP 和 $\overline{R}_D$ 的波形，画出 Q_1、Q_2 的波形。

图 4-40 目标检测 4 问答题图

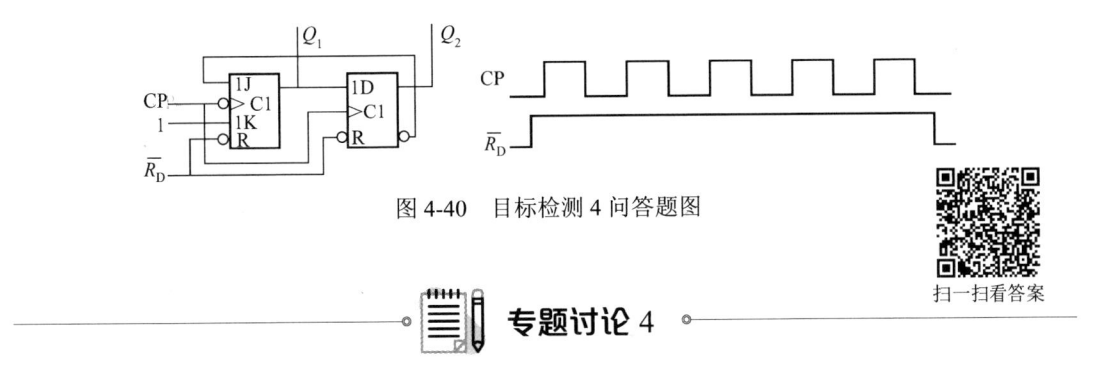

扫一扫看答案

专题讨论 4

专题 4：多路抢答器电路的设计实现

1．专题实现

本专题完成 4 路抢答器电路设计与制作。抢答器结构框图如图 4-29 所示，可以选用编码器、触发器、锁存器和数码显示器等器件构成电路。

2．工程设计

（1）设计电路实现方案。
（2）确定电路参数及器件。

3．制作与调试

（1）搭建实验电路，对 4 路抢答器电路功能进行验证，并修改、完善设计方案。
（2）如果具备条件，可进行印制电路板的设计和制作，完成元器件安装，完成电路测试。
（3）撰写用户手册，内容包括 4 路抢答器的使用说明、注意事项等。
（4）成果交付，包括实物类成果和文档类成果。

4．方案展示

参照项目 3 专题 3 学习实践活动，各设计团队进行 4 路抢答器电路实现方案的展示和讲解，并推选出优秀方案。

5．拓展讨论

结合抢答器在不同场景应用时所具有的功能特点，讨论图 4-29 的抢答器结构框图在哪些方面可以进行改进。

扫一扫看延伸阅读：
向未知发起挑战，建起"太空实验室"

项目 5

交通灯控制显示电路

交通灯控制显示电路可以由计数器、寄存器等构成。计数器是数字系统中广泛应用的基本器件之一,它不仅能够计数、分频,还可以构成时间分配器或时序发生器,对数字系统进行定时、控制程序操作等。寄存器是数字系统中的重要器件,在需要暂时存放数码或运算结果的场合需要用到寄存器。

本项目首先介绍计数器、寄存器等时序逻辑器件的基本原理、功能及使用方法,然后讨论交通灯控制显示电路的设计实现。

思政目标

培养工程伦理意识,在工程实践中关注人、社会、自然、效益。

知识目标

1. 了解时序电路的概念和分类。
2. 掌握专用集成计数器、寄存器的逻辑功能。

技能目标

1. 能根据逻辑功能要求,正确选用时序电路。
2. 能掌握集成计数器、寄存器的使用方法,能根据需求扩展其功能。
3. 能查阅集成电路手册,识读时序电路的引脚和功能。

计数器、寄存器都是时序电路,它与组合逻辑电路的区别是,任意时刻的输出信号不仅取决于该时刻的输入信号,还与前一时刻的电路状态有关。

时序电路由组合逻辑电路和存储电路(触发器是构成存储电路的基本单元)两部分组成,其组成框图如图 5-1 所示,$D(D_1,\cdots,D_i)$ 是输入信号;$Y(Y_1,\cdots,Y_l)$ 是输出信号;$W(W_1,\cdots,W_k)$ 是存储电路的输入信号,取自组合逻辑电路的部分输出;$Q(Q_1,\cdots,Q_j)$ 是存储电路的输出信号,作为组合逻辑电路的部分输入信号。以上各信号间的逻辑关系可用下列 3 个方程描述。

(1) 时序电路的输出方程:

$$Y_m(t_n)=F_m[D_1(t_n),\cdots,D_i(t_n),Q_1(t_n),\cdots,Q_j(t_n)], \quad m=1,\cdots,l$$

(2) 存储电路的驱动方程,又称激励方程:

$$W_m(t_n)=Z_m[D_1(t_n),\cdots,D_i(t_n),Q_1(t_n),\cdots,Q_j(t_n)], \quad m=1,\cdots,k$$

（3）存储电路的状态方程：

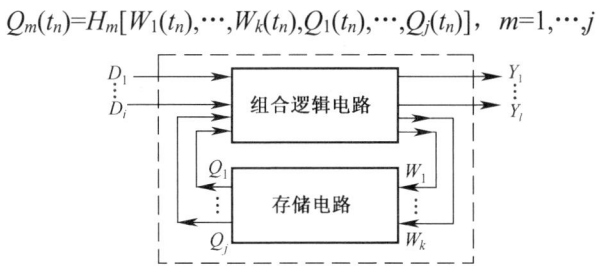

$$Q_m(t_n)=H_m[W_1(t_n),\cdots,W_k(t_n),Q_1(t_n),\cdots,Q_j(t_n)], \quad m=1,\cdots,j$$

图 5-1 时序电路的组成框图

需要说明的是，并不是所有的时序电路都具有如图 5-1 所示的完整形式。有些时序电路没有组合逻辑电路，有些时序电路没有输入信号，但它们仍具有时序电路的基本特点。

时序电路按状态转换情况分为同步时序电路和异步时序电路两大类。在同步时序电路中，存储电路状态转变在同一 CP 下发生。异步时序电路不用统一 CP，或者没有 CP。

5.1 计数器

计数器由触发器和门电路组成，它按预定顺序改变其内部各触发器的状态，用于表征送入脉冲的个数，即计数。

计数器按工作方式分为同步计数器和异步计数器；按进位数制分为二进制计数器和非二进制计数器。

5.1.1 同步计数器

同步是指组成计数器的所有触发器公用一个 CP，从而使得应该翻转的触发器在同一时刻一起翻转，并且该 CP 就是被计数的输入脉冲。

1．二进制计数器

由 k 个触发器组成的二进制计数器称为 k 位二进制计数器，它可以累计 $2^k=N$ 个二进制数：$0,1,\cdots,2^k-1$。N 称为计数器的模或进制。若 $k=1,2,3,\cdots$，则 $N=2,4,8,\cdots$，相应的计数器就称为模 2 计数器、模 4 计数器、模 8 计数器等。

二进制计数器按计数顺序可以分为加法、减法和可逆计数器 3 种。

（1）二进制加法计数器。

加法的计数规律是指，当依次输入计数脉冲时，计数器的状态按二进制数依次增加。图 5-2（a）所示为 3 位同步二进制加法计数器，由 3 个接成 T 功能的 JK 触发器和门电路组成。CP 是计数脉冲输入；$Q_0 \sim Q_2$ 是计数输出；C_0 是进位输出。T 触发器的特征方程为

$$Q^{n+1}=T\overline{Q}^n+\overline{T}Q^n \quad (\text{CP 下降沿有效})$$

可见，虽然 CP 接到各触发器的 CP 端，但只有 $T=1$ 的触发器在 CP 下降沿作用时才能翻转，$Q^{n+1}=\overline{Q}^n$；而 $T=0$ 的触发器不翻转，即 $Q^{n+1}=Q^n$。图 5-2 中各触发器驱动方程为

$$T_2=Q_1^n Q_0^n;\quad T_1=Q_0^n;\quad T_0=1$$

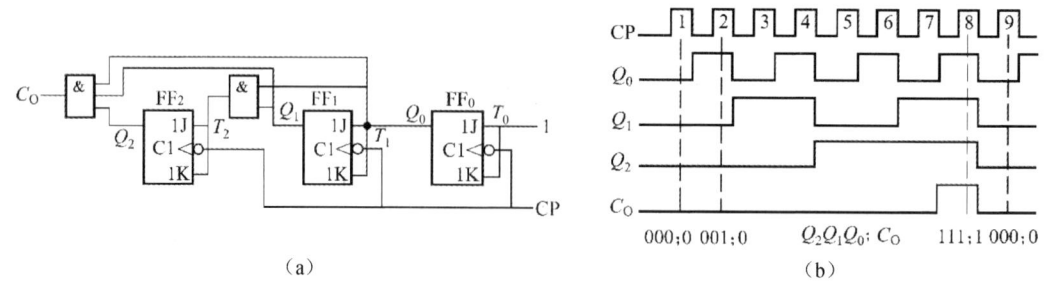

图 5-2　3 位同步二进制加法计数器及其输出波形

进位输出方程为

$$C_O=Q_2^n Q_1^n Q_0^n$$

初始时，计数器首先置 0，即 $Q_2^n Q_1^n Q_0^n=000$。将计数器初态代入驱动方程得

$$T_2=0;\quad T_1=0;\quad T_0=1$$

所以，当第 1 个 CP 下降沿作用时，触发器 FF_2、FF_1 不改变状态，只有 FF_0 翻转，计数器状态变为 $Q_2^{n+1} Q_1^{n+1} Q_0^{n+1}=001$。若把以上状态作为现态，即 $Q_2^n Q_1^n Q_0^n=001$，则

$$T_2=0;\quad T_1=1;\quad T_0=1$$

当第 2 个 CP 下降沿作用时，触发器 FF_2 不改变 0 态，FF_1 由 0 变为 1，FF_0 由 1 变为 0，即 $Q_2^{n+1} Q_1^{n+1} Q_0^{n+1}=010$。随着计数脉冲的不断输入，当计数到 $Q_2^n Q_1^n Q_0^n=111$ 时，$T_2\sim T_0$ 均为 1 且有 C_O 进位输出。

当第 3 个 CP 下降沿作用时，$FF_2\sim FF_0$ 均由 1 变为 0，计数器回到 0 态。状态表如表 5-1 所示。

表 5-1　3 位同步二进制加法计数器的状态表

输入脉冲序号	Q_2^n	Q_1^n	Q_0^n	Q_2^{n+1}	Q_1^{n+1}	Q_0^{n+1}	C_O
1	0	0	0	0	0	1	0
2	0	0	1	0	1	0	0
3	0	1	0	0	1	1	0
4	0	1	1	1	0	0	0
5	1	0	0	1	0	1	0
6	1	0	1	1	1	0	0
7	1	1	0	1	1	1	0
8	1	1	1	0	0	0	1

根据表 5-1 可画出各触发器的输出波形，如图 5-2（b）所示。由图 5-2（b）可以看出，每经过一级触发器，输出脉冲的周期就增加一倍，即频率降低为原来的 1/2。因此，1 位二进制计数器为二分频器，3 位二进制计数器为八分频器。若触发器有 k 级，则最后一级触发器所输出的频率降低为最初输入频率的 $1/2^k$，该计数器就是 2^k 分频器。

（2）二进制减法计数器。

减法的计数规律与加法相反，每来一个计数脉冲，计数值就减 1。以 4 位二进制减法计数器为例，其状态表如表 5-2 所示。B_O 是向高位的借位输出。

项目 5 交通灯控制显示电路

表 5-2 4 位二进制减法计数器的状态表

输入脉冲序号	Q_3^n	Q_2^n	Q_1^n	Q_0^n	Q_3^{n+1}	Q_2^{n+1}	Q_1^{n+1}	Q_0^{n+1}	B_O
1	1	1	1	1	1	1	1	0	0
2	1	1	1	0	1	1	0	1	0
3	1	1	0	1	1	1	0	0	0
4	1	1	0	0	1	0	1	1	0
5	1	0	1	1	1	0	1	0	0
6	1	0	1	0	1	0	0	1	0
7	1	0	0	1	1	0	0	0	0
8	1	0	0	0	0	1	1	1	0
9	0	1	1	1	0	1	1	0	0
10	0	1	1	0	0	1	0	1	0
11	0	1	0	1	0	1	0	0	0
12	0	1	0	0	0	0	1	1	0
13	0	0	1	1	0	0	1	0	0
14	0	0	1	0	0	0	0	1	0
15	0	0	0	1	0	0	0	0	0
16	0	0	0	0	1	1	1	1	1

（3）二进制可逆计数器。

将加/减法计数器合在一起，并加上加/减控制信号 $\overline{U}/D$，就可构成可逆计数器。图 5-3 所示为 4 位二进制可逆计数器 74HC191 的逻辑符号，除了具有可逆计数功能，还增加了并行送数等功能，其功能表如表 5-3 所示，其中"↑"表示 CP 上升沿作用时，计数状态改变。

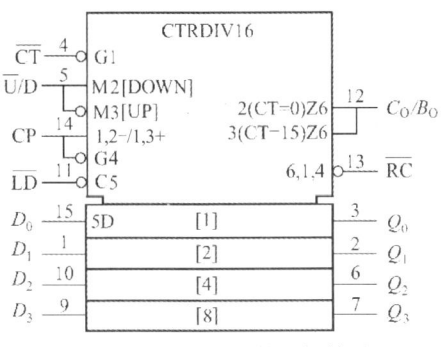

图 5-3 74HC191 的逻辑符号

表 5-3 74HC191 的功能表

$\overline{LD}$	$\overline{CT}$	$\overline{U}/D$	CP	动作
0	×	×	×	异步预置数
1	0	0	↑	加计数
1	0	1	↑	减计数
1	1	×	×	禁止

$Q_3 \sim Q_0$ 是计数输出，Q_0 是低位，Q_3 是高位。

$\overline{CT}$ 是允许计数控制端，低电平有效，即 $\overline{CT}=0$ 时允许计数器计数；$\overline{CT}=1$ 时禁止计数。

$D_3 \sim D_0$ 是预置数输入。

$\overline{LD}$ 是异步预置控制端，低电平有效。当 $\overline{LD}=0$ 时，不管是否有 CP，都强迫给计数器置数，将 $D_3 \sim D_0$ 并行送入计数器。如果对 $Q_3 \sim Q_0$ 预置初始数，如 0111，则计数器计数时先从 7 开始。第一次计数顺序是 7→8→…→15，以后仍按 0→…→15 计数。因此，预置初始数可以改变计数器的计数长度。

$\overline{U}/D$ 是加减控制信号。当 $\overline{U}/D=0$ 时执行加计数；当 $\overline{U}/D=1$ 时执行减计数。

C_O/B_O 是进位/借位输出。

$\overline{RC}$ 是串行脉冲（又称行波脉冲）输出，当 $\overline{CT}=0$ 且 $C_O/B_O=1$ 时，输出一个和 CP 同样宽度的负脉冲，在多级连接时，作为下一级的 CP 或向下一级的进位/借位信号。图 5-4 所示为两个多级连接的实例，均为 12 位二进制计数器。在图 5-4（a）中，前级 $\overline{RC}$ 接后级 CP，前级输出行波脉冲作为后级 CP。除了第一级，各级均接成允许计数状态，这样，当前级有行波脉冲输出时，后级计数器的计数值加 1 或减 1。例如，在执行加法计数时，若第一级 $Q_3Q_2Q_1Q_0$ 全为 1，第二级 $Q_7Q_6Q_5Q_4$ 不全为 1（设为 0101），则当下一个计数脉冲到来时，第一级产生一个行波脉冲并送入第二级，同时 $Q_3Q_2Q_1Q_0$ 恢复为全 0，而 $Q_7Q_6Q_5Q_4$ 计数值加 1（成为 0110）；由于 $Q_7Q_6Q_5Q_4$ 不全为 1，故没有行波脉冲输出，即第三级无计数脉冲输入，所以 $Q_{11}Q_{10}Q_9Q_8$ 状态不变。在图 5-4（a）中，各级计数器为串行级联，虽然在每片内电路是同步工作的，但片与片之间是异步工作的，又称行波方式工作。在图 5-4（b）中，各级计数器是全同步工作的，CP 同时驱动各级计数器。此外，除第一级 $\overline{CT}$ 接地之外，其余各级 $\overline{CT}$ 均接前级 $\overline{RC}$，前级 $\overline{RC}$ 作为向后级的进位/借位信号，以串行方式传送。当前级有进位/借位信号输出时，才使后级计数。

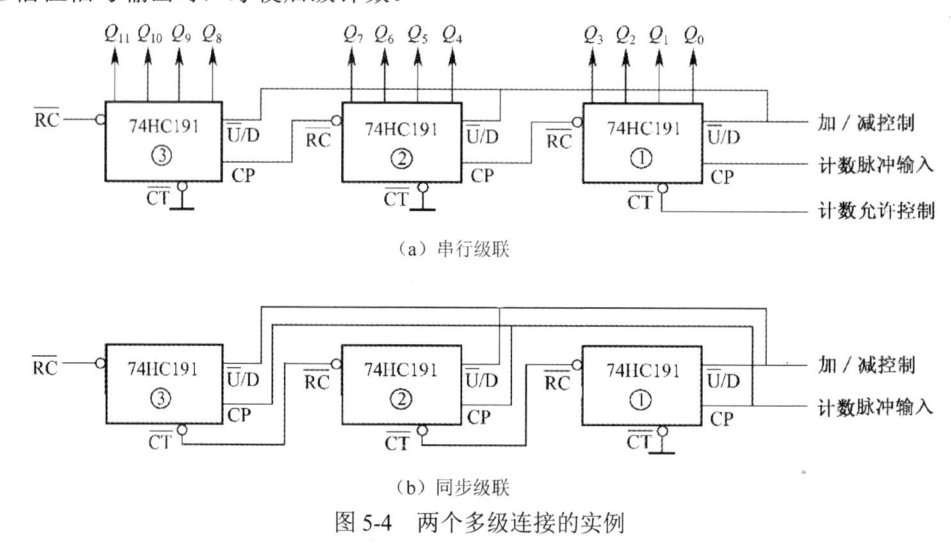

图 5-4 两个多级连接的实例

74HC191 在执行加/减计数时使用同一个 CP，具体是执行加操作还是减操作，由 $\overline{U}/D$ 控制，所以称为单时钟结构。如果在执行加/减计数时，计数脉冲来自两个不同的 CP，如 74HC193（逻辑符号如图 5-5 所示，功能表如表 5-4 所示），在执行加计数时，由 CP_U 输入而 $CP_D=1$，在执行减计数时，由 CP_D 输入而 $CP_U=1$，则该计数器为双时钟结构。采用双时钟结构，省去了 $\overline{U}/D$ 控制。此外，CR 为异步复位信号，又称异步清零信号，高电平有效，即只要 CR=1，立刻使计数器中各触发器置 0。计数时，应使 CR=0。

2. 非二进制计数器

非二进制计数器是指模 $N \neq 2^k$ 的任意进制计数器。例如，当计数器的 $N=5、10、12$ 时，称为模 5、模 10、模 12 计数器，又称五、十、十二进制计数器。

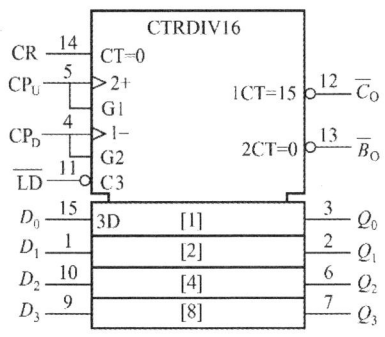

图 5-5 74HC193 的逻辑符号

表 5-4 74HC193 的功能表

CR	$\overline{LD}$	CP_U	CP_D	动作
1	×	×	×	异步清零
0	0	×	×	异步预置数
0	1	1	↑	减计数
0	1	↑	1	加计数

74HC162 是十进制加法计数器，其功能表如表 5-5 所示，逻辑图及逻辑符号如图 5-6 所示。它由 4 个 D 触发器及门电路组成，$Q_3 \sim Q_0$ 是计数输出；RC 是串行进位输出；$\overline{CR}$ 是同步清零输入，低电平有效，当 $\overline{CR}=0$ 时，在 CP 上升沿的作用下，触发器均被置 0；同步预置控制端 $\overline{LD}$ 为低电平有效，当 $\overline{LD}=0$ 且 $\overline{CR}=1$ 时，在 CP 上升沿的作用下，将预置数 $P_3P_2P_1P_0$ 送入，置 $Q_3Q_2Q_1Q_0=P_3P_2P_1P_0$；$CT_T$、$CT_P$ 是计数控制端，高电平有效，如果 $\overline{CR}=1$，$\overline{LD}=1$，而 $CT_T \cdot CT_P=0$，则各触发器保持初态不变，只有当 $CT_T \cdot CT_P=1$ 时，计数器才能计数。

表 5-5 74HC162 的功能表

CP	$\overline{CR}$	$\overline{LD}$	CT_T	CT_P	操作
↑	0	×	×	×	同步清零
↑	1	0	×	×	同步预置数
↑	1	1	1	1	加计数
×	1	1	0	×	保持
×	1	1	×	0	保持

(a)

(b)

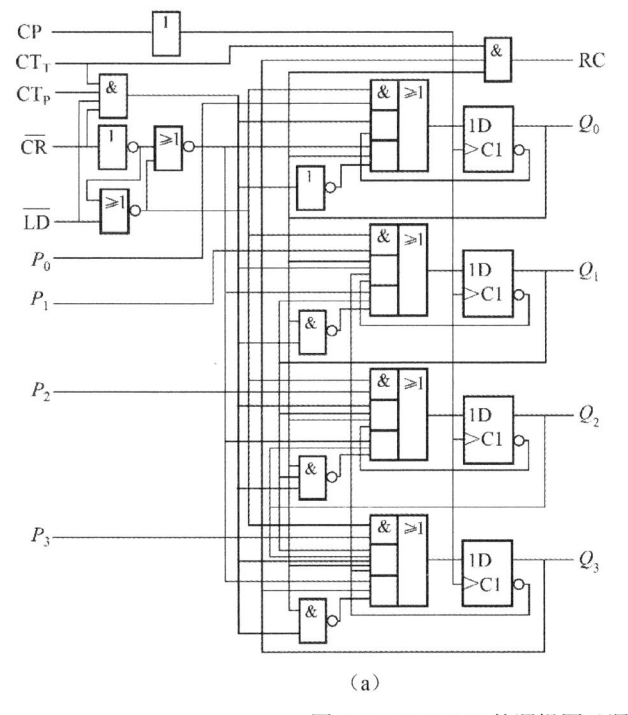

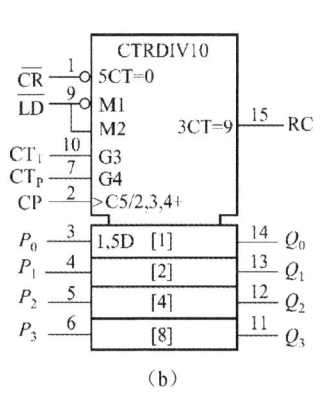

图 5-6 74HC162 的逻辑图及逻辑符号

当 $\overline{LD}=1$，$\overline{CR}=1$，$CT_T=CT_P=1$ 时，各触发器驱动方程为

$$D_0=\overline{Q}_0$$
$$D_1=Q_0\overline{Q}_3\overline{Q}_1+\overline{Q}_0Q_1$$
$$D_2=Q_0Q_1\overline{Q}_2+\overline{Q_0Q_1}Q_2$$
$$D_3=Q_0Q_1Q_2\overline{Q}_3+\overline{Q}_0Q_3$$

考虑 D 触发器的特征方程为 $Q^{n+1}=D$，可得状态方程为

$$Q_0^{n+1}=\overline{Q}_0^n$$
$$Q_1^{n+1}=Q_0^n\overline{Q}_3^n\overline{Q}_1^n+\overline{Q}_0^nQ_1^n$$
$$Q_2^{n+1}=Q_0^nQ_1^n\overline{Q}_2^n+\overline{Q_0^nQ_1^n}Q_2^n$$
$$Q_3^{n+1}=Q_0^nQ_1^nQ_2^n\overline{Q}_3^n+\overline{Q}_0^nQ_3^n$$

串行进位输出方程为

$$RC=Q_0^nQ_3^n$$

根据状态方程及输出方程列出 74HC162 的状态表，如表 5-6 所示。列表时，依次设电路现态并代入上式，求 CP 作用后的次态及输出 RC。例如，设电路现态为 $Q_3^nQ_2^nQ_1^nQ_0^n$=0100，代入上式求得

$$Q_0^{n+1}=1;\ Q_1^{n+1}=0;\ Q_2^{n+1}=1;\ Q_3^{n+1}=0;\ RC=0$$

将 $Q_3^{n+1}Q_2^{n+1}Q_1^{n+1}Q_0^{n+1}$=0101 填入表 5-6，再设 0101 为电路现态，即设 $Q_3^nQ_2^nQ_1^nQ_0^n$=0101。

表 5-6 74HC162 的状态表

序号	Q_3^n	Q_2^n	Q_1^n	Q_0^n	Q_3^{n+1}	Q_2^{n+1}	Q_1^{n+1}	Q_0^{n+1}	RC	说明
1	0	0	0	0	0	0	0	1	0	有效状态
2	0	0	0	1	0	0	1	0	0	
3	0	0	1	0	0	0	1	1	0	
4	0	0	1	1	0	1	0	0	0	
5	0	1	0	0	0	1	0	1	0	
6	0	1	0	1	0	1	1	0	0	
7	0	1	1	0	0	1	1	1	0	
8	0	1	1	1	1	0	0	0	0	
9	1	0	0	0	1	0	0	1	0	
10	1	0	0	1	0	0	0	0	1	
11	1	0	1	0	1	0	1	1	0	无效状态
12	1	0	1	1	0	1	0	0	1	
13	1	1	0	0	1	1	0	1	0	
14	1	1	0	1	0	1	0	0	1	
15	1	1	1	0	1	1	1	1	0	
16	1	1	1	1	0	0	0	0	1	

根据表 5-6 画出 74HC162 的状态图，如图 5-7 所示。图中，转移线旁边的标注是输出 RC 的取值。

图 5-7 74HC162 的状态图

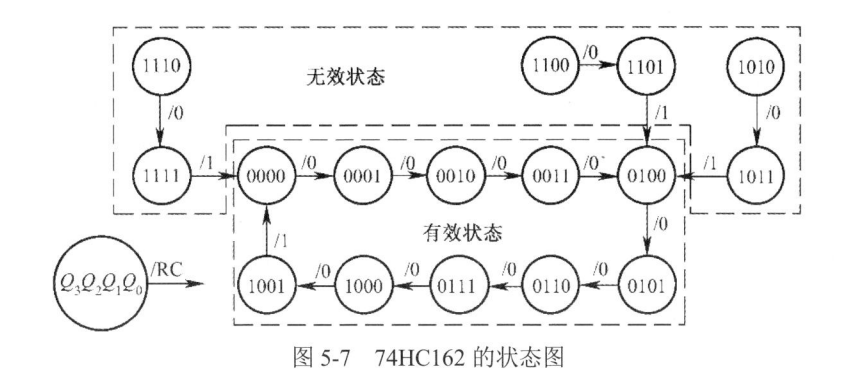

由 4 个触发器组成的计数器有 $2^4=16$ 种状态，而十进制计数器只用 10 种，这 10 种状态称为有效状态，其余 6 种称为无效状态。如果计数器能由无效状态自动转入有效状态，则称计数器能自启动。只要有一个无效状态始终不能转入有效状态，就称计数器不能自启动。可见，74HC162 能自启动。

图 5-8 所示为 74HC162 在计数时的波形，它直观地反映了各触发器的状态及输出信号与 CP 在时间上的对应关系。可见，Q_3 端输出脉冲频率是输入 CP 频率的十分频。

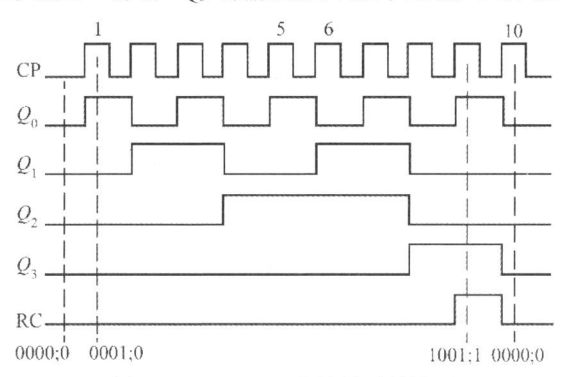

图 5-8 74HC162 在计数时的波形

5.1.2 异步计数器

异步计数器的各级触发器的 CP 并不都来源于计数脉冲，各级触发器的状态转换不是同时进行的。因而在异步计数器工作时，要注意各级触发器的 CP，以确定其状态转换时刻。

1. 二进制计数器

图 5-9 所示为 4 位异步二进制加法计数器，由 4 个具有 T'功能的 JK 触发器组成。计数脉冲加到第一级触发器的 CP 端，其余各触发器 CP 依次接低位触发器 Q，即 $CP_0=CP$；$CP_1=Q_0$；$CP_2=Q_1$；$CP_3=Q_2$。由于 T'触发器具有计数功能，因此，只要低位触发器状态从 1 变为 0，Q 产生的下降沿就使高位触发器翻转。最低位触发器则在 CP 下降沿时翻转。根据以上分析可得，4 位异步二进制计数器的波形如图 5-10 所示。图中箭头所指表示低位触发器下降沿触发高位触发器，使其状态转换。

2. 非二进制计数器

74LS90 是二-五-十进制加法计数器，其功能表如表 5-7 所示。若将输入 CP 接于 CP_0

端，输出 Q_0，则构成 1 位二进制计数器；若将输入 CP 接于 CP_1 端，输出 $Q_3Q_2Q_1$，则构成五进制加法计数器；若将输入 CP 接于 CP_0 端，CP_1 端与 Q_0 端相连，输出 $Q_3Q_2Q_1Q_0$，则构成 8421BCD 码异步十进制加法计数器；若将输入 CP 接于 CP_1 端，CP_0 端与 Q_3 端相连，输出 $Q_0Q_3Q_2Q_1$，则构成 5421BCD 码异步十进制加法计数器。图 5-11（a）所示为其连接方法，图 5-11（b）所示为工作波形，显然，Q_0 端输出的是方波，且是输入 CP 频率的十分频。

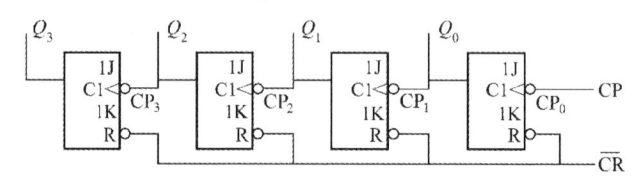

图 5-9 4 位异步二进制加法计数器

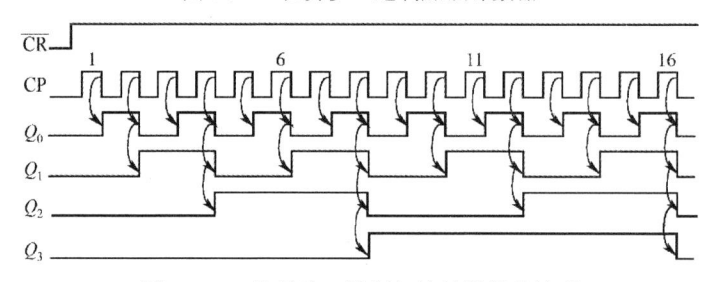

图 5-10 4 位异步二进制加法计数器的波形

表 5-7 74LS90 的功能表（复置位/计数）

复置位输入				输出	说明	逻辑符号
R_1	R_2	S_1	S_2	$Q_3Q_2Q_1Q_0$		
1	1	0	×	0000	置 0	
1	1	×	0	0000		
0	×	1	1	1001	置 9	
×	0	1	1	1001		
0	×	0	×	计数	计数	
×	0	×	0	计数		
0	×	×	0	计数		
×	0	0	×	计数		

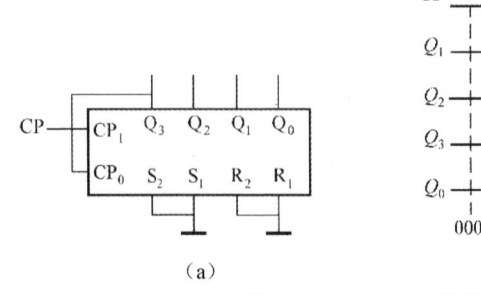

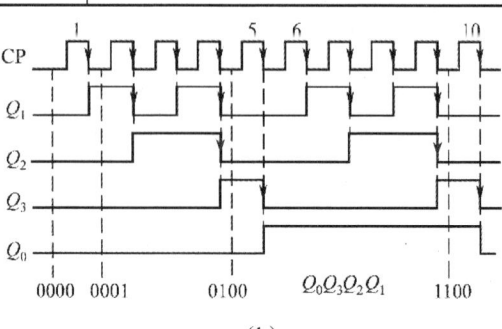

图 5-11 5421BCD 码异步十进制加法计数器

74LS90 还具有置 0 和置 9 功能，操作方式如表 5-7 所示。

异步计数器结构简单，但由于各触发器异步翻转，所以工作速度低，并且在进行状态译码输出时，容易产生冒险。因此，异步计数器主要作为分频器使用。

为便于选用，表 5-8 列出了若干集成计数器，其中有同步计数器，也有异步计数器。

表 5-8 集成计数器

型号	名称	功能
161	4 位同步二进制计数器	同步计数，异步并行清零，锁存，有行波进位输出，可级联
163	4 位同步二进制计数器	同步清零
193	4 位同步二进制加/减计数器	直接清零，可预置数，双时钟，有进位/借位输出，可级联
196	二-五-十进制计数器	直接清零，可预置数，二、五分频，双时钟
197	二-八-十六进制计数器	直接清零，可预置数，二、八分频，双时钟
191	二进制可逆计数器	同步清零，有加/减控制
90A，LS90	4 位二-五-十进制计数器	双输入计数，二、五分频，有置 9 输入，直接清零
160	4 位同步十进制计数器	同步计数，异步预置数，异步清零，锁存，有行波进位输出
162	4 位同步十进制计数器	同步清零
190	同步十进制加/减计数器	同步计数，异步预置数，有加/减控制，有进位/借位输出，有串行时钟输出，可锁存
192	同步十进制加/减计数器	加 1、减 1 计数分别控制，有进位/借位输出，双时钟
92	十二分频计数器	直接清零，二-三-十二进制计数

5.1.3 集成计数器构成 N 进制计数器的方法

利用集成计数器构成 N 进制计数器有两种方法。

1．串接法

将两个计数器串接，所得新计数器的模为两个计数器模的乘积。例如，将模 10 和模 6 计数器串接，可以构成模 60 计数器，如图 5-12 所示。可见，此方法能够增大计数器的计数长度，即增大计数器模。

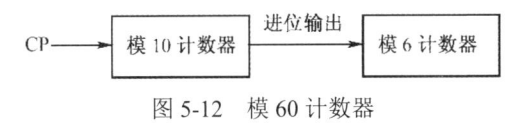

CP → 模 10 计数器 —进位输出→ 模 6 计数器

图 5-12 模 60 计数器

2．反馈法

反馈法是利用计数器计数到某一数值时，由电路产生的置位脉冲或复位脉冲，加到计数器预置数控制端或清零端，使计数器恢复到初态并重新计数，从而改变计数器计数长度的方法。使用该方法，能够由模大的计数器得到模小的计数器。

下面结合图 5-13，分析通过反馈法利用 74HC160 构成模 6 计数器的原理。74HC160 与 74HC162 功能相同，只是 74HC160 为异步复位 $\overline{CR}$，如表 5-5 所示。

（1）反馈置 0 法。

图 5-13（a）所示的电路的计数状态是 $0_{10} \rightarrow 1_{10} \rightarrow \cdots \rightarrow 5_{10}$，当计数器计数到 5_{10} 时，Q_0

和 Q_2 为 1，与非门输出为 0，即 $\overline{LD}=0$。因 74HC160 是同步预置数的，所以，下一个 CP 到来时，将 $P_3 \sim P_0$ 的数据 0000 送入计数器，使计数器又从 0_{10} 开始计数，一直计数到 5_{10}，重复上述过程。可见，此 N 进制计数器是使计数器计数到 $(N-1)$ 时，利用反馈将计数器初始值置为 0000 的方法构成的。

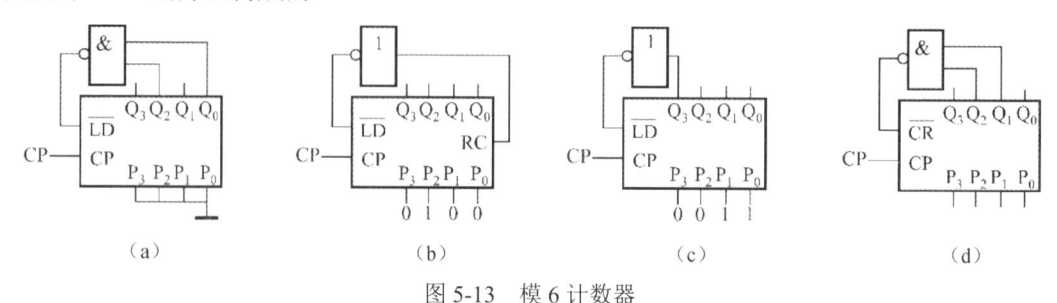

图 5-13 模 6 计数器

（2）反馈预置法。

图 5-13（b）所示的电路的计数状态是 $4_{10} \to 5_{10} \to \cdots \to 9_{10}$，当计数到 9_{10} 时，进位输出 RC=1，经非门后 $\overline{LD}=0$，所以，下一个 CP 到来时，将 $P_3 \sim P_0$ 的数据 0100 送入计数器，使计数器从 4_{10} 开始计数，重复上述过程。可见，该 N 进制计数器是利用反馈来预置初始值的方法构成的。

图 5-13（c）所示的电路的计数状态是 $3_{10} \to 4_{10} \to 5_{10} \to 6_{10} \to 7_{10} \to 8_{10}$，请自行分析其原理。

（3）反馈直接复位法。

图 5-13（d）所示的电路利用了直接置 0 信号 $\overline{CR}$，计数状态为 $0_{10} \to 1_{10} \to \cdots \to 5_{10}$，当计数到 6_{10} 时（6_{10} 出现的时间极短，不能作为一种计数状态，仅仅是为了使计数器复位的过渡态），Q_2 和 Q_1 均为 1，使 $\overline{CR}=0$，由于 74HC160 是异步复位的，所以计数器立即被强迫回到 0_{10}，开始新的循环。这种方法的缺点是输出信号有毛刺，如图 5-14 中的 Q_1 所示。这是因为 Q_2 和 Q_1 同时为 1（6_{10}）时才会产生置 0 脉冲，并且送到 $\overline{CR}$ 端，而一旦计数器被置 0，Q_2 和 Q_1 就回到 0，使计数器在 6_{10} 时闪了一下。此外，如果 Q_2 和 Q_1 中有一个先回到 0，则置 0 脉冲立即消失，另一个触发器就不能置 0 了，因而，计数器不能可靠置 0。改进方法是加一个基本 RS 触发器，如图 5-15（a）所示，其工作波形如图 5-15（b）所示。当计数到 6_{10} 时，基本 RS 触发器置 0，使 $\overline{CR}=0$，一直持续到 CP 下降沿到来。因此，计数器能可靠置 0。

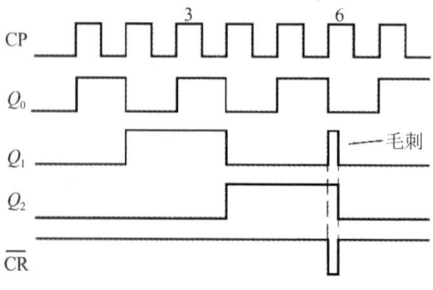

图 5-14 图 5-13（d）所示的电路的波形

项目 5 交通灯控制显示电路

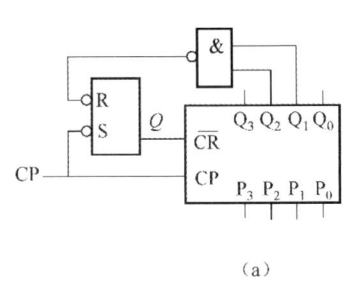

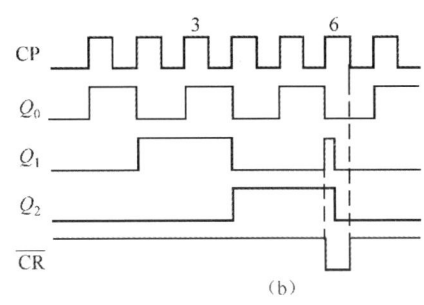

(a)　　　　　　　　　　　　　　(b)

图 5-15　改进的模 6 计数器

总结以上分析可得如下结论。

(1) 利用同步置数 (也包括同步复位) 改变计数长度时,由于计数器状态的改变要与 CP 配合进行,所以可利用计数的最后一种状态来形成置数控制信号或复位信号,在下一个 CP 到来时对计数器强制置数或复位。

利用异步置数 (也包括异步复位) 改变计数长度时,由于异步操作"一触即发",所以计数器需要过渡态来形成置数控制信号或复位信号,使计数器立即置数或复位,而过渡态不能作为一种计数状态。

(2) 如果计数长度为 N,那么当初始值为 0_{10} 时,同步置数的最大计数值为 $(N-1)$,异步置数的过渡态为 N;如果初始值为 X,那么同步置数的最大计数值为 $(N+X-1)$,异步置数的过渡态为 $(N+X)$。

(3) 利用行波脉冲 (包括进位、借位信号) 作为置数控制信号时,初始值设置为 $X=(M-N)$,其中 M 为集成计数器的进制。当 $N=M$ 时,$X=0$,这时行波脉冲也可以作为复位信号。

5.1.4　计数器的设计与分析方法

1. 计数器的设计方法

计数器的设计方法有两种,一种是利用现有的集成计数器通过外部电路适当连接构成;另一种是利用触发器和门电路构成。以下通过两个实例介绍这两种设计方法。

【例 5-1】利用两块 74HC162 构成六十进制计数器。

解:构成的六十进制计数器如图 5-16 所示。图中,片①为模 10 计数器,片②接成模 6 计数器,片①的行波进位输出 RC 与片②的 CT_T、CT_P 相连。这样,当片①的 RC=1 时,便可使高位计数器计数;而当片①的 RC=0 时,高位计数器状态不变。计入 59 个 CP 后,计数器状态为

$Q_7Q_6Q_5Q_4Q_3Q_2Q_1Q_0=01011001$

与非门输出为 0,使片②的 $\overline{CR}$=0。由于 74HC162 为同步置 0,所以,下一个 CP 到来时,计数器恢复为全 0。

【例 5-2】设计一个同步模 6 计数器。

解:设计过程通常分为 5 个步骤。

(1) 根据设计要求的逻辑功能确定计数器的状态数,画出原始状态图。

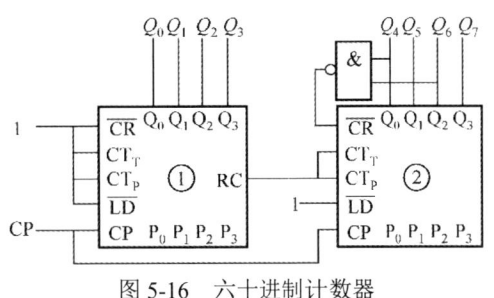

图 5-16　六十进制计数器

由设计要求可知，计数器应有 6 种状态，用 $S_0 \sim S_5$ 表示。原始状态图如图 5-17 所示，图中转移线旁边的标注是输出取值。计数器计满 6 个 CP 后恢复到初态，并有进位输出。

（2）根据总状态数 N，确定所用触发器的数目 k。k 满足

$$2^k \geq N$$

确定触发器的数目后进行状态分配，也称为状态编码，即用触发器的不同状态组合分别表示计数器的不同状态。同一种计数器由于状态编码不同，设计出的电路也不同。

本例有 6 种状态，要求触发器的数目 k 为 $2^k \geq N=6$，所以要使用 3 个触发器。

在进行状态编码时，可以有多种方案。本例按二进制递加顺序编码，依次取 000～101 共 6 个编码分别表示 $S_0 \sim S_5$。编码后的状态图如图 5-18 所示，状态表如表 5-9 所示。其中，110 及 111 两种状态未用，作为约束项处理。

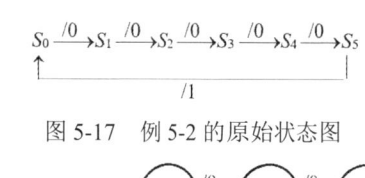

图 5-17 例 5-2 的原始状态图

图 5-18 例 5-2 编码后的状态图

表 5-9 例 5-2 的状态表

输入脉冲序号	Q_3^n	Q_2^n	Q_1^n	Q_3^{n+1}	Q_2^{n+1}	Q_1^{n+1}	C_O
1	0	0	0	0	0	1	0
2	0	0	1	0	1	0	0
3	0	1	0	0	1	1	0
4	0	1	1	1	0	0	0
5	1	0	0	1	0	1	0
6	1	0	1	0	0	0	1
无效状态	1	1	0	×	×	×	×
	1	1	1	×	×	×	×

（3）选定触发器的类型，求状态方程，进而求驱动方程和输出方程。如果是异步计数器，还要考虑时钟条件。

现选用 JK 触发器。根据表 5-9 得次态 Q_3^{n+1}、Q_2^{n+1}、Q_1^{n+1} 的卡诺图如图 5-19 所示，化简得状态方程为

$$Q_3^{n+1} = Q_1^n Q_2^n \cdot \overline{Q}_3^n + \overline{Q}_1^n \cdot Q_3^n$$

$$Q_2^{n+1} = Q_1^n \overline{Q}_3^n \cdot \overline{Q}_2^n + \overline{Q}_1^n \cdot Q_2^n$$

$$Q_1^{n+1} = \overline{Q}_1^n$$

图 5-19 表 5-9 次态的卡诺图

特别指出，为便于求驱动方程，在合并化简得 Q_i^{n+1}（$i=1,2,3$）与或式时，每个与项均应含有 Q_i^n 或 $\overline{Q}_i^n$。因此，在求 Q_3^{n+1} 时，没有利用约束项将 Q_3^n 消去。

将 Q_3^{n+1}、Q_2^{n+1}、Q_1^{n+1} 的表达式与 JK 触发器特征方程 $Q^{n+1}=J\overline{Q}^n+\overline{K}Q^n$ 进行比较，得驱动方程为

$$J_3=Q_1^nQ_2^n,\ K_3=Q_1^n;\ J_2=Q_1^n\overline{Q}_3^n,\ K_2=Q_1^n;\ J_1=1,\ K_1=1$$

由表 5-9 得 C_O 的卡诺图如图 5-20 所示。化简得输出方程为

$$C_O=Q_1^nQ_3^n$$

（4）根据驱动方程、输出方程画逻辑图，如图 5-21 所示。由于是同步计数器，所以各触发器使用同一 CP。

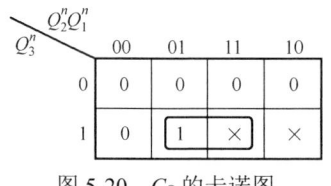

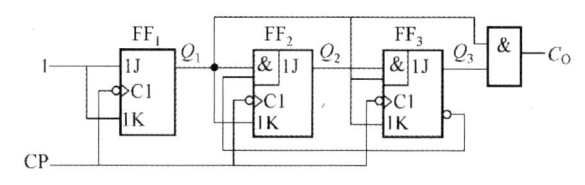

图 5-20 C_O 的卡诺图　　　　图 5-21　例 5-2 的逻辑图

（5）根据状态方程检查计数器能否自启动。两个无效状态的次态分别为 110→111 和 111→000，所以电路能够自启动。若不能自启动，则应重新设计，修改无效状态的次态，使之能进入有效状态。

根据上述方法，可设计出任意进制的同步计数器。

2．计数器的分析方法

通过例 5-3 介绍计数器的分析方法。

【例 5-3】分析如图 5-22 所示的时序电路。

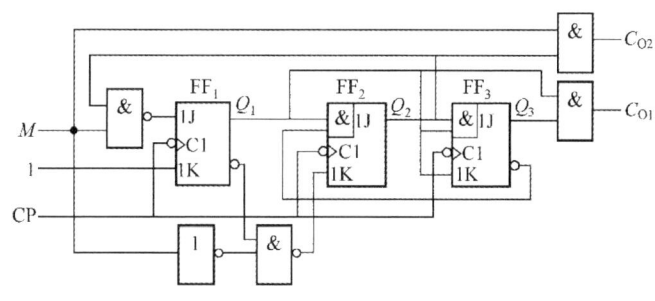

图 5-22　例 5-3 图

解：分析过程一般分为 5 个步骤。

（1）确定触发器的驱动方程，有时还需要写出时钟方程（触发器的 CP 表达式）。

由图 5-22 可得

$$J_1=\overline{Q_2^nM},\ K_1=1;\ J_2=Q_1^n\overline{Q}_3^n,\ K_2=\overline{M}\overline{Q}_1^n;\ J_3=Q_1^nQ_2^n,\ K_3=Q_1^n$$

时钟方程为

　　$CP_1=CP_2=CP_3=CP$（同步时序电路的时钟方程也可省略不写）

（2）求所用触发器的状态方程。

把驱动方程代入 JK 触发器特征方程，可得状态方程为

$$Q_1^{n+1} = \overline{Q_2^n M}\ \overline{Q}_1^n + 0 \cdot Q_1^n = \overline{Q}_2^n \overline{Q}_1^n + \overline{M}\ \overline{Q}_1^n$$

$$Q_2^{n+1} = Q_1^n \overline{Q}_3^n \overline{Q}_2^n + \overline{M}\ \overline{Q}_1^n Q_2^n$$

$$Q_3^{n+1} = Q_1^n Q_2^n \overline{Q}_3^n + \overline{Q}_1^n Q_3^n$$

由图 5-22 得输出方程为

$$C_{O1} = Q_3^n Q_1^n; \quad C_{O2} = MQ_2^n$$

（3）列状态表，如表 5-10 所示。

表 5-10　例 5-3 的状态表

M	Q_3^n	Q_2^n	Q_1^n	Q_3^{n+1}	Q_2^{n+1}	Q_1^{n+1}	C_{O1}	C_{O2}
0	0	0	0	0	0	1	0	0
0	0	0	1	0	1	0	0	0
0	0	1	0	0	1	1	0	0
0	0	1	1	1	0	0	0	0
0	1	0	0	1	0	1	0	0
0	1	0	1	0	0	0	1	0
0	1	1	0	1	1	1	0	0
0	1	1	1	0	0	0	1	0
1	0	0	0	0	0	1	0	0
1	0	0	1	0	1	0	0	0
1	0	1	0	0	0	0	0	1
1	0	1	1	1	0	0	0	1
1	1	0	0	1	0	1	0	0
1	1	0	1	0	0	0	1	0
1	1	1	0	1	0	0	0	1
1	1	1	1	0	0	0	1	1

（4）根据状态表画状态图，如图 5-23 所示。

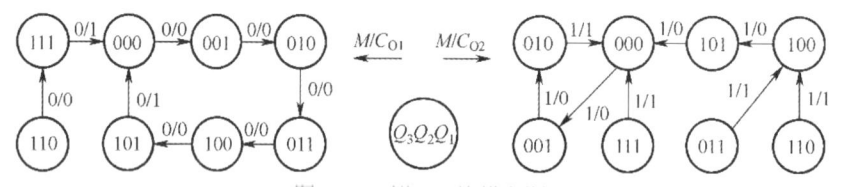

图 5-23　例 5-3 的状态图

（5）判断逻辑功能。由以上分析可知，当控制信号 $M=0$ 时，计数器按模 6 计数，能自启动；当 $M=1$ 时，计数器按模 3 计数，能自启动。所以，该电路是一个可控变模自启动计数器。

-💡-应用实例

计数器用途十分广泛，不仅可以定时、计数，也可以测量脉冲频率、周期，还可以构成节拍脉冲发生器等。

1．测量脉冲频率、周期

测量脉冲频率的电路如图 5-24 所示。测量前先将计数器清零，然后将被测信号和取样脉冲一起加到受控门 G 上。在 $t_1 \sim t_2$ 期间，取样脉冲为正，G 开通并输出被测信号的脉冲，此脉冲由计数器计数，计数值就是 $t_1 \sim t_2$ 期间被测信号的脉冲个数 N，由此可求得被测信号的脉冲频率为

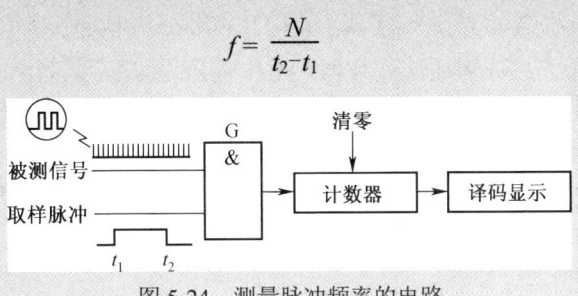

$$f = \frac{N}{t_2 - t_1}$$

图 5-24 测量脉冲频率的电路

将上述测量脉冲频率的电路稍加改动，便可用来测量脉冲周期，如图 5-25 所示。将基准频率为 1MHz 的脉冲信号经 G 加到计数器输入端，在时间间隔 T_x 内，计数器对基准脉冲信号计数，$T_x = N/f = N$（μs），即计数显示数值就是以 μs 为单位的脉冲周期 T_x。例如，脉冲周期为 1280μs，则计数显示数值为 1280。

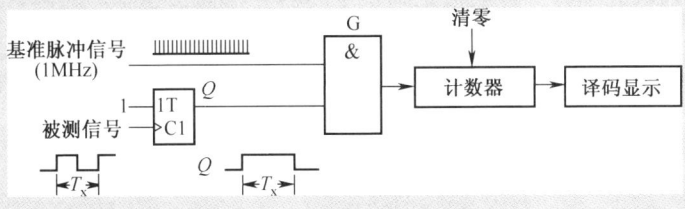

图 5-25 测量脉冲周期的电路

2. 构成节拍脉冲发生器

节拍脉冲是指一组在时间上有先后顺序的脉冲，又称顺序信号，主要用来控制某些部件按照规定顺序完成一系列操作和运算。节拍脉冲发生器又称顺序脉冲发生器或脉冲分配器，一般由计数器和译码器组成。

图 5-26（a）所示为四节拍负脉冲发生器的逻辑图，只要在计数器输入端加入 CP，便可以在 $Y_1 \sim Y_4$ 端依次输出负脉冲信号，如图 5-26（b）所示。

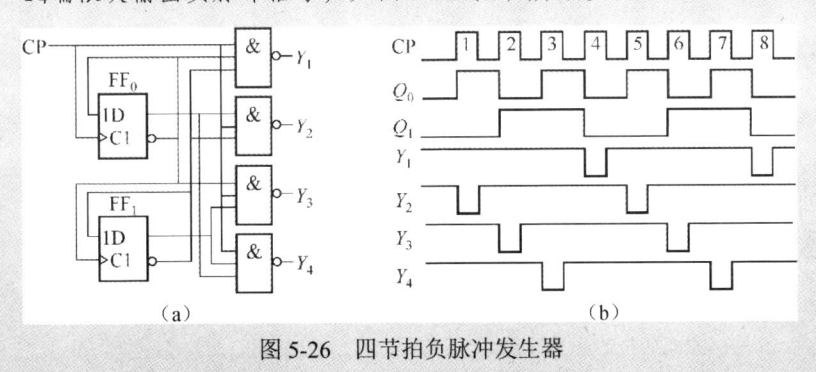

图 5-26 四节拍负脉冲发生器

📄 **思考与练习**

1. 什么是计数器，它有哪些主要功能？
2. 什么是同步计数器和异步计数器？它们各自的特点是什么？
3. 假设有一个 4 位二进制加法计数器，进位输出是 C_O，试列出其状态表。
4. 在图 5-4（b）中，$Q_{11}Q_{10}Q_9Q_8Q_7Q_6Q_5Q_4Q_3Q_2Q_1Q_0$=101001011111，试分析当下一个 CP 到来时计数器的工作情况。
5. 用两块 74HC162 构成十二进制计数器。要求：用两种方案实现。
6. 当欲构成的计数器的模 N<集成计数器的进制 M 时，是否可以用集成计数器的行波脉冲作为复位信号来构造计数器？

5.2 寄存器

在数字系统中，常常需要将数码、运算结果或指令信息（这些信息是用二进制码表示的）暂时存放起来。能够暂时存放数据和指令的器件称为寄存器。触发器就是最简单的寄存器，它能存放 1 位二进制码。k 个触发器能够存放 k 位二进制码。

寄存器由触发器和门电路组成，种类很多，按功能分为数码寄存器和移位寄存器两类。

5.2.1 数码寄存器

暂时存放二进制数码的寄存器称为数码寄存器。图 5-27 所示为双拍接收式 4 位数码寄存器，由基本 RS 触发器和控制门组成。D_i（i=1, 2, 3, 4）是数码输入端，Q_i（i=1, 2, 3, 4）是数码输出端。寄存分为两步，即双拍：首先清零，即用置 0 信号使所有触发器置 0。然后用接收脉冲将控制门打开，若输入 1，则控制门输出低电平，将对应触发器置 1；若输入 0，则控制门输出高电平，触发器保持初态不变。例如，输入 $D_4D_3D_2D_1$=1101，则 $G_4G_3G_2G_1$ 输出为 0010，而触发器被置成 $Q_4Q_3Q_2Q_1$=1101，并存放起来。

图 5-28 所示为四 D 触发器 74LS175，可作为单拍接收式数码寄存器使用。单拍接收式数码寄存器不需要清零，当接收脉冲到来时即可将数码存入。例如，输入 $D_4D_3D_2D_1$=1101，则触发器直接置成 $Q_4Q_3Q_2Q_1$=1101。

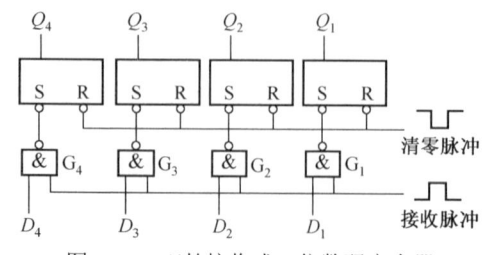

图 5-27 双拍接收式 4 位数码寄存器

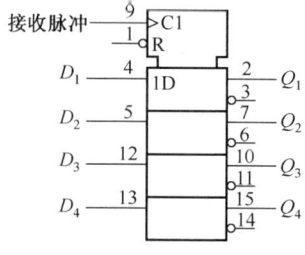

图 5-28 四 D 触发器 74LS175

同双拍接收式数码寄存器相比，单拍接收式数码寄存器速度快，但内部电路稍复杂。

应用实例

1. 累加器

数码寄存器的应用十分广泛，最典型的是累加器。累加器是指能够连续进行多次运算的电路。无论是哪一种电子设备，只要有 CPU，就一定有累加器，也就是说累加器是 CPU 的一个重要组成部分。图 5-29 所示为累加器的结构框图，由寄存器（称为累加寄存器）和组合逻辑电路组成。若组合逻辑电路是加法器，则该累加器能实现多个数据的相加求和。累加之前，将累加寄存器清零，即 $A=0$。送入第一个数据 B_1，第一个求和命令（CP）把 A 加 B_1 之和送到累加寄存器，由于 $A=0$，所以第一次求和结果是将 B_1 送入累加寄存器，并且使 $A=B_1$。再送入第二个数据 B_2，第二个求和命令将原存于累加寄存器的数据 B_1（A）与第二个数据 B_2 相加的和送入累加寄存器。再送入第三个数据 B_3，依次类推，累加过程一直继续到加完所有应该相加的数据。

如果图 5-29（a）中的组合逻辑电路不是加法器，而是 ALU，如图 5-29（b）所示，习惯上也将其称为累加器。在控制信号作用下，电路能够实现算术累加运算、逻辑累加运算，以及算术和逻辑混合的多功能累加运算。

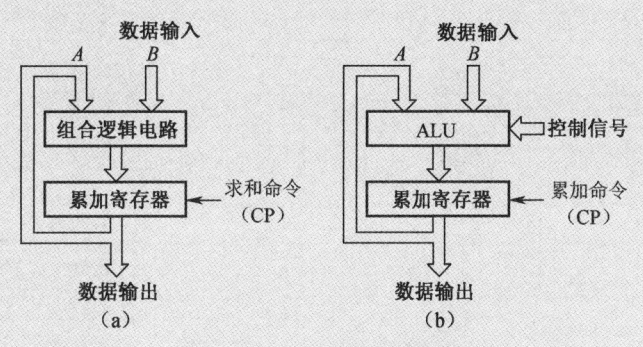

图 5-29 累加器的结构框图

2. 程序分频器

程序分频器的作用就是将输入脉冲信号，按预定程序进行分频输出，以得到不同频率的矩形波。程序分频器主要用于移动通信设备，如手机、收发信机等。图 5-30 所示为由寄存器 74HC175、计数器 74HC161、多路开关 74HC151 组成的程序分频器。74HC161 是模 16 计数器，其功能表如表 5-11 所示。在图 5-30 中，用 74HC161①、②实现脉冲信号分频，74HC175 和 74HC151 实现对输出分频信号频率范围及频率微调的控制，只要改变寄存器数据输入信号即分频控制信号 $X_0 \sim X_6$，使其按预定程序变化，就能将脉冲信号按程序要求进行分频输出。例如，当 $X_6X_5X_4X_3X_2X_1X_0=0110111$ 时，$X_2X_1X_0=111$ 将使 74HC151 选定第"111"路，即第"7"路 10kHz 信号传输，由于 $X_6X_5X_4X_3=0110$，所以 74HC161③ 为十分频器，因此，输出信号 Y 的频率是 1kHz。

图 5-30 程序分频器

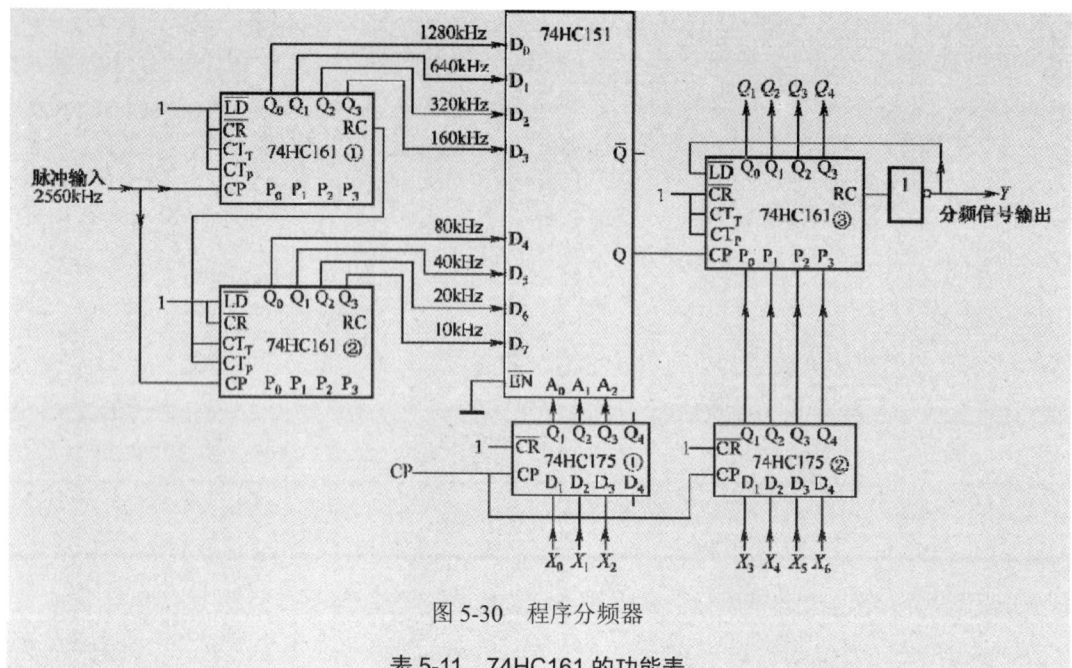

表 5-11 74HC161 的功能表

CP	$\overline{CR}$	$\overline{LD}$	CT_T	CT_P	操作	逻辑符号
×	0	×	×	×	异步清零	
↑	1	0	×	×	同步预置数	
↑	1	1	1	1	加计数	
×	1	1	0	×	保持	
×	1	1	×	0	保持	

5.2.2 移位寄存器

移位寄存器简称移存器，它能在移位脉冲的作用下，使寄存的数码逐位左移或右移。

1. 单向移存器

图 5-31（a）所示为 4 位左移移存器，各触发器的 CP 端连在一起，作为移位脉冲的输入端，$D_0 = D_{SL}$ 为数据串行输入端，其余各触发器数据输入 $D_i = Q_{i-1}$。必须注意，构成移存器的触发器不能有空翻现象。

移存器使用前先清零，然后输入数据。设输入为 1011，当第 1 个移位脉冲到来时，第 1 位数码进入触发器 FF_0，当第 2 个移位脉冲到来时，第 2 位数码进入 FF_0，同时 FF_0 的数码移入 FF_1，依次类推，这样，在移位脉冲的作用下，数码由右向左依次输入移存器。当加入 4 个移位脉冲后，1011 四位数码恰好全部输入移存器，这时可从 4 个触发器的 Q 端得到并行输出数据。若需要串行输出数据，则将 Q_3 作为输出端，加入 4 个移位脉冲，Q_3 端将依次输出 1011 串行信号，如图 5-31（b）所示。

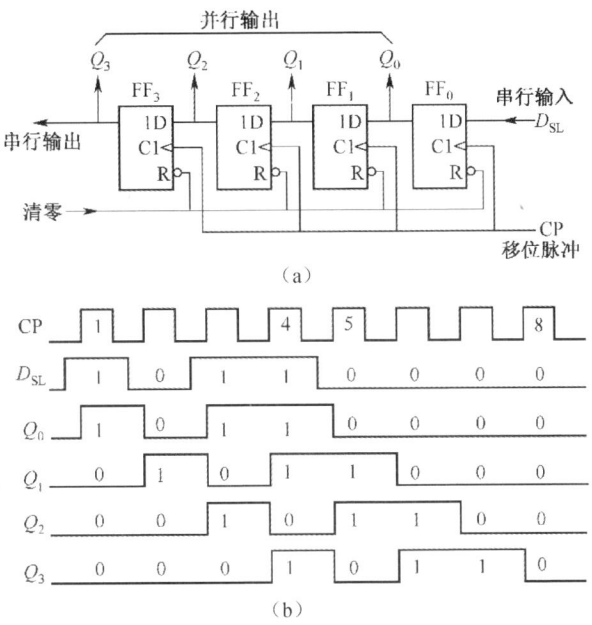

图 5-31 4 位左移移存器及其输出波形

右移移存器与左移移存器的工作原理相同，只是数码移动的方向相反。

2．双向移存器

双向移存器能够左移或右移所存数码。74HC194 是 4 位双向通用移存器，其逻辑符号如图 5-32 所示，功能表如表 5-12 所示。该电路具有异步清零功能，清零信号 $\overline{CR}$ 低电平有效，即当 $\overline{CR}=0$ 时，输出 $Q_0 \sim Q_3$ 立即置 0。进行寄存或移位工作时，$\overline{CR}=1$。M_1、M_0 为工作方式控制端，使电路能够选择 4 种工作方式（表示为 $M\frac{0}{3}$，即 M0～M3）：当 $M_1M_0=11$ 即 M3 工作方式时，并行送数，在 CP 上升沿作用下，数码由 $D_3 \sim D_0$ 端并行送入移存器；当 $M_1M_0=10$ 即 M2 工作方式时，电路执行左移操作，数码由 D_{SL} 端串行输入，在 CP 上升沿作用下，数码逐位左移（图 5-32 中为自底向顶），这时可在 $Q_0 \sim Q_3$ 端并行输出，也可在 Q_3 端串行输出；当 $M_1M_0=01$ 即 M1 工作方式时，电路执行右移操作，数码由 D_{SR} 端串行输入，可选择并行输出，也可选择串行输出，串行输出端为 Q_0；当 $M_1M_0=00$ 即 M0 工作方式时，$Q_i^{n+1}=Q_i^n$（$i=0,1,2,3$），即移存器寄存数据保持初态不变。由上述内容可知，74HC194 具有异步清零、左/右移数码、串/并行输入、串/并行输出、保持等功能。

表 5-13 列出了若干集成寄存器、锁存器、移存器，方便查阅使用。

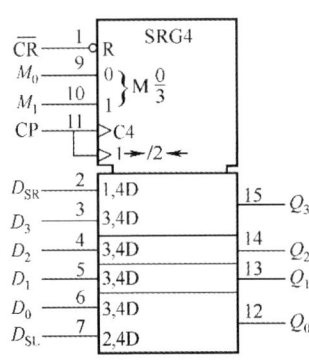

图 5-32 74HC194 的逻辑符号

表 5-13　集成寄存器、锁存器、移存器

型号	名称及功能
174	六上升沿 D 触发器（公共时钟和清零）
363	八 D 锁存器（带"使能输出"端）
364	八 D 触发器（公共时钟）
4508，14508	双 4 位锁存器（三态）
573	8 位锁存器（三态）
91	8 位串行输入/串行输出移存器
164	8 位串行输入/并行输出移存器
166	8 位串、并行输入/串行输出移存器
194	并行存取 4 位双向通用移存器
195	并行存取，$J\overline{K}$ 串入 4 位双向通用移存器
395	4 位移存器（三态输出）
170	4×4 寄存器阵（OC）
670	4×4 寄存器阵（三态输出）

表 5-12　74HC194 的功能表

$\overline{CR}$	M_1	M_0	CP	功能
0	×	×	×	异步清零。Q_i 全为 0
1	0	0	↑	保持当前状态。$Q_i^{n+1}=Q_i^n$
1	0	1	↑	串入、右移。$Q_3=D_{SR}$，$Q_{i-1}^{n+1}=Q_i^n$
1	1	0	↑	串入、左移。$Q_0=D_{SL}$，$Q_{i+1}^{n+1}=Q_i^n$
1	1	1	↑	并行输入。$Q_i=D_i$

应用实例

移存器可用于延迟、移位寄存、数据串/并行转换等。

1. 串行加法器

图 5-33 所示为利用移存器的移位寄存作用构成的串行加法器。图中，移存器 A 和 B 分别用来寄存被加数和加数，D 触发器用来寄存进位信号。运算时从最低位开始逐位相加至最高位，故称为串行加法器。设开始运算前已将被加数和加数分别存入移存器 A 和 B，如图 5-34（a）所示的 0101 和 0111 的初态。这时 D 触发器的初始值为 0；移存器 A 和 B 的最低位 $A_1=1$，$B_1=1$，$C_1=0$ 送入全加器相加，得和数 $S_1=0$，进位 $C_2=1$。

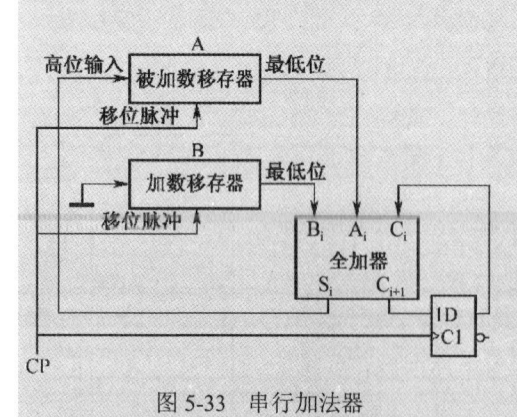

（1）送入第 1 个 CP 后，A、B 数据右移，S_1 送入 A 最高位存放，C_2 送入 D 触发器存放，作为下次相加的低位进位。

移存器 A 和 B 的最低位现在变为 $A_2=0$，$B_2=1$，进位 $C_2=1$，送入全加器相加后输出 $S_2=0$，$C_3=1$，如图 5-34（b）所示。

（2）送入第 2 个 CP 后，A、B 数据再次右移，S_2 送入 A 最高位，S_1 右移到次高位，C_3 送入 D 触发器存放，如图 5-34（c）所示。

……

图 5-33　串行加法器

经过 4 个 CP 周期加法运算完成，移存器 A 存入了所要求的和 1100，最终的进位存入 D 触发器，如图 5-34（e）所示。

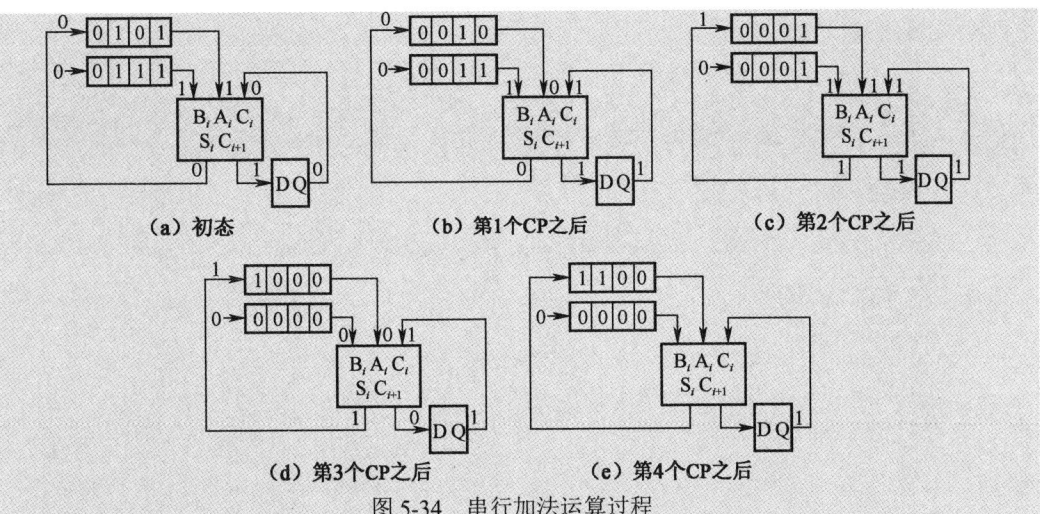

(a) 初态   (b) 第1个CP之后   (c) 第2个CP之后

(d) 第3个CP之后   (e) 第4个CP之后

图 5-34 串行加法运算过程

2．汽车尾灯控制电路

由双向移存器 74194 构成的汽车尾灯控制电路如图 5-35 所示，用 6 个尾灯（左右各 3 个，分别用发光二极管 $L_1 \sim L_3$ 和 $R_1 \sim R_3$ 表示）的状态来表示汽车的 5 种状态，分别为刹车、左转、右转、故障和正常行驶。正常行驶时，6 个尾灯全灭；左转时，左边 3 个尾灯持续从右至左顺序亮灭；右转时，右边 3 个尾灯持续从左至右顺序亮灭；故障时，6 个尾灯一起亮灭闪烁；刹车时，6 个尾灯全亮。

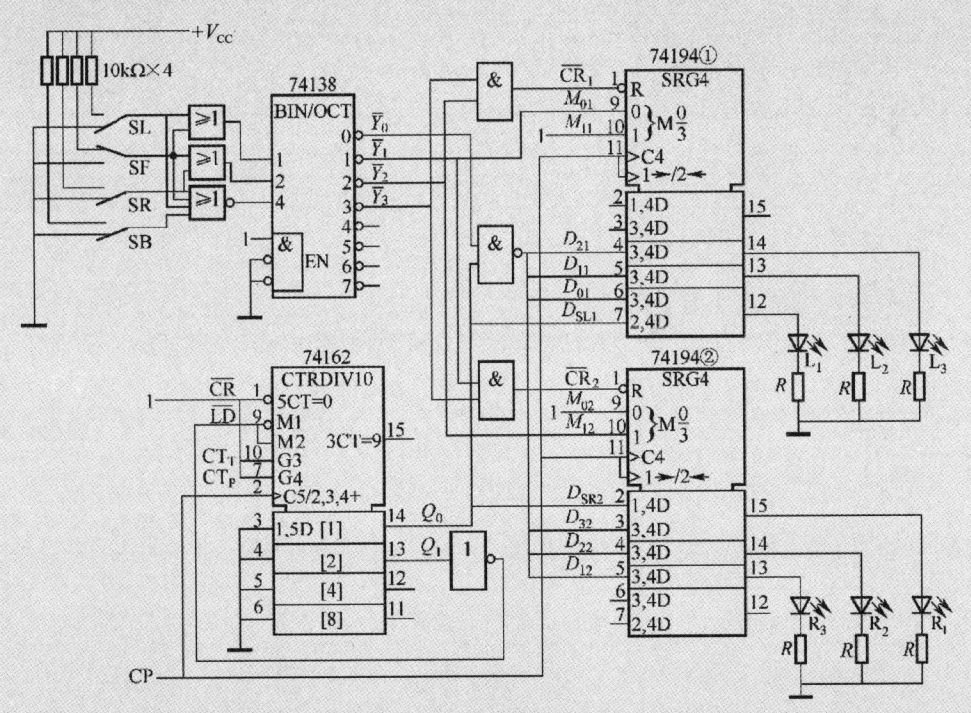

图 5-35 汽车尾灯控制电路

SL、SR 分别为左、右转向开关，SF 为故障停车开关，SB 为刹车开关。

计数器 74162 构成三进制计数器，Q_1Q_0 的状态依次为 $00 \rightarrow 01 \rightarrow 10 \rightarrow 00$，因此 Q_0 的变

化规律为 0→0→1→0→0→1→…

在图 5-35 中，$\overline{CR_1}=\overline{Y_2}\,\overline{Y_3}$，$M_{11}=1$，$M_{01}=\overline{Y_1}$，$D_{01}=D_{11}=D_{21}=\overline{Y_0}Q_0$，$D_{SL1}=Q_0$；$\overline{CR_2}=\overline{Y_1}\,\overline{Y_3}$，$M_{12}=\overline{Y_2}$，$M_{02}=1$，$D_{12}=D_{22}=D_{32}=\overline{Y_0}Q_0$，$D_{SR2}=Q_0$。由此可列出汽车运行状态与尾灯显示状态对应表，如表 5-14 所示。

表 5-14 汽车运行状态与尾灯显示状态对应表

运行	SB	SL	SR	SF	$\overline{Y_0}$	$\overline{Y_1}$	$\overline{Y_2}$	$\overline{Y_3}$	$\overline{CR_1}$	M_{11}	M_{01}	$\overline{CR_2}$	M_{12}	M_{02}	74194①	74194②	尾灯显示
刹车	1	0	0	0	0	1	1	1	1	1	1	1	1	1	置数 $D_{01}=D_{11}=D_{21}=1$	置数 $D_{12}=D_{22}=D_{32}=1$	6 个尾灯全亮
左转	0	1	0	0	1	0	1	1	1	1	0	0	1	1	左移，$D_{SL1}=Q_0$	置 0	左边 3 个尾灯持续从右至左顺序亮灭；右边 3 个尾灯全灭
右转	0	0	1	0	1	1	0	1	0	1	1	1	0	1	置 0	右移，$D_{SR2}=Q_0$	右边 3 个尾灯持续从左至右顺序亮灭；左边 3 个尾灯全灭
正常行驶	0	0	0	1	1	1	1	0	0	1	1	0	1	1	置 0	置 0	6 个尾灯全灭
故障	0	0	0	0	1	1	1	1	1	1	1	1	1	1	置数 $D_{01}=D_{11}=D_{21}=\overline{Q_0}$	置数 $D_{12}=D_{22}=D_{32}=\overline{Q_0}$	6 个尾灯一起亮灭闪烁，亮为 2 个 CP 周期长，灭为 1 个 CP 周期长

思考与练习

1．寄存器的功能是什么？

2．图 5-28 中的四 D 触发器 74LS175 作为单拍接收式数码寄存器使用时，清零端应怎样处置？

3．如果利用图 5-31 的 4 位移存器进行脉冲延时，请计算其最小延迟时间和最大延迟时间。设移位脉冲频率为 1kHz。

4．在图 5-35 中，禁止两个或两个以上开关同时动作，否则会出现错误。请改进电路，设置刹车操作为最高级，故障操作为次高级，左/右转操作可以使用同一开关，正常行驶操作为最低级。

5．试利用已学过的数字集成电路模块，完成乘法运算。

5.3 移存型计数器

利用移存器构成的计数器称为移存型计数器。与二进制计数器不同，移存型计数器不是按二进制的计数顺序进行计数的,而仅是一种具有循环状态图的时序电路,主要用于多种控制领域。常用的移存型计数器有 3 种类型:环形计数器、扭环形计数器和最大长度移存型计数器。它们都是同步计数器。

5.3.1 环形计数器

图 5-36 所示为 4 位环形计数器,由单向移存器串行输出端与输入端连在一起构成。若要构成 k 位环形计数器,只需把 Q_k 端(k=1,2,3,4)接到 D_1 端。

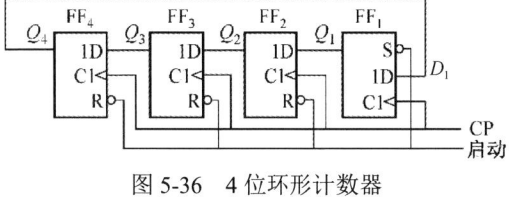

工作时,启动脉冲使计数器处于初态 $Q_4Q_3Q_2Q_1$=0001。此后,在 CP 的作用下,计数器按 0001→0010→0100→1000→0001 规律循环。这 4 种状态为有效状态,其余 12 种状态均为无效状态,其状态图如图 5-37(a)所示。可见,环形计数器不能自启动。

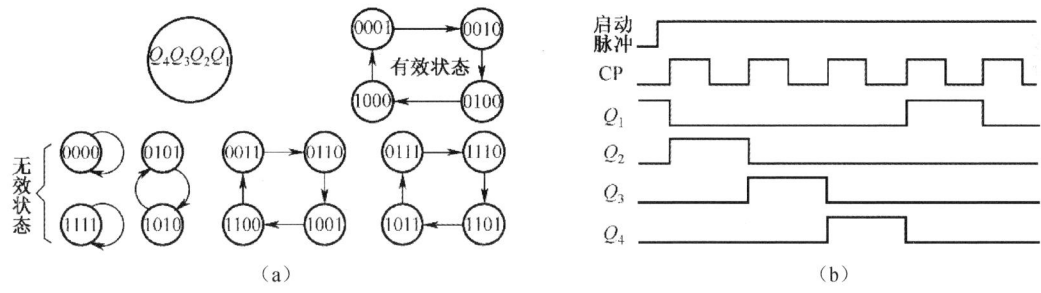

图 5-36 4 位环形计数器

图 5-37 环形计数器的状态图及波形

环形计数器的波形如图 5-37(b)所示,其特点是在 CP 的连续作用下,各触发器 Q 端轮流输出正脉冲信号。

环形计数器的缺点是所用触发器数目多。组成 k 状态计数器就需要 k 个触发器,且有 (2^k-k) 个状态未被利用。

-💡-**应用实例**

图 5-38 所示为由环形计数器构成的 4 色 2 路 4 灯霓虹灯电路。限流电阻 R 使用排阻。

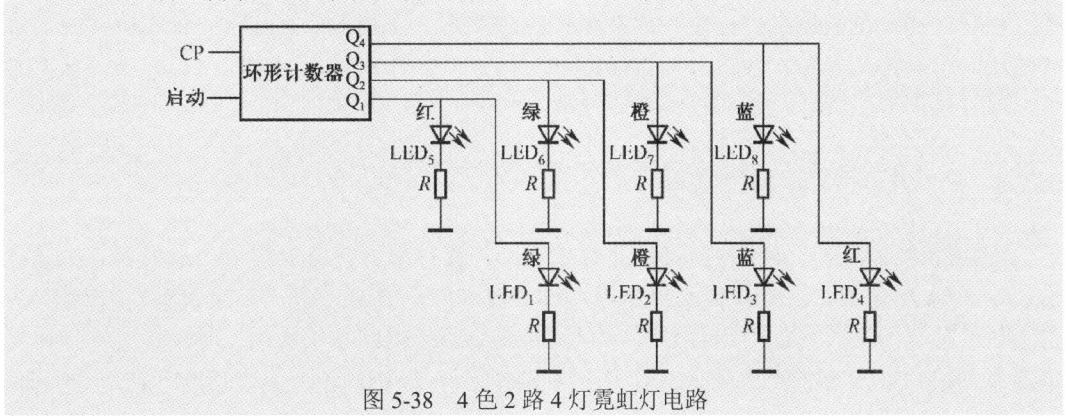

图 5-38 4 色 2 路 4 灯霓虹灯电路

5.3.2 扭环形计数器

扭环形计数器是把单向移存器最后一级 $\overline{Q}$ 端与第一级输入端相连构成的。4 位扭环形计数器如图 5-39 所示。工作时首先将计数器置为全 0 状态，然后加入 CP 便可计数，其状态图如图 5-40 所示。该计数器有 8 个有效状态和 8 个无效状态，不能自启动。

图 5-39　4 位扭环形计数器

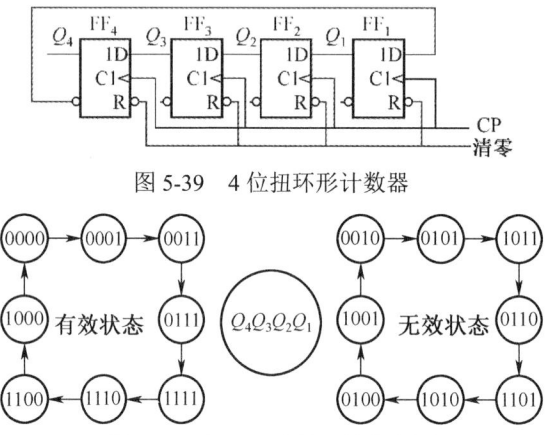

图 5-40　扭环形计数器的状态图

图 5-41（a）所示为能自启动的 4 位扭环形计数器的逻辑图，其状态图如图 5-41（b）所示。

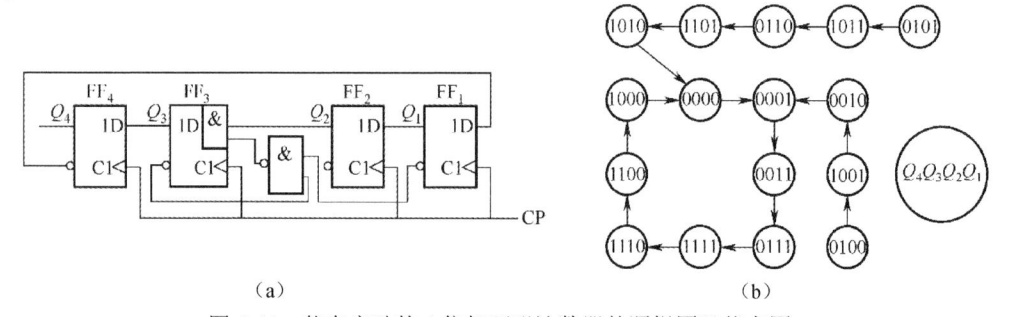

图 5-41　能自启动的 4 位扭环形计数器的逻辑图及状态图

扭环形计数器的特点：计数顺序按循环码顺序进行，相邻码之间仅一位不同，对其译码输出时不会产生冒险。缺点是所用触发器数目多，与环形计数器相比，虽然有效状态数提高了一倍，但仍有(2^k-2k)个状态未被利用。

5.3.3 最大长度移存型计数器

移存型计数器的有效状态数又称计数长度。若移存型计数器中有 k 个触发器，则当计数长度达到(2^k-1)时，称为最大长度移存型计数器（除全 0 状态外，其余状态均被利用）。最大长度移存型计数器是由 k 位单向移存器引入异或反馈网络构成的，其反馈既有规律又很简单，按表 5-15 所提供的反馈表达式连接电路，就可以构成 k 位最大长度移存型计数器。

例如，$k=3$ 时，反馈表达式 $D_1=Q_2 \oplus Q_3$，按此式构成的 3 位最大长度移存型计数器如

图 5-42 所示。该电路不能自启动，全 0 作为无效状态构成无效循环。

按表 5-15 所给的反馈表达式组成的计数器都不能自启动。若要计数器能自启动，只需在各反馈表达式后加一个与项 $\overline{Q_1}\overline{Q_2}\cdots\overline{Q_k}$。图 5-43 所示为能自启动的 3 位最大长度移存型计数器，其反馈表达式为 $D_1=Q_2 \oplus Q_3+\overline{Q_1}\overline{Q_2}\overline{Q_3}$。

表 5-15 最大长度移存型计数器反馈表达式

移存器位数 k	反馈表达式 D_1
3	$Q_2 \oplus Q_3$
4	$Q_1 \oplus Q_4$
5	$Q_3 \oplus Q_5$
6	$Q_5 \oplus Q_6$
7	$Q_1 \oplus Q_7$
8	$Q_2 \oplus Q_3 \oplus Q_4 \oplus Q_8$
9	$Q_5 \oplus Q_9$
10	$Q_7 \oplus Q_{10}$
11	$Q_9 \oplus Q_{11}$
12	$Q_6 \oplus Q_8 \oplus Q_{11} \oplus Q_{12}$
13	$Q_9 \oplus Q_{10} \oplus Q_{12} \oplus Q_{13}$
14	$Q_9 \oplus Q_{11} \oplus Q_{13} \oplus Q_{14}$

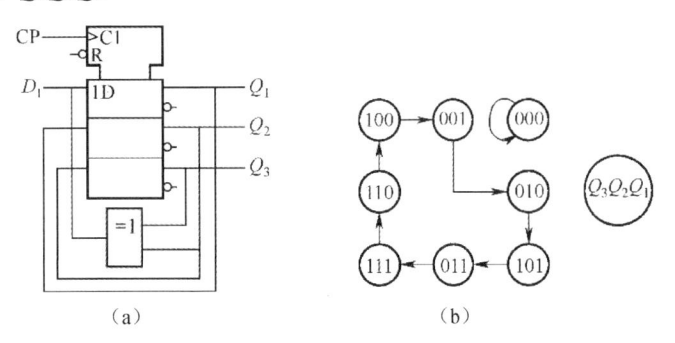

图 5-42 3 位最大长度移存型计数器（不能自启动）

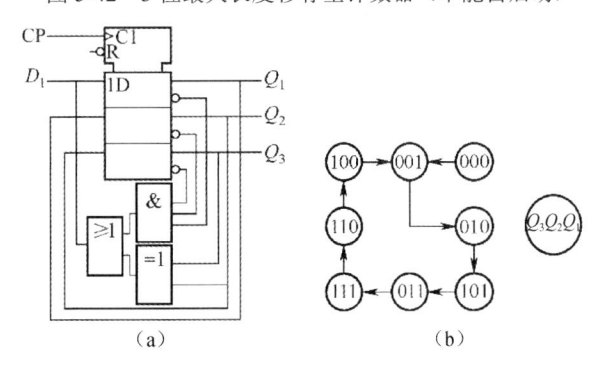

图 5-43 3 位最大长度移存型计数器（能自启动）

思考与练习

1. 在图 5-38 中，如果环形计数器采用 TTL 门电路，LED 的工作电流为 1.5～3mA，试确定电阻 R 的值。
2. 用环形计数器构成 6 色 4 路 12 灯霓虹灯电路，画出接线图，并确定电阻 R 的值。
3. 扭环形计数器的输出信号有什么特点？
4. 试设计几种不同闪烁方案的霓虹灯电路。

小结

1. 时序电路的特点是任意时刻的输出信号不仅取决于该时刻的输入信号，还与前一时刻的电路状态有关。这是时序电路与组合逻辑电路的主要区别。在结构上，时序电路一定含有存储电路。

2. 时序电路的分析依据是输出方程、状态方程和驱动方程。时序电路的功能可以用状态方程、状态表、状态图描述。

3. 最常用的时序逻辑器件是计数器、寄存器。利用计数器、寄存器的控制端，能够对其功能进行扩展，并可组成具有其他功能的时序电路，如节拍脉冲发生器、累加器、程序分频器等。因此，要特别注意掌握各控制端的作用及功能扩展方法。

实验与技能训练

实验8. 计数器

1. 实验目的

进一步熟悉计数器的功能，掌握集成计数器的使用方法、功能扩展方法。

2. 实验用设备、器件

数字电路通用实验仪，万用表，74LS00、74LS160A/161A。74LS160A/161A 功能与引脚排列同 74HC160/161。

3. 实验内容

（1）计数器功能测试。

对 74LS160A/161A 进行功能测试，并将结果填入表 5-16。

表 5-16　74LS160A/161A 的功能表

74LS160A						74LS161A					
CP	$\overline{CR}$	$\overline{LD}$	CT_T	CT_P	功能	CP	$\overline{CR}$	$\overline{LD}$	CT_T	CT_P	功能
×	0	×	×	×		×	0	×	×	×	
↑	1	0	×	×		↑	1	0	×	×	
↑	1	1	1	1		↑	1	1	1	1	
×	1	1	0	×		×	1	1	0	×	
×	1	1	×	0		×	1	1	×	0	

（2）用两块 74LS160A 与 74LS00 构成六十进制计数器，如图 5-44 所示，测试计数器功能，并将结果列成表格。

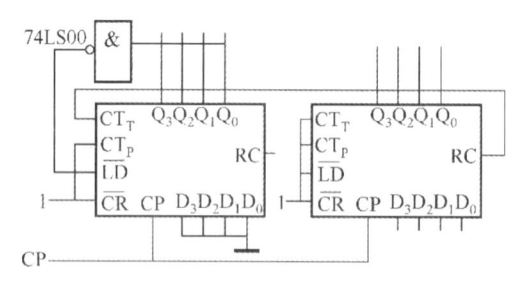

图 5-44　74LS160A 与 74LS00 构成的六十进制计数器

（3）用 74LS160A 和 74LS00 构成十二进制计数器，画出接线图，测试计数器功能，并将结果列成表格。

实验9. 寄存器及应用

1. 实验目的
掌握寄存器、移存器的使用方法。

2. 实验用设备、器件
数字电路通用实验仪、双踪示波器、万用表，74LS00、74LS194、74LS373。

74LS373 为八 D 锁存器（3S、公共控制），其逻辑符号如图 5-45 所示。74LS194 功能与引脚排列同 74HC194。

3. 实验内容

（1）寄存器用于总线驱动。

用两块 74LS373 与 74LS00 构成双向总线驱动器，如图 5-46 所示，其中，C 接逻辑开关；CP_1 或 CP_2 接单次脉冲；数据总线做输入时接逻辑开关，做输出时接电平指示灯。

拟定 4 组由 A 向 B 方向的传输数据及 4 组由 B 向 A 方向的传输数据，制成表格。验证电路功能。

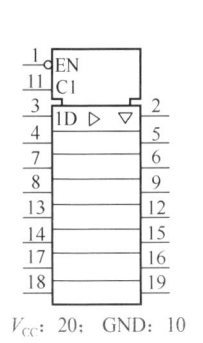

图 5-45 74LS373 的逻辑符号

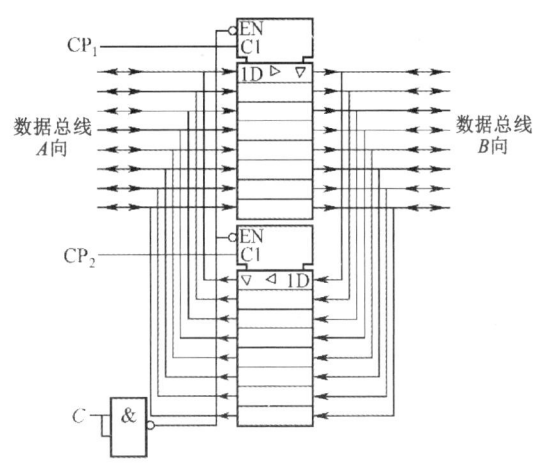

图 5-46 74LS373 与 74LS00 构成的双向总线驱动器

（2）验证 74LS194 的功能。

自拟 74LS194 的功能表，并将测试结果填入表格。

（3）74LS194 实现数据串/并行转换。

用两块 74LS194 构成 8 位移存器，如图 5-47 所示。

①选择下列几组数码，作为右移及左移数码输入，观察并记录移存器串/并行输出状态，将结果填入自拟表格：

10011001；00111011；10101010；11101101

②选择下列几组数码，作为并行数码输入，观察并记录移存器串/并行输出状态，将结果填入自拟表格：

01010101；11001100；00110011；11101101

(4) 移存器做分频器。

74LS194 与 74LS00 构成的三分频器如图 5-48 所示。接通电源后，首先必须在 $\overline{CR}$ 端加单脉冲，电路才能进入分频工作。用双踪示波器观测 CP 及 Q_0 的波形，记录结果，并根据结果求分频数。

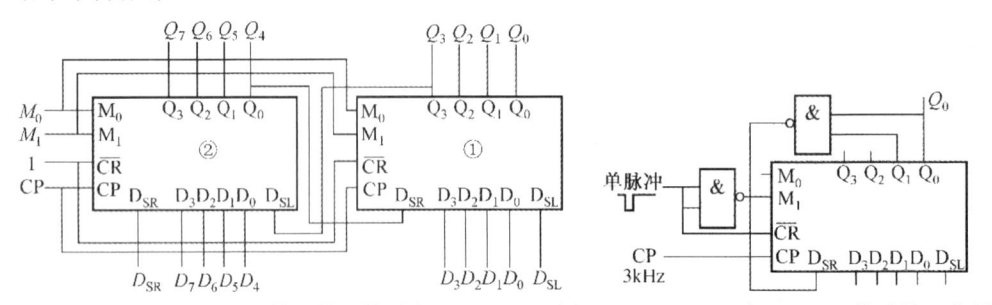

图 5-47　74LS194 构成的 8 位移存器　　　　图 5-48　74LS194 与 74LS00 构成的三分频器

实验 10. 综合实验——动态扫描显示电路

1. 实验目的

通过实验，培养运用理论知识指导实践的能力、综合使用各种逻辑功能器件的能力。

在显示多位数码时，采用动态扫描显示，可以减少译码器数量及内部连线。4 位动态扫描显示电路如图 5-49 所示。

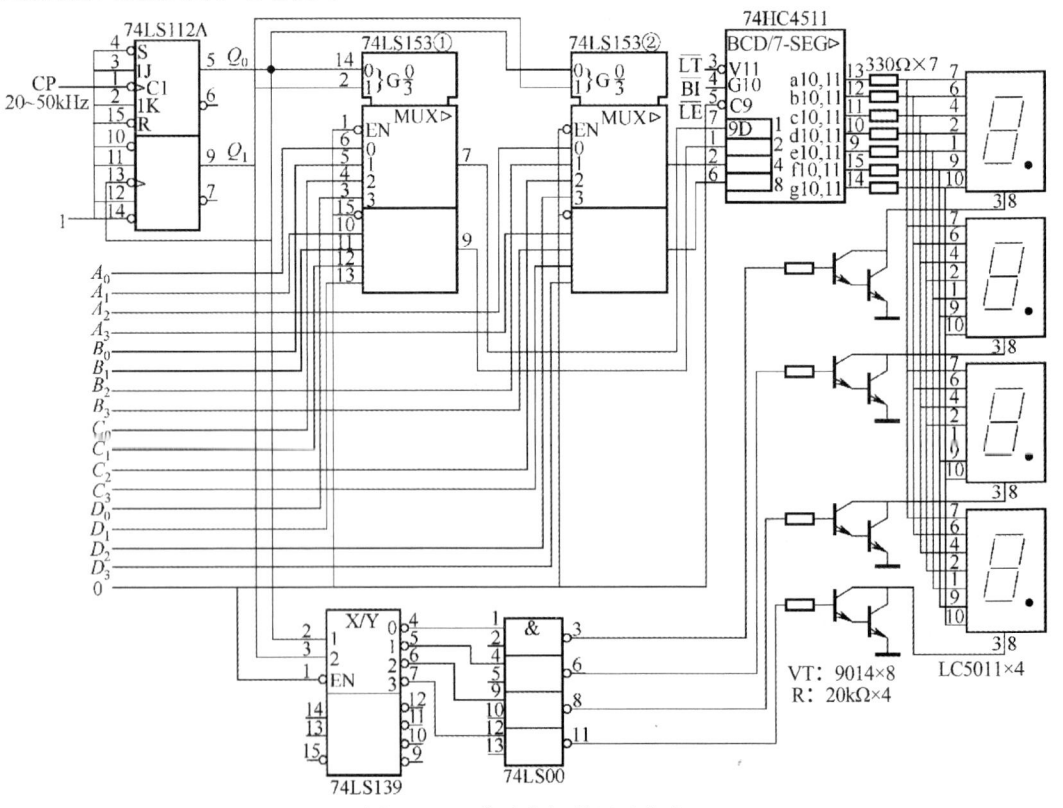

图 5-49　4 位动态扫描显示电路

译码器采用 74HC4511。74HC4511 是 BCD-七段译码器/驱动器（锁存输出），$\overline{BI}$为灭灯输入端，$\overline{LT}$为试灯输入端，$\overline{LE}$为锁存允许端。由逻辑符号可见，$\overline{LE}$低电平有效，即$\overline{LE}=0$时，锁存器接收输入数据；$\overline{LE}=1$时，输入数据被锁存。输出为高电平有效，因此，74HC4511能够驱动共阴极显示器件 LC5011。

74LS153①、②构成 4 路 4 选 1 数据选择器，在地址信号控制下，将 4 路数据 A_i、B_i、C_i、D_i（$i=0, 1, 2, 3$）依次串行送入 74HC4511 输入端。

双 JK 触发器 74LS112A 接成 2 位二进制加法计数器，计数器输出信号 Q_1Q_0 作为 74LS153 的地址信号使用。

74LS139 使用其中一个 2-4 线译码器，与计数器 74LS112A 构成节拍脉冲发生器。74LS139 对 Q_1Q_0 译码，输出顺序脉冲，通过 74LS00 控制 4 路达林顿晶体管：当达林顿晶体管基极为高电平时，晶体管导通，相应一路数码管公共端接地，数码管能够发光；当达林顿晶体管基极为低电平时，晶体管截止，数码管公共端与地断开，数码管不能发光。

2．实验要求

（1）分析电路工作原理，确定电路各部分功能。
（2）确定实验用设备、器件，准备需要使用的资料。
（3）查阅器件手册，确定所用芯片的引脚排列，列出功能表。
（4）拟定实验用表格，并提出实验注意事项。
（5）连接电路，测试并记录结果。
（6）将 CP 频率降低为 400Hz，观察数码管显示有何变化。
（7）总结实验过程，并设计 6 位动态扫描显示电路，以备后用。

实验 11．综合实验——示波器多踪显示接口电路

1．实验目的

培养综合使用各种器件的能力，使用各种实验设备的能力。

示波器 4 路显示接口电路如图 5-50 所示，其中 74HC4052 与 CF741 采用双电源+5V、-5V 供电。74HC4052 的 V_{DD}（第 16 脚）接+5V，V_{SS}（第 7 脚）接-5V，GND（第 8 脚）接地。集成运放 CF741 的引脚排列如图 5-51 所示。

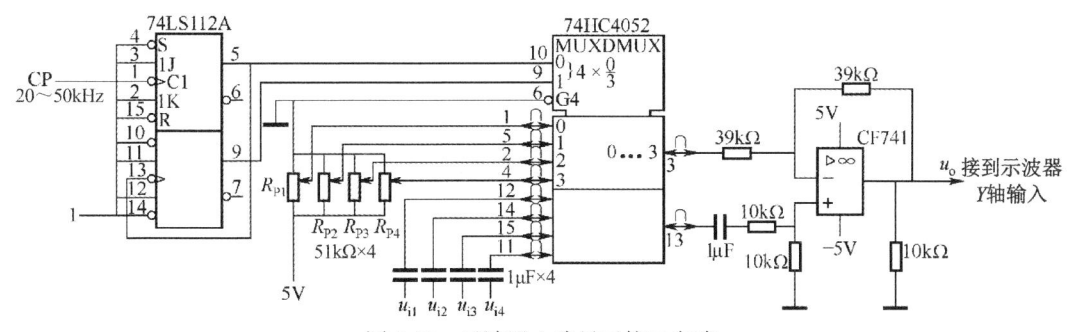

图 5-50 示波器 4 路显示接口电路

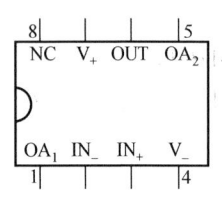

图 5-51 集成运放 CF741 的引脚排列

2. 实验要求

（1）分析电路工作原理，确定电路各部分功能。
（2）确定实验用设备、器件，准备需要用的资料。
（3）拟定实验用表格，并提出实验注意事项。
（4）连接电路，测试并记录结果。按以下步骤进行测试。

① 不接入 $u_{i1} \sim u_{i4}$，调节 $R_{P1} \sim R_{P4}$，在示波器上显示 4 条水平亮线。
② 将 $u_{i1} \sim u_{i4}$ 连接在一起，输入 500Hz、0.5V 的正弦信号，观察显示波形。
③ 在 $u_{i1} \sim u_{i4}$ 输入相同频率的不同波形进行显示。
④ 在 $u_{i1} \sim u_{i4}$ 输入不同频率的波形进行显示。选择 u_{i1}、u_{i2}、u_{i3}、u_{i4} 分别为 500Hz、1kHz、2kHz、4kHz 矩形波。

（5）总结实验过程。

目标检测 5

一、填空题

1．时序电路的特点是_____。时序电路分为_____和_____两大类，前者的特点是_____，后者的特点是_____。
2．节拍脉冲发生器的功能是_____。
3．计数器的自启动功能又称自校正功能，它是指_____。
4．k 位二进制计数器的最大进位模是_____，能累计的最大数是_____，最大分频数是_____。

二、单项选择题

1．组合逻辑电路与时序电路的主要区别是____。
　　A．任意时刻的输出信号与前一时刻的电路状态是否有关
　　B．输入信号与输出信号的个数
　　C．是否包含门电路
　　D．包含门电路的数量
2．要组成十进制计数器，至少应有____级触发器。
　　A．2　　　　　　B．4　　　　　　C．5　　　　　　D．10
3．5 级触发器组成的计数器，其最大的进位模是____。
　　A．五进制　　　B．十进制　　　C．三十二进制　　　D．六十四进制
4．在如图 5-52 所示的时序电路的状态图中，能自启动的是____。

图 5-52 目标检测 5 单项选择题 4 图

5. 图 5-53 所示的波形所对应的状态图为____。
   A. 000→001→010→011→100→101→000
   B. 000→001→100→011→101→010→000
   C. 000→001→010→011→100→101→110
   D. 000→001→011→010→110→100→000

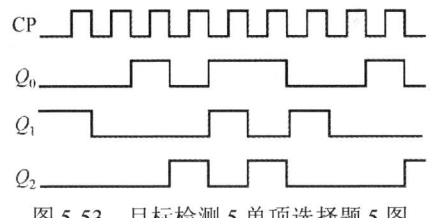

   图 5-53 目标检测 5 单项选择题 5 图

6. 已知左移移存器的现态为 1101，其次态为____。
   A. 1110 或 0110   B. 1011 或 1010
   C. 1001 或 0110   D. 0010 或 0101

7. 在图 5-54 中，____为三百六十五进制计数器。

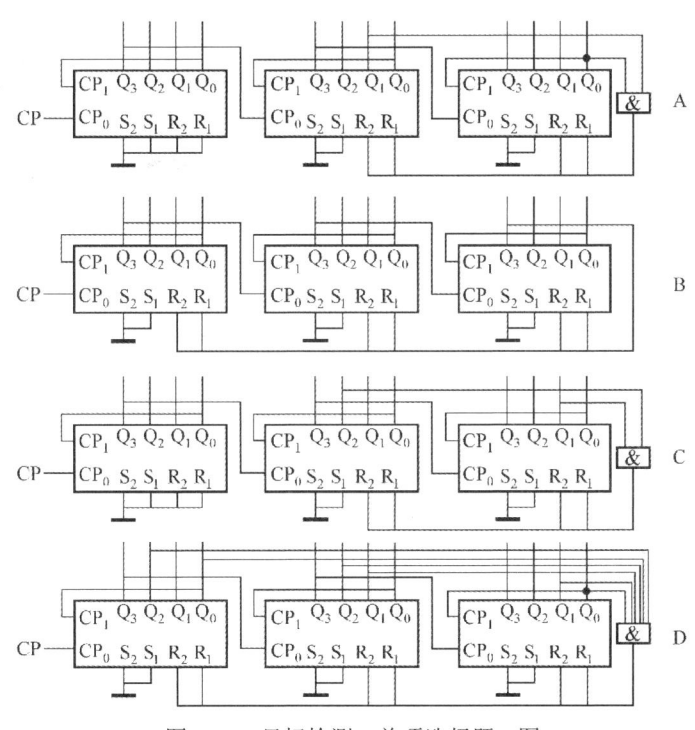

   图 5-54 目标检测 5 单项选择题 7 图

8. 一个 20 级异步计数器，每级的延迟时间为 25ns，这个计数器的最高工作速度是____。
   A. 2MHz   B. 5MHz   C. 20MHz   D. 40MHz

9. 如果频率计数器的时基为 10ms，送至计数器的计数脉冲是 1270 个，那么频率计显示的频率是____。
   A. 1.27kHz   B. 12.7kHz   C. 127kHz   D. 1.27MHz

10. 利用移存器构成模 8 环形计数器，其触发器级数应为____。
    A．3　　　　　B．4　　　　　C．6　　　　　D．8
11. 8 位移存器构成扭环形计数器，其进位模等于____。
    A．八进制　　　B．十六进制　　C．六十四进制　D．一百二十八进制
12. 扭环形计数器的输出是____。
    A．循环码　　　B．BCD 格雷码　C．2421BCD 码　D．8421BCD 码
13. 移存型计数器主要用于____。
    A．计数　　　　B．寄存　　　　C．移位　　　　D．控制
14. 能够对多部件做顺序控制器的是____。
    A．程序分频器　B．环形计数器　C．扭环形计数器　D．序列发生器

三、多项选择题

1. 计数器的作用有____。
    A．累计脉冲个数　　　　　　　B．对脉冲信号分频
    C．将串行数据转变成并行数据　D．定时

2. 图 5-55 中为六进制计数器的电路是____。

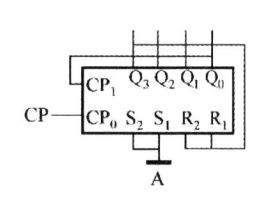

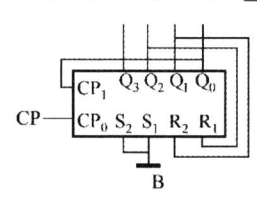

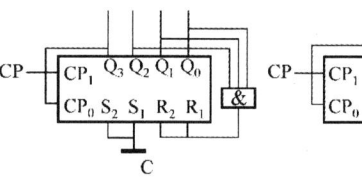

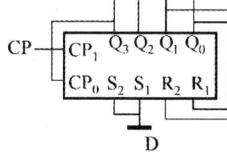

图 5-55　目标检测 5 多项选择题 2 图

3. 在图 5-56 中，能构成十一进制计数器的是____。

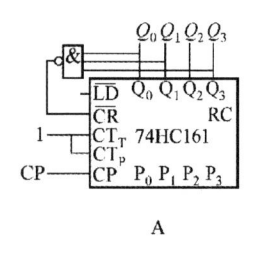

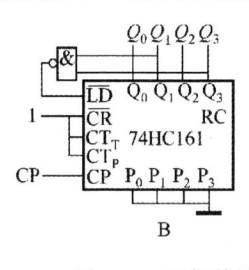

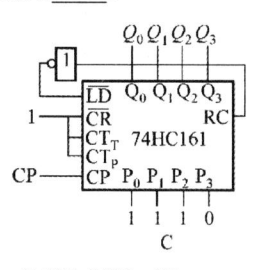

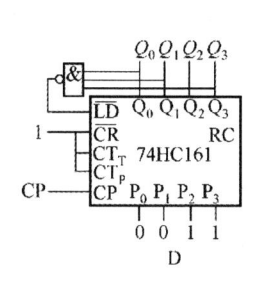

图 5-56　目标检测 5 多项选择题 3 图

4. 移位寄存器的作用有____。
    A．分频　　　　　　　　　　B．延时
    C．数据串/并行转换　　　　　D．寄存

5. 环形计数器可以看作一个____。
    A．分频器　　　　　　　　　B．顺序脉冲发生器
    C．脉冲分配器　　　　　　　D．节拍脉冲发生器

四、问答题

自选数块集成计数器和若干门电路，构成一个二十四进制计数器。

项目 5 交通灯控制显示电路

专题讨论 5

专题 5：交通灯控制显示电路的设计实现

1. 专题实现

本专题完成交通灯控制显示电路的设计与制作。在十字路口处，为保障车辆顺利、畅通地通过，要求东西方向的交通灯和南北方向的交通灯在 100s 内自动按以下时序控制交通。其中，红灯亮表示该方向禁止通行；黄灯亮表示该方向上未过停车线的车辆禁止通行，已过停车线的车辆继续通行；绿灯亮表示该方向允许通行。

（1）东西方向和南北方向车辆交替通行，通行时间各为 25s。

（2）每次绿灯变红灯时，黄灯先亮 5s，然后红灯亮，同时交叉方向的绿灯亮，这时才允许变换路口的通行方向。

（3）设置数字时间提示，数字以倒计时的方式按照时序要求显示；当某方向红灯开始亮时，先置显示器值为 29，然后每秒减 1 直至减为 0，该方向禁止通行计时结束；绿灯亮，先置显示器值为 24，然后每秒减 1 直至减为 0，该方向允许通行计时结束；黄灯亮，先置显示器值为 4，然后每秒减 1 直至减为 0。至此，一个循环计时周期结束，进入下一个循环计时周期。

2. 工程设计

（1）设计电路实现方案。

交通灯控制显示电路如果用本书后续介绍的 FPGA 或单片机实现会简单很多，此次要求由计数器、移存器、触发器等构成。电路实现方案可参考图 5-57 所示的交通灯控制系统原理框图。

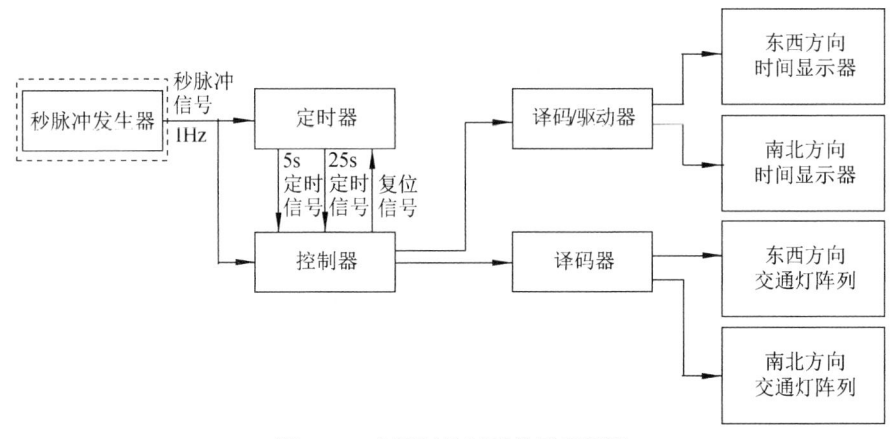

图 5-57 交通灯控制系统原理框图

（2）单元电路设计。

①秒脉冲发生器。秒脉冲信号可以由数字电路通用实验仪直接获取，也可以参考本书项目 7，由 555 定时器构成秒脉冲发生器来产生。

②定时器。用计数器实现定时功能，在构成计数器时可以选用表 5-8 列出的集成计数器。

③控制器。根据专题要求可知，控制器的控制过程分为 4 个阶段，用 4 种状态 S_i (i=0,1,2,3) 表示，对应控制器 Q_1Q_0 的 4 种状态输出，以控制交通灯按照要求显示，如表 5-17 所示，其中，EWG 表示东西方向绿灯，EWY 表示东西方向黄灯，EWR 表示东西方向红灯，NSG 表示南北方向绿灯，NSY 表示南北方向黄灯，NSR 表示南北方向红灯；"1"表示灯亮，"0"表示灯灭。

表 5-17　控制器输出状态与交通灯状态对应表

状态 S_i	控制器输出		东西方向信号灯状态			南北方向信号灯状态		
	Q_1	Q_0	EWG	EWY	EWR	NSG	NSY	NSR
S_0	0	0	1	0	0	0	0	1
S_1	0	1	0	1	0	0	0	1
S_2	1	1	0	0	1	1	0	0
S_3	1	0	0	0	1	0	1	0

根据控制器输出状态可知，可以利用移存器构成控制器，控制器的输出信号作为译码器的输入信号，驱动译码器工作。

④译码器与交通灯阵列。译码器实现的是状态译码，即将控制器的 4 种状态转换为东西方向和南北方向交通灯的状态驱动信号，如表 5-17 所示。译码器可以由门电路构成。交通灯阵列使用红、黄、绿 3 种颜色的 LED 构成。

⑤译码/驱动器与时间显示器。每组时间显示器使用七段 LED 数码管构成个位、十位的两位数字显示。选择译码/驱动器时要注意与数码管共极极性的配合。可以选择利用定时器的计数输出信号作为译码/驱动器的输入信号，即数码管显示的数字是对计数器计数值的译码显示。

（3）列元器件明细表。按照表 5-18 列出组成交通灯控制显示电路所需的元器件。

表 5-18　元器件明细表

序号	名称	型号	数量

（4）画原理图。根据单元电路设计，画出交通灯控制显示电路的原理图。

3．电路制作与调试

（1）搭建实验电路，对交通灯控制显示电路的功能进行验证、调试，并修改、完善设计方案。

（2）如果具备条件，则可进行印制电路板的设计和制作，安装元器件，完成电路测试。

（3）撰写用户手册。

（4）成果交付，包括实物类成果和文档类成果。

4．方案展示

参照项目 3 专题 3 学习实践活动，各设计团队进行交通灯控制显示电路方案的展示和讲解，推选出优秀方案。

5．拓展讨论

在工程实践中，工程方案的设计，一方面需要考虑技术的实现，另一方面需要关注工程伦理，方案的实现是否体现了以人为本、关爱生命、保护自然、公平正义等理念。因此，在实现以上交通灯控制显示电路基本功能的基础上，探究在考虑以下几个方面时对前期方案的功能完善和拓展，以及解决方案所关注问题的价值体现。

（1）十字路口，东西方向为主干道，南北方向为支干道。

（2）能够手动调整东西方向或南北方向的车辆通行时间。

（3）在夜间，能手动或自动控制两个方向的交通灯的显示状态为绿、红灯灭，黄灯闪。

（4）遇到紧急情况时，可以手动控制两个方向的红灯全亮。

（5）考虑行人通过十字路口时，交通灯如何闪烁及实现方案。

项目 6

PC 内存储器电路

PC 内存储器电路是存储器应用的典型实例。存储器具有记忆功能，在数字系统中不仅可以用来存储程序、数据，还可以用于实现组合逻辑函数。可编程逻辑器件的应用日益广泛，它使数字电路的设计更方便、成本更经济、性能更可靠。本项目将重点讨论半导体存储器的基本原理及使用方法，简要介绍有关可编程逻辑器件的知识，进而讨论 PC 内存储器电路的设计实现。

思政目标

培养爱国之情，树立强国之志，实践报国之行。

知识目标

1. 了解半导体存储器的基本概念和分类。
2. 熟悉 RAM 的基本结构，理解其工作原理。
3. 熟悉 ROM 的基本结构，掌握各种 ROM 的特点及应用。
4. 了解可编程逻辑器件的组成和特点。

技能目标

1. 能根据器件手册，正确使用 RAM、ROM。
2. 能根据具体项目要求，扩展 RAM、ROM 容量。

6.1 半导体存储器

存储器按存储介质分为半导体存储器、磁表面存储器、光盘存储器等。其中，半导体存储器按使用功能分为随机存取存储器（Random Access Memory，RAM）和只读存储器（Read Only Memory，ROM）两类。

6.1.1 RAM

RAM 又称随机存储器、读/写存储器，是能够在存储器中任意指定位置输入（存入、写入）或输出（取出、读出）信息的存储器。

RAM 有双极型和单极型两类。双极型 RAM 存取速度快，但集成度低、功耗高、成本高；单极型 RAM 集成度高、功耗低、价格便宜，但速度比双极型 RAM 低。下面介绍广泛使用的单极型 RAM。

1．RAM 的基本结构

RAM 的基本组成框图如图 6-1 所示，其由地址译码器、存储矩阵、读/写电路（包括读/写控制器、输入/输出电路和片选控制器）组成。

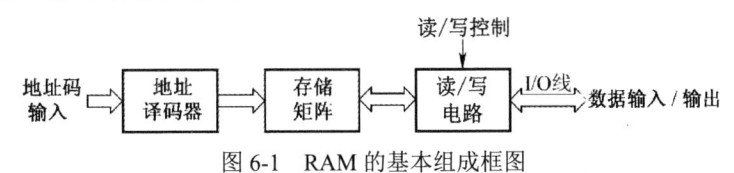

图 6-1 RAM 的基本组成框图

（1）地址译码器。为了对存储矩阵中某个选定的存储单元进行信息存取（又称访问），必须对每个存储单元的位置编制唯一确定的地址，这些地址的编码称为地址码。这样，当输入一个地址码时，利用地址译码器，就可以在存储矩阵中找出唯一对应的一个存储单元，对其进行访问。

（2）存储矩阵。存储矩阵是存储器的核心，由许多存储单元按矩形阵列排列组成。每个存储单元内都存放着由若干二进制数码组成的一组信息。存储单元个数越多，存储器存储的信息量越多，即存储容量越大。存储容量是存储器最重要的指标之一，用所能存储的字数×每字位数表示，或者表示成 KB、MB、GB、TB 等，B（Byte）称为字节，8 位二进制数是 1 字节，即 1B=8b，b 是位（bit）的缩写。此外，1KB=2^{10}B=1024B，1MB=2^{20}B，1GB=2^{30}B，1TB=2^{40}B。例如，容量为 1024×2 的存储器，共有 1024 个存储单元，即能存储 1024 字，每字 2 位；容量为 64MB 的存储器，共包含 64MB=64×1024KB=64×1024×1024B=64×1024×1024×8b，即 536870912 个存储位。

（3）读/写控制器。用于控制对存储器进行写入或读出操作。

（4）输入/输出电路（I/O 电路）。这是数据进出存储矩阵的通道。写入时，写入数据先经输入缓冲器放大，再进入存储矩阵；读出时，读出数据先经输出缓冲器放大，再输出。输入/输出缓冲器常采用三态电路，这样可以将多个存储器的输入/输出线（I/O 线）并联，以扩充存储容量。

（5）片选控制器。对于大容量的存储系统，往往由多个 RAM 构成，在进行读/写操作时，一般只对其中一个或几个 RAM 进行信息存取。片选控制器使得只有在某个存储器被选中时，才进行读/写操作，而其余未被选中的存储器，I/O 线呈高阻态，不能与外部交换数据。

2．地址译码方式

RAM 的地址译码方式有以下两种。

（1）单译码结构（字结构）。图 6-2 所示为 4×2 单译码结构存储器的框图。其中，每个小方框表示一个存储位，每两个存储位构成一个存储单元，即 1 字。该存储器可存储 4 个 2 位数据字：(1,1)存储第 1 个字的第 1 位，(1,2)存储第 1 个字的第 2 位，依次类推。每个存储单元都有一条字选择线，简称字线，以控制该存储单元是否被选中。每个存储位都有两条数据位线（简称位线），用来传输数据 D_i 与 $\overline{D_i}$（i=1,2）。同一列各存储位的位线并联接到读/写电路上。由于位线并联，所以各存储位具有三态特性。每列公用一个读/写电路，

D_I是写入数据,D_O是读出数据。地址译码器有 2 条地址线,输入地址信号 A_0 和 A_1;4 条输出线,也就是字线。这样,每当输入一个 2 位地址码 A_1A_0 时,就可以从 4 个字中选出 1 个字,进行 2 位数据字的读/写操作。选中的字线为有效电平,未选中的字线为无效电平。

单译码结构的缺点是字线多,故地址译码器结构复杂,只在小容量存储器中使用。

(2)双译码结构(字位结构)。图 6-3 所示为 8×2 双译码结构存储器的框图,它有两个地址译码器:X 地址译码器(又称行地址译码器)输出字线,控制存储矩阵哪一行单元被选中;Y 地址译码器(又称列地址译码器)的输出控制读/写选通电路,决定哪一列数据线与读/写电路接通。任何时候,X 地址译码器输出及 Y 地址译码器输出中只有一个为有效电平,其余均为无效电平。因而每次只会找出 1 个字的 2 个存储位进行读/写操作。

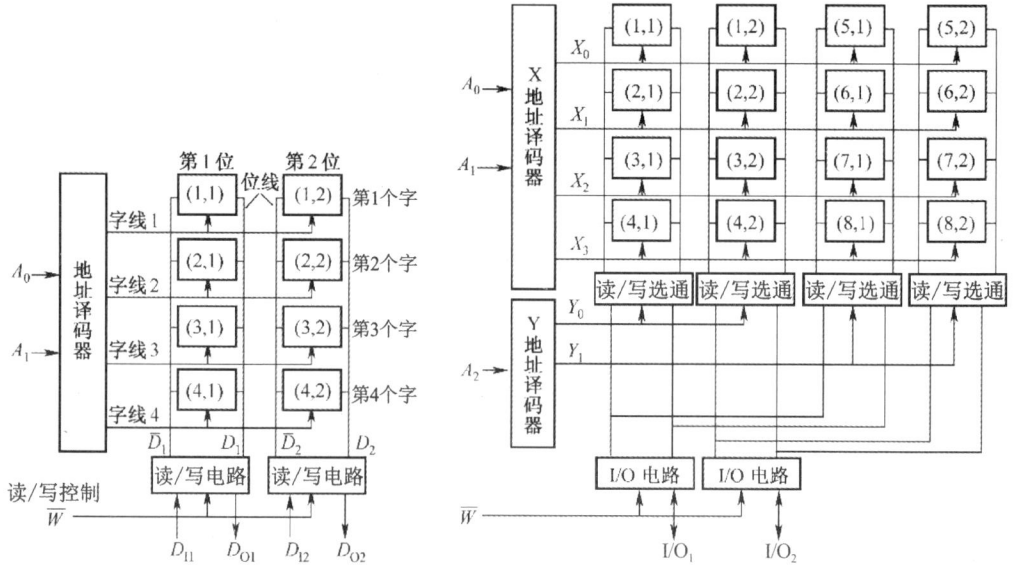

图 6-2 4×2 单译码结构存储器的框图

图 6-3 8×2 双译码结构存储器的框图

图 6-3 中有 3 条地址线,在地址信号 A_0、A_1、A_2 中,A_0 和 A_1 被送给 X 地址译码器,A_2 被送给 Y 地址译码器。地址线总数 $p=q+r$,q 表示 X 地址译码器的地址线数;r 表示 Y 地址译码器的地址线数。p 与存储字数 N 存在如下关系:

$$N=2^p=2^{q+r}$$

本存储器中的 $q=2$,$r=1$,$N=2^{2+1}=8$。

尽管双译码结构有两个地址译码器,但每个地址译码器的结构都比较简单,这是它的优点。例如,256×1 的存储器,如果采用单译码结构,则地址译码器有 8 条输入线,$2^8=256$ 条输出线,控制 256 个存储单元。而采用双译码结构,每个地址译码器都可以设 4 条输入线,$2^4=16$ 条输出线,两个地址译码器共 32 条输出线,控制 $2^{4+4}=256$ 个存储单元。存储器容量越大,双译码结构的优点越突出。目前大容量存储器多采用双译码结构。

3.RAM 基本存储单元——存储位

RAM 的 1 位数据存储电路简称存储位电路。单极型存储位电路分为静态和动态两种。

(1)静态存储位电路。图 6-4 所示为 MOS 六管静态存储位电路,其由触发器、控制电路和开关管等构成。VT_1~VT_4 构成触发器,用于存储 1 位二进制信息。VT_5、VT_6 由字线

X_i 控制：当 $X_i=1$ 时，VT_5、VT_6 导通，触发器输出 Q、$\overline{Q}$ 分别与位线 D_j、$\overline{D_j}$ 接通；当 $X_i=0$ 时，VT_5、VT_6 截止，Q、$\overline{Q}$ 与 D_j、$\overline{D_j}$ 断开。VT_7、VT_8 是每列存储位公用的两个开关管，构成读/写选通电路，由列线 Y_j 控制：当 $Y_j=1$ 时，VT_7、VT_8 导通，数据线 d_j、$\overline{d_j}$ 与位线 D_j、$\overline{D_j}$ 接通；当 $Y_j=0$ 时，VT_7、VT_8 截止，d_j、$\overline{d_j}$ 与 D_j、$\overline{D_j}$ 断开，此时该列所有位既不能写入数据，又不能读出数据。$G_1 \sim G_3$ 是 I/O 电路，$\overline{W}$ 是读/写控制：当 $\overline{W}=1$ 时，执行读操作，G_1、G_2 被禁止，数据从 D_j 通过 VT_7，经 G_3 读出，输出 $(I/O)_j$；当 $\overline{W}=0$ 时，执行写操作，G_3 被禁止，输入数据 $(I/O)_j$ 先经 G_1、G_2 传输至 $\overline{d_j}$、d_j，再经 VT_8、VT_7 存入同时由字线选中的该触发器。

由上述内容可见，只有当该位字线 X_i 和列线 Y_j 都为有效电平时，$VT_5 \sim VT_8$ 全部导通，才能对该位进行读/写操作。具体是执行读操作还是写操作，由 $\overline{W}$ 控制。

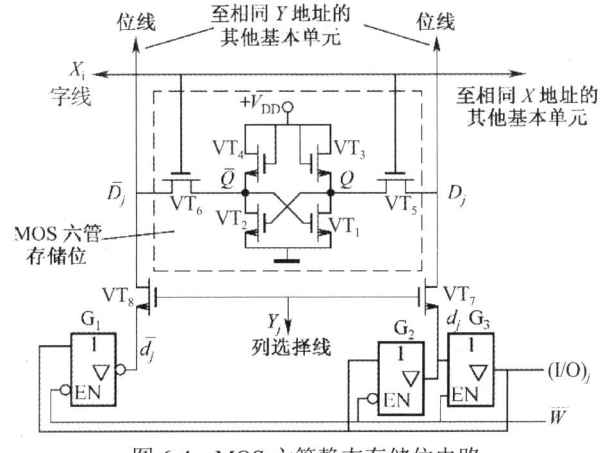

图 6-4 MOS 六管静态存储位电路

（2）动态存储位电路。所谓动态存储是相对静态而言的，静态存储只要不断电，信息就可以永久保存，而动态存储则不然。由于动态存储以 MOS 管栅极电容为保存信息的主要元件，因此信息只能保存很短的时间。为了长久保存信息，必须及时给电容补充电荷，通常称这一操作为刷新或再生。

图 6-5 所示为 MOS 四管动态存储位电路，数据以电荷的形式存储在栅极电容 C_1、C_2 上，而 C_1、C_2 上的电压又控制 VT_1、VT_2 导通或截止。当 C_1 上的电压大于 VT_1 开启电压，而 C_2 上无电压时，VT_1 导通，VT_2 截止，$Q=0$；反之，若 C_2 上的电压大于 VT_2 开启电压，而 C_1 上无电压，则 $Q=1$。

VT_5、VT_6 组成位线预充电电路，为同一列存储位电路公用。读信息时，先在 VT_5、VT_6 的栅极上加预充电脉冲，使 VT_5、VT_6 导通，电源 V_{DD} 通过 VT_5、VT_6 向位线分布电容 C、C' 充电，使位线 D_j、$\overline{D_j}$ 电位升至高电平。预充电脉冲消失后，位线高电平在短时间内由 C 和 C' 维持。当 X_i、Y_j 同时为 1 时，VT_3 和 VT_4、VT_7 和 VT_8 导通，这时可输出存储信息，设存储信息 $Q=0$，则 C 预充电电荷经 VT_3 和 VT_1 迅速放掉，使 $D_j=0$。同时，由于 VT_2 截止，$\overline{D_j}$ 仍为 1，因此 D_j、$\overline{D_j}$ 通过导通的 VT_7、VT_8 送至 d_j、$\overline{d_j}$ 输出。

在以上过程中，对位线分布电容预充电十分重要。如果 VT_3、VT_4 导通前没有对 C 和 C'

充电,那么VT_4导通后,$\overline{D_j}$高电平必须靠C_1向C'充电来建立,这势必使C_1损失一部分电荷。而且因位线连接同一列多个存储位电路,使分布电容C'的值比C_1大得多,这就可能在读数据时使C_1高电平遭到破坏,存储信息丢失。预充电后,VT_3、VT_4导通时,由于C'上的电压比C_1上的电压还大,所以C_1上的电荷不仅不会损失,还会得到补充,因此读出过程也就是刷新过程。

写入时,X_i、Y_j同时为1,输入数据d_j、$\overline{d_j}$通过VT_7、VT_8送到D_j、$\overline{D_j}$,经VT_3、VT_4把数据存入栅极电容C_1、C_2。

图6-6所示为单管动态存储位电路,它是所有存储位电路中结构最简单的一种。写入时,字线和列线为1,VT导通,写入信息通过读出放大器和VT存入电容C_1;读出时,字线和列线为1,电容C_1上存储的信息通过VT输出到位线,经鉴别力极高的读出放大器放大后送到存储器输出端。为了节省芯片面积,存储电容C_1不能做得很大,一般都比位线分布电容C小,使得每次读出后,C_1的存储电荷发生较大变化,即破坏性读出。因此,要保持原信息,必须将取出的信息再重写回去。读出放大器能够完成在读取信息后立即进行回写的工作。此外,刷新也是通过读操作完成的。通常刷新脉宽为$1\mu s$,重复周期为$2ms$。刷新操作不是单独对每位进行刷新,而是按行进行刷新。

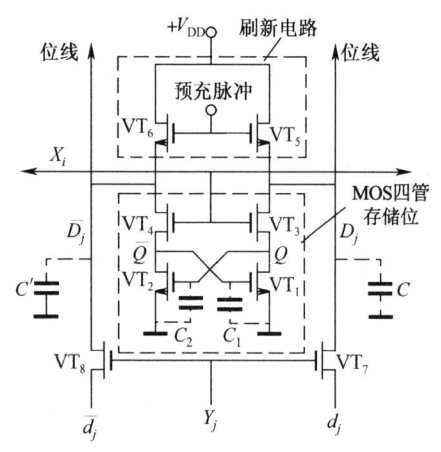

图6-5 MOS四管动态存储位电路　　图6-6 单管动态存储位电路

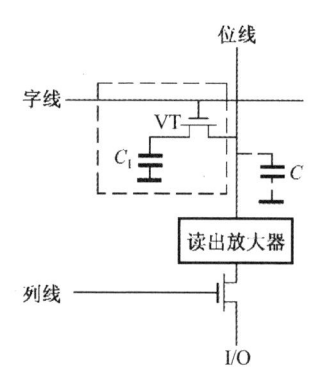

比较上述两种动态存储位电路可见,四管动态存储位电路用管多,所占面积大,使集成度降低,但外围电路比较简单;单管动态存储位电路元器件最少,功耗低,外围电路复杂,但因外围电路是公用的,所以大容量集成存储器都采用单管动态存储位电路。

应用实例

在计算机系统中,存储器按其作用分为主存储器、高速缓冲存储器、辅助存储器等。主存储器又称内存储器,简称主存、内存,用来存放CPU正在使用或随时要使用的程序或数据,CPU可以直接对其进行访问。高速缓冲存储器简称缓存,即Cache,是位于CPU与内存之间一种容量较小,但速度极高的存储器。Cache保存着内存内容的部分副本(这部分内容是CPU最常用的),CPU访问时首先访问Cache,只在Cache中没有CPU所需的信息时访问内存。辅助存储器又称外存储器,简称外存,用来存放长期保存或暂时不用的程序和数据。CPU不直接访问外存,必须将外存信息调入内存,才能被CPU使用。

项目6 PC 内存储器电路

静态 RAM（Static RAM，SRAM）的优点是存取速度快，不需要刷新，缺点是基本存储电路中元器件较多，功耗和成本较高。SRAM 主要做 Cache。动态 RAM（Dynamic RAM，DRAM）所用元器件少，功耗低，集成度高，价格便宜，缺点是存取速度较慢，并要有刷新电路。DRAM 主要用作内存。而外存主要采用磁表面存储器（如硬盘）和光盘存储器。

4．RAM 的使用

（1）操作方式。

以典型的 SRAM 芯片 2114 为例进行介绍。2114 采用+5V 电源供电，双列直插封装，其结构框图及引脚排列如图 6-7 所示。芯片容量为 1024×4b，4096 个存储位排成 64×64 存储矩阵。地址线有 10 条，地址信号为 $A_0 \sim A_9$，其中 $A_3 \sim A_8$ 的 6 条地址线用于行译码，输出 $2^6=64$ 条 X 选择线。A_0、A_1、A_2 和 A_9 用于列译码，输出 $2^4=16$ 条 Y 选择线，每条 Y 选择线同时接 4 列存储位选通电路，即同时接到同一个字的 4 个位。这样，对应 10 条地址线输入的地址码，即可选中一个字，进行 4 位数据字的读/写操作。数据线有 4 条，输入/输出信号为 $I/O_0 \sim I/O_3$。数据线连片内输入/输出三态门，这些门由片选信号 $\overline{C}$（$\overline{CS}$ 脚输入）和写允许信号 $\overline{W}$（$\overline{WE}$ 脚输入）共同控制。读出时 $\overline{C}=0$ 且 $\overline{W}=1$，使 G_{10} 输出 0，输入三态门 $G_1 \sim G_4$ 禁止，而 G_9 输出 1，使输出三态门 $G_5 \sim G_8$ 打开，被选中单元的 4 个存储位将其保存的数据通过列 I/O 电路与输出三态门送至 $I/O_0 \sim I/O_3$。写入时 $\overline{C}=0$ 且 $\overline{W}=0$，输出三态门 $G_5 \sim G_8$ 禁止，输入三态门 $G_1 \sim G_4$ 打开，输入的 $I/O_0 \sim I/O_3$ 通过 $G_1 \sim G_4$ 及列 I/O 电路写入被选中单元的 4 个存储位。当 $\overline{C}=1$ 时，输入/输出三态门均呈高阻态，从而使存储器数据线与外部数据线断开。

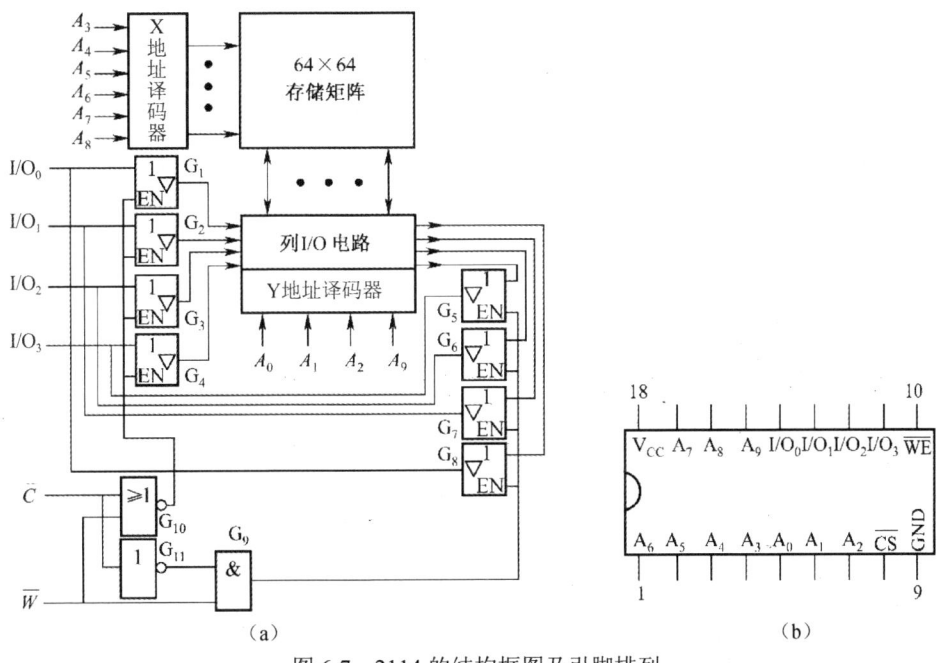

图 6-7 2114 的结构框图及引脚排列

图 6-8 所示为 SRAM 芯片 6116 与 6264 的引脚排列。前者容量为 2K×8b，24 脚双列直插封装；后者容量为 8K×8b，28 脚双列直插封装。控制端名称如下：

片选　　　　　　　$\overline{CS}$、CS

片选使能　　　　　$\overline{CE}$

写允许　　　　　　$\overline{WE}$

输出允许　　　　　$\overline{OE}$

$\overline{CS}$、$\overline{CE}$、$\overline{WE}$、$\overline{OE}$ 均低电平有效，CS 高电平有效。以 6264 为例，其操作方式如表 6-1 所示。

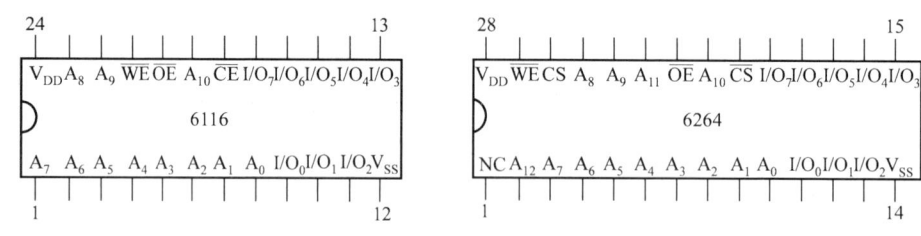

图 6-8　6116 与 6264 的引脚排列

表 6-1　6264 的操作方式

$\overline{CS}$	CS	$\overline{OE}$	$\overline{WE}$	方式	功能
0	1	1	0	写	$I/O_0 \sim I/O_7$ 端输入信息写入 $A_0 \sim A_{12}$ 指定单元
0	1	0	1	读	$A_0 \sim A_{12}$ 对应单元内容输出到 $I/O_0 \sim I/O_7$ 端
1	×	×	×	非选	$I/O_0 \sim I/O_7$ 端呈高阻态
×	0	×	×		

（2）扩展存储容量。

如果单片存储器的容量不够，可以将若干 RAM 组合到一起，构成一个容量更大的存储器。扩展时主要扩展每字位数或增加总字数。

位扩展较为简单，将各芯片的地址线、读/写控制线、片选线对应并联在一起而功能不变，各芯片的 I/O 线作为字的位线。例如，用 2 块 2114 扩展成容量为 1K×8b 的 RAM，接法如图 6-9 所示。

字扩展时需要外加译码器，将地址高位送入译码器输入，译码器输出作为每个 RAM 的片选信号。例如，用 6116 组成容量为 8K×8b 的 RAM。6116 容量为 2K×8b，因此，组成 8K×8b 的 RAM 需要用 4 块 6116，接法如图 6-10 所示。地址线共 13 条：$A_0 \sim A_{10}$ 作为字选信号；A_{11}、A_{12} 送入 2-4 线译码器，译码器的 4 条输出线作为片选信号。由于 6116 具有三态输出特性，所以将其数据线并联起来作为整个 RAM 的 I/O 线。$\overline{OE}$ 作为整个 RAM 的输出允许线，$\overline{CE}$ 作为整个 RAM 的片选线。

（3）存储器的读/写周期。

使用存储器时应注意的一个重要问题就是读/写时序。这里的时序是指各信号之间的时间关系。使用时必须遵守生产厂家给出的时序要求，否则存储器不能正常工作。

项目 6　PC 内存储器电路

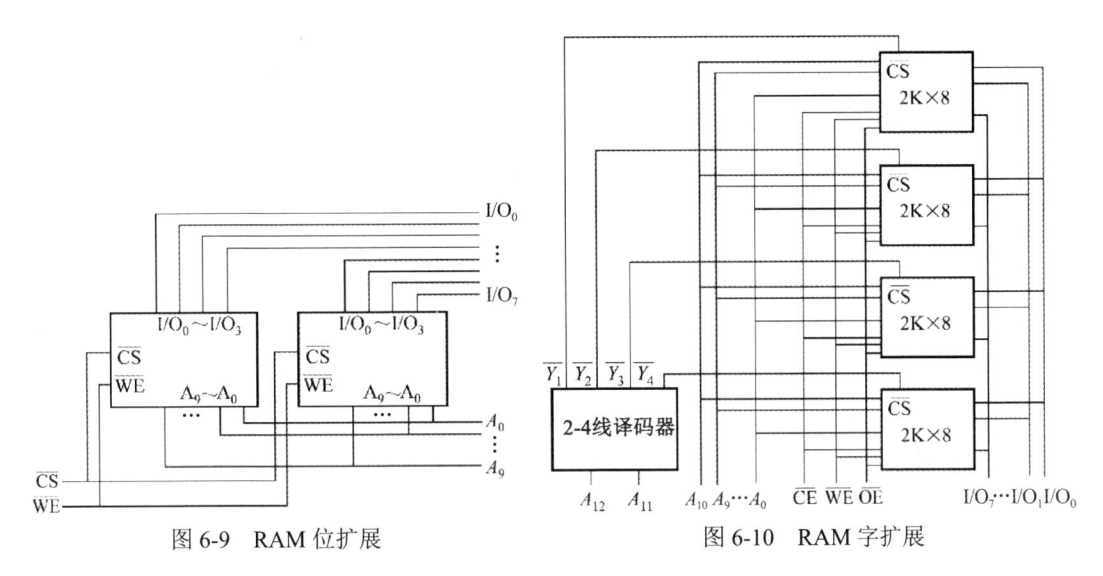

图 6-9　RAM 位扩展

图 6-10　RAM 字扩展

存储器的时序分为读时序和写时序。以 2114 为例,其读周期时序图如图 6-11 所示。表 6-2 所示为 2114 读周期的参数。

图 6-11　2114 读周期时序图

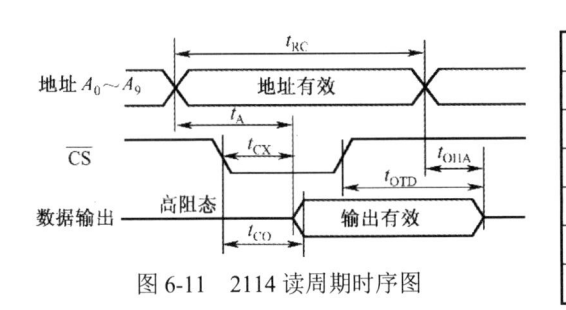

表 6-2　2114 读周期的参数(以 2114-2 为例)

符号	参数名称	最小值	最大值
t_{RC}	读周期时间	200ns	
t_A	读取时间		200ns
t_{CO}	片选到输出稳定		70ns
t_{CX}	片选到输出有效	20ns	
t_{OTD}	从断开片选到输出变为三态		60ns
t_{OHA}	地址改变后的输出保持时间	50ns	

结合图 6-11 来看,当地址信号有效后经过一段时间 t_A(此时输出三态门打开),存储单元所存数据出现在外部数据线上,或者说数据有效,这段时间称为读取时间。但是,数据能否送到外部数据线上,取决于片选信号 $\overline{CS}$。从 $\overline{CS}$ 有效(低电平)到内部数据能送到外部数据线上并稳定的时间为 t_{CO}。所以,只有在地址有效起 t_A 时间,且片选信号有效起 t_{CO} 时间后,数据才能被读出。通常 t_{CO} 小于 t_A,因为从地址有效起要经地址译码器、存储矩阵、I/O 电路才能读出所选单元的内容;而 t_{CO} 主要由读/写控制电路产生。因此,从地址开始有效到(t_A-t_{CO})的时间内使片选信号有效,存储内容就能被稳定地读出。

在读周期时间 t_{RC} 内,要求地址码不变,$\overline{WE}$ 为高电平。

读周期与读取时间是两个不同的概念。读周期是表示芯片进行一次读操作所必需的最小时间,它总是大于或等于读取时间。

此外还有两个保持时间:t_{OTD} 表示片选信号无效后,数据还能在外部数据线上保持的时间;t_{OHA} 表示地址改变后,数据还能在外部数据线上保持的时间。

图 6-12 所示为 2114 写周期时序图,表 6-3 所示为 2114 写周期的参数。在写周期时间 t_{WC} 内,地址码必须保持不变;在 $\overline{CS}$ 有效期间,$\overline{WE}$ 必须有效(低电平),且 $\overline{WE}$ 必须在地址

码有效之后变低（至少和地址码同时有效）。$\overline{WE}$变高后经 t_{WR}（t_{WR} 可为 0）时间方允许地址码改变，以免将数据写到其他地址的单元中。写时间 t_W（$\overline{CS}$与$\overline{WE}$均为有效的时间）不得小于规定值。输入数据在$\overline{WE}$或$\overline{CS}$变为无效前应有一段数据有效覆盖时间 t_{DW}，并有一段数据保持时间 t_{DH}，只有这样才能可靠地将数据写入。

图 6-12 2114 写周期时序图

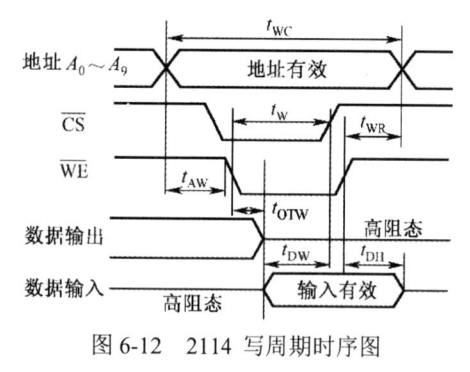

表 6-3 2114 写周期的参数（以 2114-2 为例）

符号	参数名称	最小值	最大值
t_{WC}	写周期时间	200ns	
t_W	写时间	120ns	
t_{WR}	写恢复时间	0ns	
t_{OTW}	从写信号有效到输出三态的时间		60ns
t_{DW}	数据有效覆盖时间	120ns	
t_{DH}	数据保持时间（写信号无效后）	0ns	
t_{AW}	地址到写信号的建立时间	0ns	

6.1.2 ROM

上述 RAM 只能暂存信息，因为它们都具有易失性，一旦断电，存储的信息便随之消失。在数字系统中，常常需要存储一些固定不变的信息，如常数表、数据转换表、字库或固定程序等，这就需要用到 ROM。ROM 的内容是在制造过程中写入（又称编程）的，或者用专门设备由使用者写入。一旦写入，便只能读出，而不能在运行程序时予以改变。

根据电路的工作特点，ROM 属于组合逻辑电路，给定一组输入（地址），存储器便给出一组输出（1 个存储单元的内容）。但就其组成而言，ROM 和 RAM 有许多相似之处，都由地址译码器、存储矩阵等组成。

根据存储内容的写入特点，ROM 分为掩模 ROM、可编程 ROM、可擦除可编程 ROM 等。

1. 掩模 ROM

掩模 ROM 中的内容是生产厂家在生产 ROM 时用掩模技术写入的。双极型掩模 ROM 速度较高，但功耗高，只用在速度要求较高的系统中；MOS 型掩模 ROM 功耗低，但速度较低。

图 6-13 所示为由二极管构成的双极型掩模 ROM。图中，字地址译码器输出 4 条字线，$W_0 \sim W_3$ 的有效电平是 1。二极管构成 4×4 存储矩阵：若字线与位线之间接有二极管，则存储的内容为 1；否则存储内容为 0。表 6-4 所示为 4 字掩模 ROM 的存储内容。

2. 可编程 ROM

可编程 ROM 简称 PROM（Programmable ROM），其所存储的内容是由用户根据需要自己写入的，但只能写入一次，存储内容一经写入即被固定且不能修改。

为使用户能自己写入内容，厂家在生产 PROM 时，把存储矩阵中所有字线和位线的交叉处都跨接上串有熔丝的二极管，如图 6-14 所示，这时存储内容均为 1。用户编程时，只要给熔丝通以足够大的电流即可将熔丝烧断，从而将存储内容改写为 0。熔丝一旦烧断，便无法恢复。因此，当某位写入 0 后，就不能再改写为 1 了。

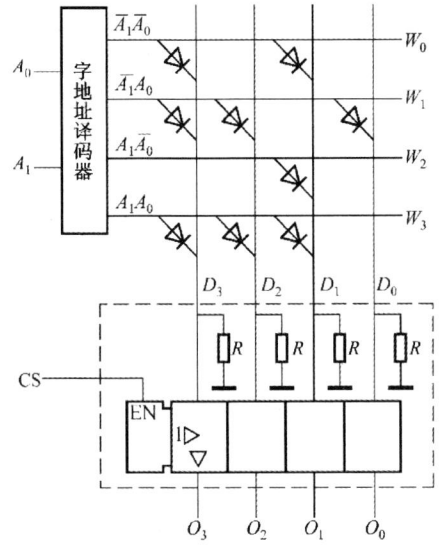

图 6-13　由二极管构成的双极型掩模 ROM

表 6-4　4 字掩模 ROM 的存储内容

地址		数据			
A_1	A_0	D_3	D_2	D_1	D_0
0	0	1	0	1	0
0	1	1	1	0	1
1	0	0	0	1	0
1	1	1	1	1	0

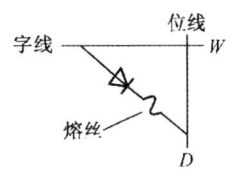

图 6-14　熔丝式 PROM 基本存储单元

3．可擦除可编程 ROM

可擦除可编程 ROM 的总体结构形式与 PROM 没有太大区别，只是采用了不同的存储单元，目前有以下几种：可擦除可编程 ROM（Erasable Programmable ROM，EPROM）、电擦除可编程 ROM（Electrically Erasable Programmable ROM EEPROM）、闪速存储器（又称快闪存储器，Flash ROM）。

EPROM 的存储位使用的是"浮栅"MOS 管（限于篇幅不进行介绍）或"叠栅"MOS 管，存储的内容可多次修改，也可长期保存（达 10 年以上）。修改时，先在芯片上方的石英玻璃窗口处，用紫外线灯照射 10～30min，芯片中原保存的信息将全部丢失，然后用专用编程器写入新的内容。为使写好的内容不丢失，通常在窗口上贴有不干胶避光纸，以防外界紫外线照射。因擦除时需要用紫外线照射，所以 EPROM 又被称为紫外线 EPROM（Ultra-Violet Erasable PROM，UVEPROM）。

EEPROM 又记作 E^2PROM，是从 EPROM 发展来的，它针对 EPROM 不能按单元修改、擦除速度慢、擦除操作复杂、不能电擦除的缺点进行改进。存储位采用浮栅隧道氧化层 MOS 管，擦除和写入实际是同一过程，擦除实为改写。改写时需要加高压电源。早期生产的 E^2PROM 改写时的高压电源要外接，使用时由用户提供。后期生产的 E^2PROM 改写时的高压电源由芯片内部产生，于是在使用上就基本与 RAM 相同了，只是写入速度较慢，因此只工作在读出状态，作为 ROM 使用。

Flash ROM 又记作 Flash Memory，其存储位采用新一代浮栅 MOS 工艺，能够实现电擦除可编程。擦除时采用分区擦除（每区的字节数由生产厂家规定）或整片擦除，以页（Page）为单位进行读/写操作。与 E^2PROM 相比，Flash ROM 的擦除速度快，且单位体积容量大，因此集成度高、成本低。

> **应用实例**

  计算机主板系统的 BIOS（Basic Input Output System）芯片保存着计算机系统最重要的基本输入/输出程序，在一定程度上决定了计算机性能的优越。通过改进其存储的程序（升级 BIOS），可以改进计算机的性能。早期主板 BIOS 芯片多采用 PROM 或 EPROM，如图 6-15 所示，不能升级或升级困难。目前生产的主板 BIOS 芯片多采用 Flash ROM，便于用户升级。现在计算机的启动盘多为固态硬盘（Solid State Disk，SSD），它的存储器是 Flash ROM。计算机外设之一——U 盘中的存储器也是 Flash ROM。在手机中，用来存储手机系统运行程序的存储器使用 Flash ROM，而一些可以修改、校正的数据等，则存储在 E^2PROM 中。

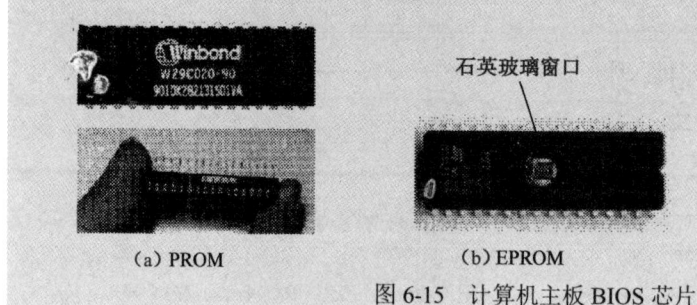

(a) PROM   (b) EPROM   (c) Flash ROM

图 6-15 计算机主板 BIOS 芯片

4. 用 ROM 实现组合逻辑函数

  ROM 的地址译码器是由很多与门构成的阵列，称为与阵。如果将地址译码器的地址输入看作组合逻辑电路的输入变量，那么地址译码器输出的字线信号便是全部输入变量的最小项。在图 6-13 中，将 A_0 和 A_1 作为输入变量，地址译码器的输出分别为

$$W_0=\overline{A_1}\,\overline{A_0};\ W_1=\overline{A_1}A_0;\ W_2=A_1\overline{A_0};\ W_3=A_1A_0$$

  ROM 的存储矩阵是一个或门阵列，称为或阵。它的位线输出使上述最小项之间构成一定的或逻辑。在图 6-13 中有

$$D_0=W_1=\overline{A_1}A_0$$
$$D_1=W_0+W_2+W_3=\overline{A_1}\,\overline{A_0}+A_1\overline{A_0}+A_1A_0$$
$$D_2=W_1+W_3=\overline{A_1}A_0+A_1A_0$$
$$D_3=W_0+W_1+W_3=\overline{A_1}\,\overline{A_0}+\overline{A_1}A_0+A_1A_0$$

  综上所述，可以把 ROM 看作一个与或阵，如图 6-16 所示。其中，图 6-16（a）为 ROM 组成框图，图 6-16（b）为 ROM 阵列示意图。在图 6-16（b）中，与阵中的"·"表示对应的逻辑变量参与与运算，或阵中的"×"表示对应的最小项参与或运算。由于该图是根据表 6-4 绘制的，因而，它就是图 6-13 所示的 ROM 的阵列图。

  【例 6-1】根据图 6-17 的 ROM 与或阵，写出 F_1、F_2 的逻辑函数表达式。

  解：根据与阵可得

$$m_0=\overline{A}\,\overline{B};\ m_1=\overline{A}B;\ m_2=A\overline{B};\ m_3=AB$$

根据或阵可得

$$F_1=m_0+m_2=\overline{A}\,\overline{B}+A\overline{B}=\overline{B};\ F_2=m_0+m_2+m_3=\overline{A}\,\overline{B}+A\overline{B}+AB=A+\overline{B}$$

项目 6　PC 内存储器电路

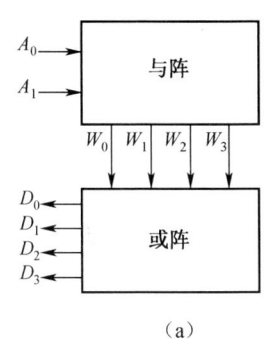

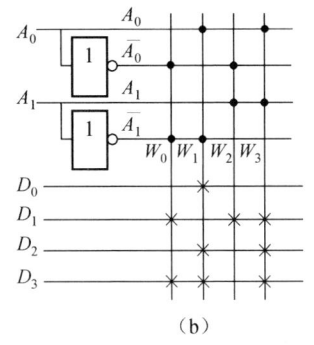

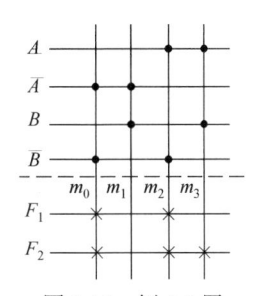

图 6-16　用与或阵表示 ROM

图 6-17　例 6-1 图

用 ROM 实现组合逻辑函数时，首先列出真值表，写出逻辑函数的最小项表达式，然后画出 ROM 阵列图。厂家根据用户提供的阵列图，可生产出用户所需的 ROM。用户自己也可以使用编程器对 PROM 进行编程。市售通用编程器一般都能支持各厂家生产的 PROM。

在数字系统中，ROM 应用广泛，如实现各种逻辑函数、码制转换、函数运算等。ROM 与寄存器配合还可以构成时序电路。

【例 6-2】 用 ROM 将 4 位二进制码转换为 BCD 格雷码。

解：列 4 位二进制码转换为格雷码的真值表如表 6-5 所示，写最小项表达式如下：

$$Y_3=\sum m(8, 9, 10, 11, 12, 13, 14, 15)$$
$$Y_2=\sum m(4, 5, 6, 7, 8, 9, 10, 11)$$
$$Y_1=\sum m(2, 3, 4, 5, 10, 11, 12, 13)$$
$$Y_0=\sum m(1, 2, 5, 6, 9, 10, 13, 14)$$

根据以上各式画出 4 位二进制码转换为 BCD 格雷码的 ROM 阵列图，如图 6-18 所示。用 PROM 实现上述码制转换，只需按图 6-18 编程或阵。

表 6-5　例 6-2 的真值表

序号	二进制码（存储地址）				BCD 格雷码（存储数据）			
	A_3	A_2	A_1	A_0	Y_3	Y_2	Y_1	Y_0
0	0	0	0	0	0	0	0	0
1	0	0	0	1	0	0	0	1
2	0	0	1	0	0	0	1	1
3	0	0	1	1	0	0	1	0
4	0	1	0	0	0	1	1	0
5	0	1	0	1	0	1	1	1
6	0	1	1	0	0	1	0	1
7	0	1	1	1	0	1	0	0
8	1	0	0	0	1	1	0	0
9	1	0	0	1	1	1	0	1
10	1	0	1	0	1	1	1	1
11	1	0	1	1	1	1	1	0
12	1	1	0	0	1	0	1	0
13	1	1	0	1	1	0	1	1
14	1	1	1	0	1	0	0	1
15	1	1	1	1	1	0	0	0

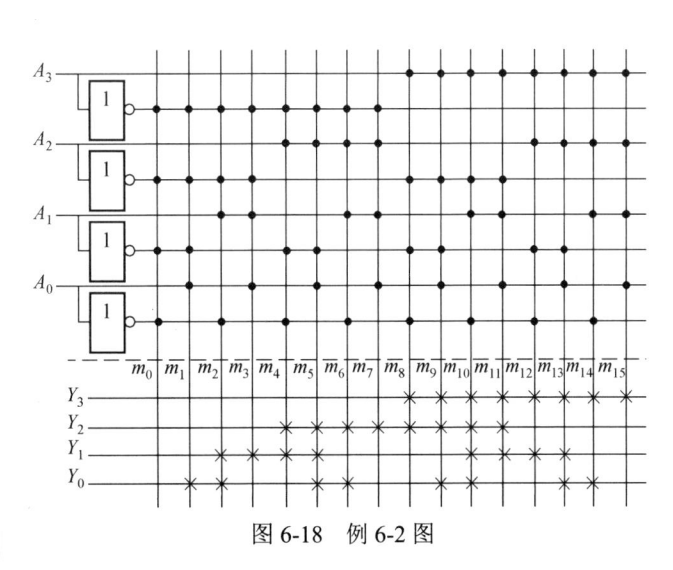

图 6-18　例 6-2 图

思考与练习

1. 存储器主要分为哪些种类？
2. 某存储器的容量是 20GB，问该存储器有多少存储位？
3. 16384×16b RAM 的地址码是多少位？有多少存储单元？有多少存储位？
4. 某存储器的存储容量为 64MB，字长为 32b。试确定该存储器的地址线总数及行/列地址线数目。
5. SRAM 和 DRAM 在电路结构及读/写操作上各有什么特点？
6. 试根据图 6-8 的 6116 引脚排列，参照表 6-1，列出 6116 的操作方式。
7. 试用 6264 组成 8K×16b 的 RAM，画出连接图。
8. 试用 2114 组成 2K×8b 的 RAM，画出连接图。
9. DRAM 1103 是 1K 位 PMOS 动态 RAM，其引脚排列如图 6-19（a）所示，其中 PRECHARGE 为预充电时钟，DI 为写入数据线，DO 为读出数据线。试根据图 6-19（b）的时序图，列出其操作方式。

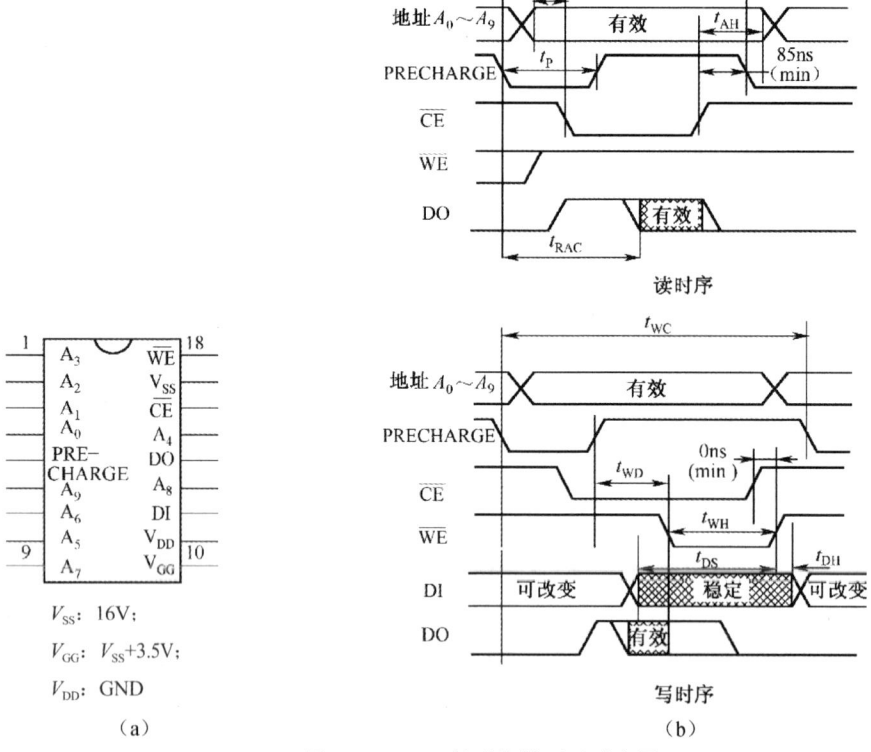

图 6-19 1103 的引脚排列及时序图

10. 画出 ROM 的基本结构框图。
11. RAM 与 ROM 在电路结构和工作原理上有何不同？
12. ROM 有几种主要类型？它们之间有哪些异同点？

13. 写出图 6-20 的 ROM 阵列图所对应的逻辑函数表达式。
14. 用 1 个 ROM 实现以下逻辑函数：

$$F_1=AB+C\overline{D}+BC+\overline{AB}\,\overline{C}D;\quad F_2=B+CD+\overline{B}\,\overline{C}$$

选择 ROM 地址和存储数据位数，画出 ROM 阵列图。

15. 利用 ROM 实现以下问题。

（1）将 8421BCD 码转换为余 3BCD 码。

（2）将 BCD 格雷码转换为余 3BCD 码。

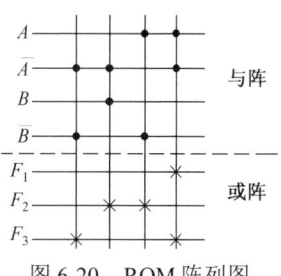

图 6-20 ROM 阵列图

6.2 可编程逻辑器件

数字集成电路除按集成度分为小规模、中规模、大规模及超大规模以外，从逻辑功能的特点上还可以分为通用型和专用型两大类。前面所介绍的中、小规模集成电路都属于通用型集成电路，具有很强的通用性，由于逻辑功能比较简单，而且固定不变，理论上可以用这些中、小规模集成电路组成任何复杂的数字系统，但是需要大量的芯片及连线，且功耗高、体积大、可靠性差。为了减小体积和降低功耗，提高电路的可靠性，出现了专用集成电路（Application Specific Integrated Circuit，ASIC），它是为某种专门用途而设计的。但是专用集成电路一般比通用型集成电路用量少得多，使得设计和制造成本很高，而且设计和制造周期均较长。

可编程逻辑器件（Programmable Logic Device，PLD）是作为一种通用型集成电路生产，而由用户编程完成逻辑功能的器件。它可以由用户通过编程在 1 块 PLD 上构成数字系统，而不必由芯片生产厂家去设计和制作专用集成芯片。PLD 具有通用型集成电路生产批量大、成本低和专用型集成电路构成系统体积小、电路可靠的特点。

PLD 按构成分为 PROM、可编程阵列逻辑（Programmable Array Logic，PAL）、可编程逻辑阵列（Programmable Logic Array，PLA）、通用阵列逻辑（Generic Array Logic，GAL）、可擦除 PLD（Erasable PLD，EPLD）、现场可编程门阵列（Field Programmable Gate Array，FPGA）及在系统可编程逻辑器件（In-System Programmable-PLD，ISP-PLD）等。

6.2.1 PLD 一般组成与电路表示法

1．PLD 一般组成

图 6-21 所示为 PLD 的结构框图。输入电路用于对输入信号缓冲，并产生原变量与反变量两个互补信号供与阵使用；与阵实现与逻辑；或阵实现或逻辑；输出电路有多种形式，如三态输出、寄存器型输出、可组态的逻辑宏单元等。有些 PLD 还有内部反馈电路，如图 6-21 中的虚线所示。表 6-6 所示为几种 PLD 的比较。

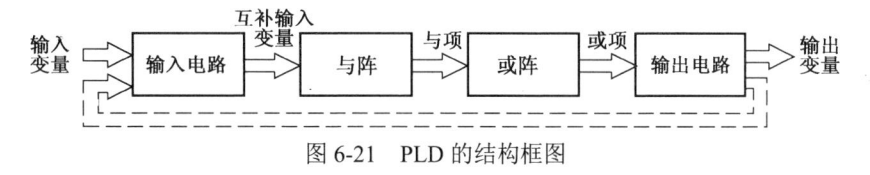

图 6-21 PLD 的结构框图

表 6-6 几种 PLD 的比较

		PROM	PLA	PAL	GAL	EPLD	FPGA
推出时间		20 世纪 70 年代初	20 世纪 70 年代中	20 世纪 70 年代末	20 世纪 80 年代中	20 世纪 80 年代末	20 世纪 80 年代末
阵列	与阵	固定	可编程	可编程	可编程	可编程	可编程逻辑模块
	或阵	可编程	可编程	固定	部分可编程	部分可编程	
输出电路		固定	固定	固定	输出逻辑宏单元可组态	输出逻辑宏单元可组态	可编程输入/输出模块
特点		与阵的每个输出端都对应一个最小项,且不管这个最小项在逻辑函数表达式中是否出现,均在或阵中占据一条字线,因此在实现逻辑函数时,芯片利用率低	与阵和或阵都可编程,灵活性强。但是当减小器件内晶体管芯尺寸以提高速度时会使成本提高	与阵可编程,所以适用于多输入情况,由于或阵固定,器件体积可以做得很小,因此速度快。对于简单逻辑功能,具有较好的性价比。但输出电路结构类型多,给设计和使用带来了不便	E^2CMOS 工艺,可编程输出逻辑宏单元可以设置成不同的工作状态,增强了器件的通用性	集成度高,又被称为高密度 PLD。采用 CMOS 和 UVEPROM 工艺,具有 CMOS 器件功耗低、噪声容限高的优点,兼有 UVEPROM 可靠性高、集成度高、成本低的优势,相对 GAL 的输出逻辑宏单元,增加了预置数和异步置零功能,增强了使用的灵活性	高密度 PLD,由若干独立的可编程逻辑模块组成,用户可以通过编程将这些模块连接成所需的数字系统。因模块的排列形式与 GA(门阵列)中单元的排列形式相似,所以沿用了 GA 的名称
用途		主要用作存储器	小批量定型产品中的中规模集成电路,实现复杂逻辑功能	小批量定型产品中的中规模集成电路,实现简单逻辑功能	产品研制中需要不断修改的中、小规模集成电路		组成数字系统

2. PLD 电路表示法

由于 PLD 阵列规模庞大,所以在 PLD 电路的描述中使用一种简化的方法,如图 6-22 所示。图中,"固定连接"表示两交叉线相连与传统表示法无区别,可以理解为"焊死"的连接点;"编程连接"表示两交叉线通过编程的方法连接,也可以通过编程的方法断开;"不连接"表示两交叉线互不相连。

图 6-22 PLD 电路表示法

6.2.2 PAL

PAL 的基本结构是可编程与阵和固定的或阵。图 6-23 所示为双极型 PAL 的原理图,它与 PROM 一样,利用烧断熔丝进行编程。图 6-24 所示为其阵列图,图中每条横线都对应一个与项,称为与线;竖线对应一个输入变量的原变量或反变量,称为输入线。若与线与输入线交叉处熔丝保留,则该与线包含输入线所对应的变量;若熔丝烧断,则该与线与输入线所对应的变量无关。显然，如果一条与线上的熔丝全部保留，则这条与线始终为低电平；如果熔丝全部烧断，则这条与线始终为高电平。交叉点处有"×"表示熔丝保留，即编程连接，而无"×"则表示熔丝烧断。图 6-25 所示为熔丝全部保留的简化符号。

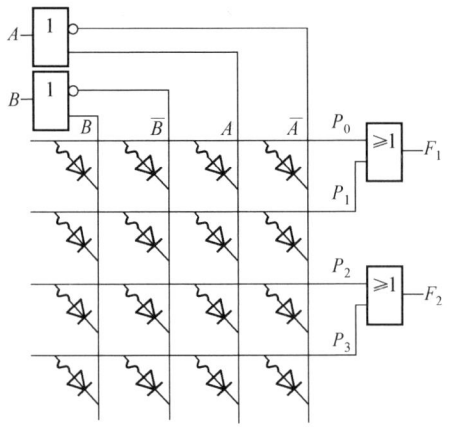

图 6-23 双极型 PAL 的原理图 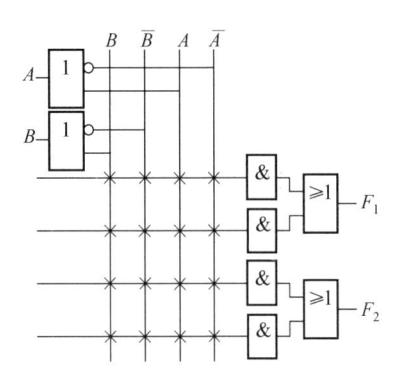　　　图 6-24 双极型 PAL 的阵列图

【例 6-3】请根据图 6-26 所示的 PAL 14L8 部分阵列图，写出 $F_1 \sim F_4$ 的逻辑函数表达式。

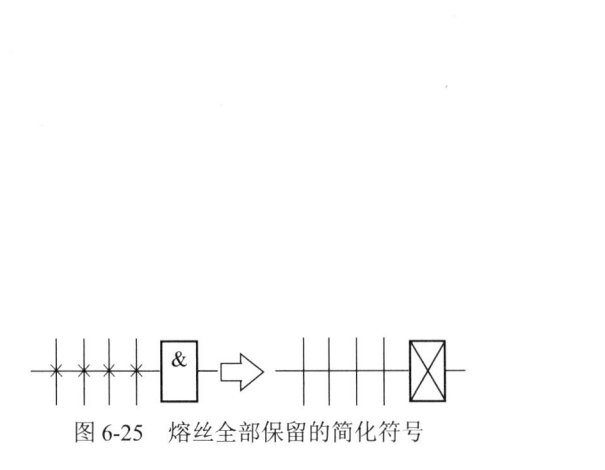

图 6-25 熔丝全部保留的简化符号 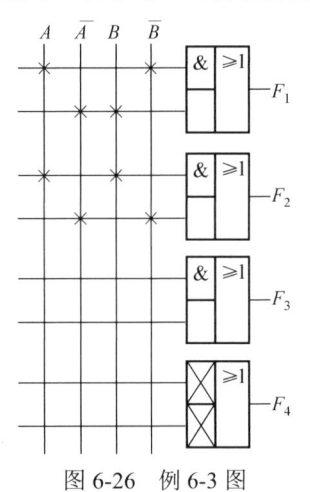　　　图 6-26 例 6-3 图

解：$F_1 = A\overline{B} + \overline{A}B$；$F_2 = AB + \overline{A}\ \overline{B}$；$F_3 = 1+1=1$；$F_4 = 0+0=0$。

PAL 有多种型号，它们的与阵结构相同，只是规模略有不同，输出结构不同，常见的输出结构有以下 2 种。

（1）组合型。这种输出结构适合构成组合逻辑电路。常见的有或门输出、或非门输出，以及带互补输出端的或门等。具有三态特性的输出端还能兼作输入端用。以上所用的 PAL 14L8 就是组合型 PAL，采用的是或门输出。

（2）寄存型。这种输出结构适合构成时序电路，如 PAL 16R8。

【例 6-4】用 PAL 16R8 构成 8421BCD 码计数器。

解：选用双列直插封装 PAL 16R8，有 20 个引脚（V_{CC}：第 20 脚；GND：第 10 脚），其逻辑图如图 6-27 所示，可见，它有 1 个时钟端 CK；1 个使能端 OE；8 个输入端 $I_0 \sim I_7$，

8个反馈输入端（内部），共16×2条输入线，64条与线（最多生成64个与项）；8个三态输出端$O_0 \sim O_7$。触发器为D触发器。

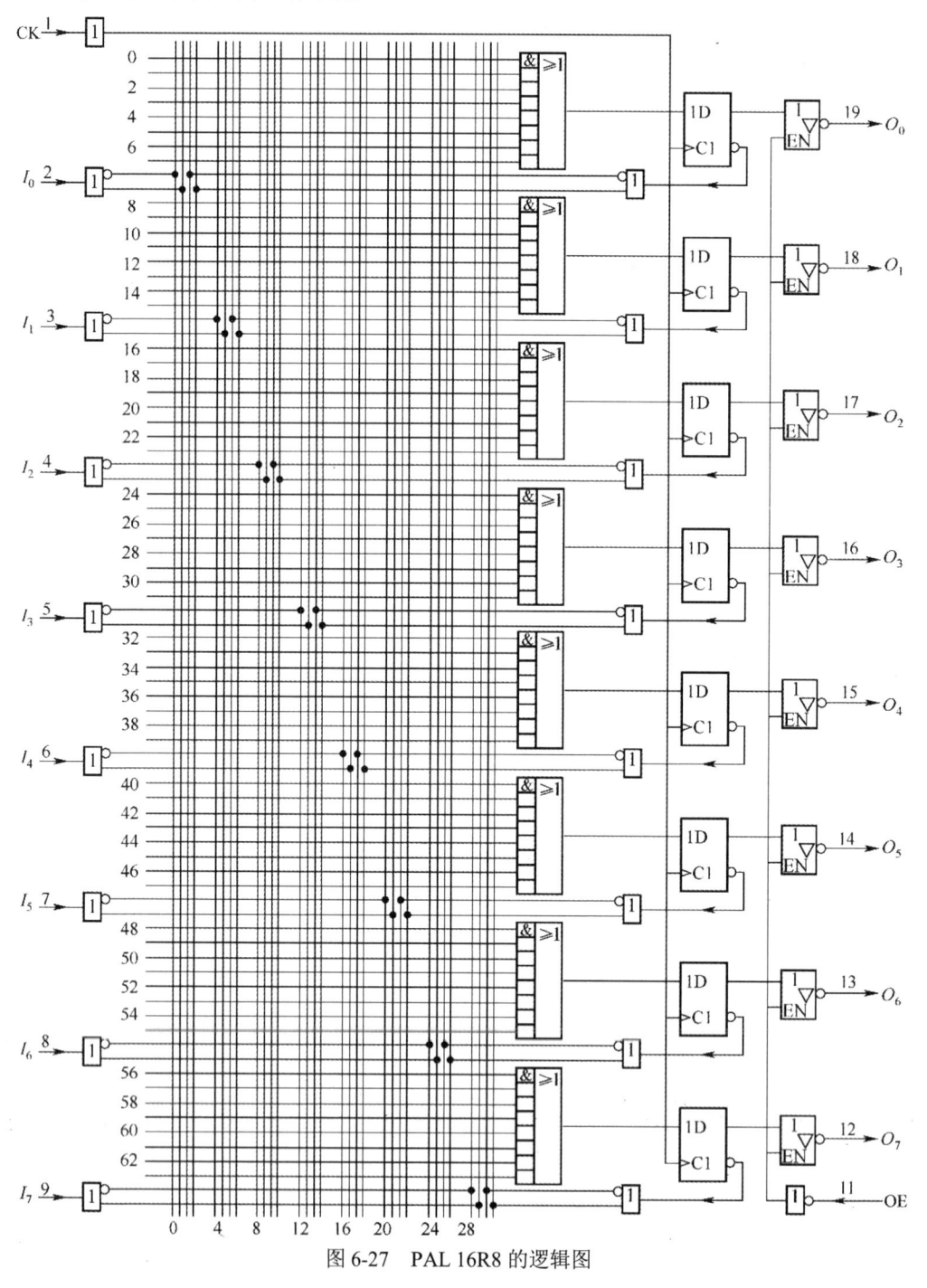

图6-27 PAL 16R8的逻辑图

8421BCD码计数器的状态表如表6-7所示。由此可得计数器的状态方程为

$$Q_0^{n+1} = \overline{Q}_0^n$$

$$Q_1^{n+1}=\overline{Q}_3^n\overline{Q}_1^n Q_0^n+Q_1^n\overline{Q}_0^n$$

$$Q_2^{n+1}=Q_2^n\overline{Q}_1^n+Q_2^n\overline{Q}_0^n+\overline{Q}_2^n Q_1^n Q_0^n$$

$$Q_3^{n+1}=Q_2^n Q_1^n Q_0^n+Q_3^n\overline{Q}_0^n$$

因 PAL 16R8 为 D 触发器，所以将以上各式分别与 D 触发器特征方程 $Q^{n+1}=D^n$ 进行比较，可得

$$D_0=\overline{Q}_0$$
$$D_1=\overline{Q}_3\overline{Q}_1 Q_0+Q_1\overline{Q}_0$$
$$D_2=Q_2\overline{Q}_1+Q_2\overline{Q}_0+\overline{Q}_2 Q_1 Q_0$$
$$D_3=Q_2 Q_1 Q_0+Q_3\overline{Q}_0$$

为便于表示，令

$P_0=\overline{Q}_0$；$P_1=\overline{Q}_3\overline{Q}_1 Q_0$；$P_2=Q_1\overline{Q}_0$；$P_3=Q_2\overline{Q}_1$

$P_4=Q_2\overline{Q}_0$；$P_5=\overline{Q}_2 Q_1 Q_0$；$P_6=Q_2 Q_1 Q_0$；$P_7=Q_3\overline{Q}_0$

以上各与项通过编程与阵实现。通过或逻辑实现

$D_0=P_0$；$D_1=P_1+P_2$；$D_2=P_3+P_4+P_5$；$D_3=P_6+P_7$

由上述内容可得 PAL 16R8 的阵列图，如图 6-28 所示。在计数脉冲 CK 的作用下，计数器按 8421BCD 码计数顺序加 1 计数，输出为反码 $\overline{Q}_3\overline{Q}_2\overline{Q}_1\overline{Q}_0$，若输出 $Q_3 Q_2 Q_1 Q_0$，则在每个输出端加 1 个非门。

表 6-7 8421BCD 码计数器的状态表

输入脉冲序号	现态				次态			
	Q_3^n	Q_2^n	Q_1^n	Q_0^n	Q_3^{n+1}	Q_2^{n+1}	Q_1^{n+1}	Q_0^{n+1}
1	0	0	0	0	0	0	0	1
2	0	0	0	1	0	0	1	0
3	0	0	1	0	0	0	1	1
4	0	0	1	1	0	1	0	0
5	0	1	0	0	0	1	0	1
6	0	1	0	1	0	1	1	0
7	0	1	1	0	0	1	1	1
8	0	1	1	1	1	0	0	0
9	1	0	0	0	1	0	0	1
10	1	0	0	1	0	0	0	0
无效状态	1	0	1	0	×	×	×	×
	1	0	1	1				
	1	1	0	0				
	1	1	0	1				
	1	1	1	0				
	1	1	1	1				

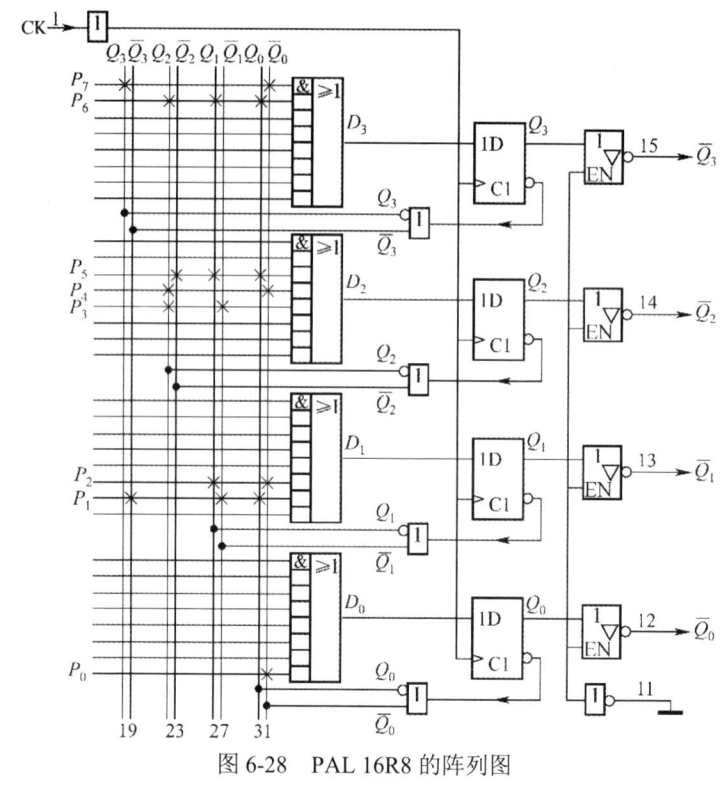

图 6-28 PAL 16R8 的阵列图

6.2.3 GAL

GAL 是继 PAL 之后推出的一种低密度 PLD，在结构上采用输出逻辑宏单元（Output Logic Macrocell，OLMC），可由用户编程组态，构成组合型输出、寄存型输出等。在工艺上采用 E²CMOS 技术，从而使其具有可反复擦除、改写、数据长期保存和重新组合结构的特点。因此，GAL 比 PAL 的功能更加全面、结构更加灵活，可以取代大部分中、小规模集成电路和 PAL，增加了数字系统设计的灵活性。

下面以常见的 GAL 16V8 为例介绍 GAL 的一般结构。GAL 16V8 的结构如图 6-29 所示，它由 1 个 32×64 位的可编程与阵、8 个 OLMC 等组成，20 脚为+5V 电源端，10 脚为地端；2~9 脚为输入端；12~19 脚为输出端；1 脚为时钟端 CK，11 脚为三态输出控制端 OE。根据需要，1 脚与 11 脚还可以作为输入端。此外，除 2~9 脚固定作为 8 个输入引脚以外，还可将 8 个输出引脚配置成输入模式。因此，GAL 16V8 最多可有 16 个输入端，而输出端最多为 8 个。这就是 GAL 16V8 中 16 与 8 的含义。

GAL 16V8 的第 n（$n=12,13,\cdots,19$）个 OLMC 的结构如图 6-30 所示。每个 OLMC 都包含或阵的 1 个 8 输入或门及控制或门输出极性的 1 个异或门、1 个 D 触发器，此外还有 4 个多路选择器和 2 个辅助门。

或门的输入来自可编程的与阵，每个输入都对应一个与项，即对应与阵中 1 个与门的输出，所以或门输出为 8 个与门输出之和。或门输出送至异或门的一个输入，异或门的另一个输入 $X_{OR}(n)$ 控制或门输出极性：$X_{OR}(n)=0$，或门输出极性不变，输出低电平有效；$X_{OR}(n)=1$，或门输出极性取反，输出高电平有效。

项目6 PC内存储器电路

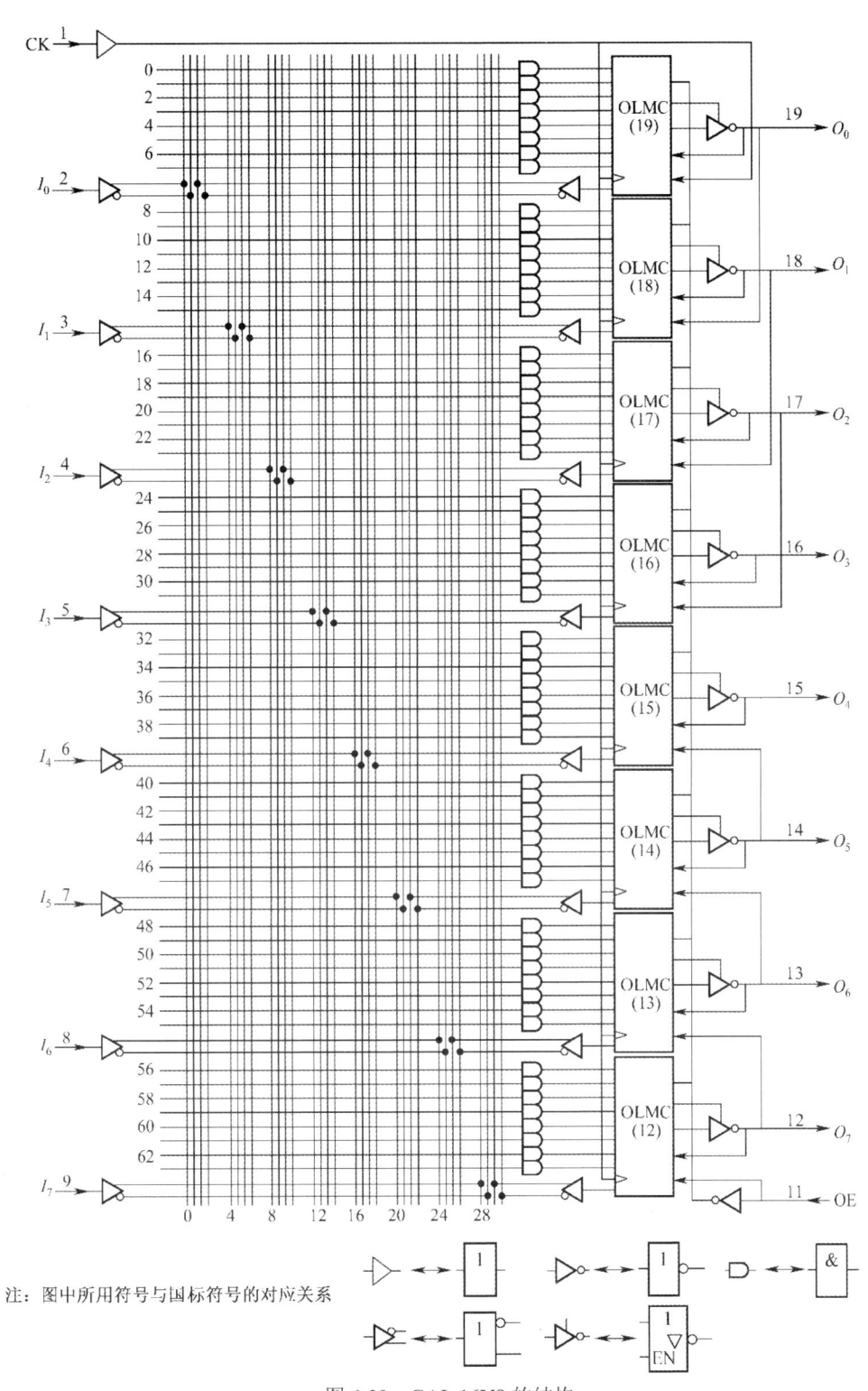

图6-29 GAL 16V8的结构

注：图中所用符号与国标符号的对应关系

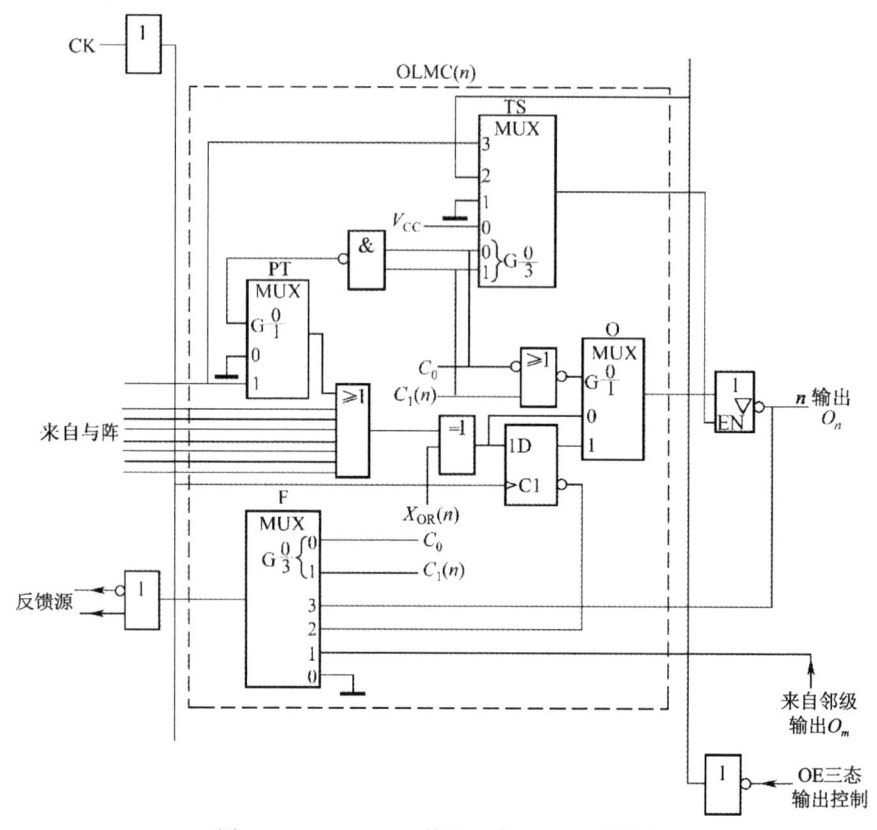

图 6-30 GAL 16V8 的第 n 个 OLMC 的结构

4 个多路数据选择器 MUX 受信号 C_0、$C_1(n)$ 的控制。"与项"2 选 1 选择器 PT-MUX 用于决定或门的第 1 个输入是否来自与阵中的一个与项。"三态输出控制"4 选 1 选择器 TS-MUX 用于控制三态门使能信号的来源。"输出"2 选 1 选择器 O-MUX 用于选择输出信号是组合的还是寄存的，若选择异或门输出，则适合构成组合逻辑电路；若选择 D 触发器输出，则适合构成时序电路。"反馈源"4 选 1 选择器 F-MUX 用于决定反馈信号的来源。

OLMC 有 5 种可编程的工作组态，其中 3 种为组合逻辑电路类型，分别是专用输入模式、专用组合输出模式、选通组合输出模式，剩余 2 种为时序电路类型，即时序电路中的组合输出模式和时序输出模式。

这 5 种工作组态由对器件进行编程时配置的 C_0、$C_1(n)$ 和 $X_{OR}(n)$ 信号决定，因此 C_0、$C_1(n)$ 和 $X_{OR}(n)$ 信号被称为"结构控制字"信号。

阅读　PLD 的开发

PLD 之所以能够迅速发展和得到普遍应用，是因为其可借助丰富的计算机辅助设计软件进行设计和编程。

PLD 的开发主要经过以下步骤。

（1）根据设计要求进行逻辑抽象，即把要实现的逻辑功能表示为逻辑函数的形式。

（2）选择所需芯片型号。

（3）根据所选 PLD 型号，选定能够支持所选芯片的开发系统。

开发系统包括软件和硬件两部分。软件是指 PLD 专用的编程语言和相应的汇编程序或编译程序[汇编程序或编译程序起"翻译"作用，即将用汇编语言或高级编程语言编辑的程序（源程序）转变成 JEDEC 文件。JEDEC 文件是一种由电子器件工程联合会制定的记录 PLD 编程数据的标准文件格式]。早期多为汇编型软件，它要求输入化简后的与或表达式，不具备自动化简的功能，且对不同类型的 PLD 兼容性差。20 世纪 80 年代初，功能更强、效率更高、稳定性更好的编译型软件得到了推广使用，这类软件输入的源程序采用专用的高级编程语言（又称硬件描述语言 HDL）编写，有自动化简和优化设计功能。此后又出现了功能更强的开发系统软件，不仅可以用高级编程语言输入，而且可以用电路原理图输入。20 世纪 90 年代后，PLD 开发系统软件向集成化发展。这些集成化开发系统软件（软件包）通过一个设计程序管理软件，把一些已经广泛应用的优秀 PLD 开发系统软件集成为一个大的软件系统，设计时技术人员可以灵活地调用这些资源完成设计工作。目前，PLD/FPGA 开发软件多由 FPGA 芯片生产厂家提供。

开发系统的硬件包括计算机和编程器。编程器是对 PLD 进行写入和擦除操作的专用设备，能提供对 PLD 擦除或写入操作所需的电源电压和控制信号，并通过串行或并行接口在计算机接收编程数据后写入 PLD。

（4）在计算机上设计、编辑对 PLD 编程的源程序或电路原理图。目前 PLD 开发软件一般都集成了对源程序或电路原理图的编辑环境。

（5）将源程序或电路原理图输入 PLD 开发平台，产生 JEDEC 文件和其他程序说明文件。

（6）将计算机接上 PLD 编程器，先将 JEDEC 文件由计算机送给编程器，再由编程器对 PLD 编程（所谓编程就是将 PLD 芯片中的交叉线按照功能要求接通或断开）。

（7）测试。将写好数据的 PLD 从编程器上取下，用实验方法测试它的逻辑功能，检查是否达到了设计要求。

此外，20 世纪 90 年代初推出的 ISP-PLD 在编程时不需要使用编程器，也不需要将它从所在系统的印制电路板上取下，利用计算机可以直接"在系统"内对其编程。

在数字系统中采用 PLD 代替常用的 74/54 系列 TTL 或 CMOS 芯片，优点如下。

（1）系统设计灵活方便。在设计某系统时，可根据任务进行逻辑抽象，给出逻辑描述，如列真值表、写逻辑函数表达式、画状态图等。这些逻辑功能要靠器件实现，而在数百种中、小规模 TTL 或 CMOS 器件中选用合适的器件，使设计达到较高的性价比，对设计者来说并非易事。采用 PLD 并辅以开发工具，将使事情变得容易得多。例如，使用 GAL，会很容易地在 3、4 种可供选择的器件中确定采用哪种型号。高级的开发软件使逻辑设计变得很简单，在对任务进行确切的逻辑描述后，由编程工具自动确定 GAL 应配置的内部电路结构。这样，逻辑设计的主要任务将是集中力量求解逻辑描述，并保证其正确无误。

在一个系统的研制阶段，由于任务变动或设计错误而修改设计是经常发生的。若在设计中采用非可编程逻辑器件，则可能要更换、增加器件。而采用 PLD 设计，便可将原有器件立即改写后继续使用。

在普通中、小规模集成器件中，引脚的定义是相对固定的。一个复杂系统的印制电路板设计常会因为个别引脚的走线而陷入困境。而在 PLD 中，引脚功能的定义有较大的灵活性，可以由设计者确定，这将大大简化印制电路板的设计。

（2）系统体积缩小、可靠性提高。据统计，1 个 GAL 在功能上可替代 4～12 个中、小规模集成器件，从而使系统体积缩小、可靠性提高，也进一步简化了印制电路板的设计。

思考与练习

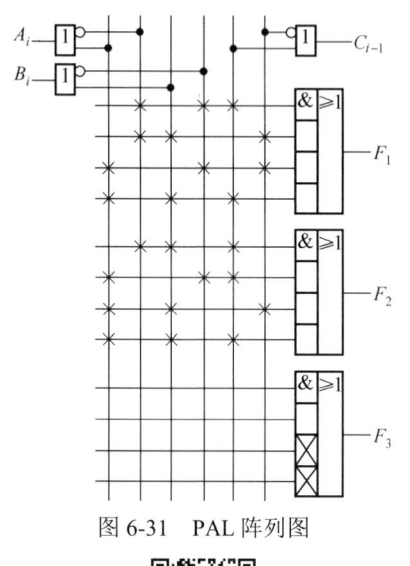

1. 写出图 6-31 所示的 PAL 阵列图对应的逻辑函数表达式。

2. 试用 PAL 实现以下逻辑函数。

$$F_1=\bar{A}\bar{B}\bar{C}\bar{D}+\bar{A}B\bar{C}D+A\bar{B}C\bar{D}+ABCD$$
$$F_2=\bar{A}\bar{B}C\bar{D}+\bar{A}BCD+A\bar{B}\bar{C}\bar{D}+AB\bar{C}$$
$$F_3=\bar{A}BD+\bar{B}C\bar{D}$$
$$F_4=BD+\bar{B}\bar{D}$$

3. 利用 PAL 实现以下问题。

（1）8421BCD 码转换为余 3BCD 码。

（2）BCD 格雷码转换为余 3BCD 码。

4. 图 6-28 所示为由 PAL 16R8 构成的 8421BCD 码计数器，输出为反码 $\bar{Q}_3\bar{Q}_2\bar{Q}_1\bar{Q}_0$。如果需要原码输出 $Q_3Q_2Q_1Q_0$，那么应怎样修改电路？

5. 用 PAL 16R8 构成 2421BCD 码加法计数器。

6. 与双极型 PAL 相比，采用 CMOS 工艺的 PAL 的优点是什么？

图 6-31 PAL 阵列图

扫一扫看延伸阅读：全球芯片半导体产业的竞争态势与中国机遇

小结

1. 半导体存储器是一种能存储大量信息的半导体器件。由于要存储的信息量很大，而器件的引脚数不可能无限制地增加，因而不可能将每个存储单元的 I/O 端都固定地接到一个引脚上。因此，存储器的电路结构与项目 5 所介绍的寄存器是不同的。

在半导体存储器中采用了按地址存放数据的方法，只有被输入地址代码指定的存储单元，才能与 I/O 端接通，并对所指定的单元进行读/写操作。I/O 端是公用的。为此，存储器的电路结构中必须包含地址译码器、存储矩阵和读/写电路。

半导体存储器分为 ROM 和 RAM，RAM 又分为 SRAM 和 DRAM。根据存储特点、存取速度、集成度及价格等，各种存储器被用于不同的场合。

2. PLD 的基本构成是与阵和或阵。本项目代表性地简介了 ROM、PAL 和 GAL。

PLD 的最大特点是可以通过编程的方法设置其逻辑功能。PLD 的编程工作需要在开发系统的支持下进行。开发系统的种类很多，性能差别很大，各有一定的适用范围。因此在设计数字系统，选择 PLD 的具体型号时，必须同时考虑所使用的开发系统能否支持所选器件的编程工作。

实验与技能训练

实验 12．存储器

1．实验目的

通过实验，进一步理解 RAM 的工作原理，了解其使用方法。

2．实验用设备、器件

直流稳压电源、通用集成电路实验装置、万用表、示波器及示波器多踪显示接口电路，2114、74125、74LS163A。

3．实验内容

由于半导体存储器极易被烧毁，因此在实验中一定要仔细，接线要正确，接触要良好，确保接线、电源电压正确后，再加电实验。测试过程中一定要防止出现存储器工作在读出状态，而又在 I/O 端加入写 1 信号的情况，否则必将烧毁存储器。

（1）用单拍方式向存储器单元写入数据。

按表 6-8 所示的存储单元地址，将对应数据写入存储器。为防止烧毁存储器，将 74125 加到 I/O 端用于保护，如图 6-32 所示。图中，$S_0 \sim S_6$ 表示逻辑开关，V_{DD} 取 5V。写入时按照 2114 写时序操作。

表 6-8　存储单元地址与写入数据的对应关系

控制		地址										数据			
$\overline{CS}$	$\overline{WE}$	A_9	A_8	A_7	A_6	A_5	A_4	A_3	A_2	A_1	A_0	I/O_3	I/O_2	I/O_1	I/O_0
0	0	0	0	0	0	0	0	0	0	0	0	0	0	0	0
		0	0	0	0	0	0	0	0	0	1	0	0	0	1
		0	0	0	0	0	0	0	0	1	0	0	0	1	0
		0	0	0	0	0	0	0	0	1	1	0	0	1	1
		0	0	0	0	0	0	0	1	0	0	0	1	0	0
		0	0	0	0	0	0	0	1	0	1	0	1	0	1
		0	0	0	0	0	0	0	1	1	0	0	1	1	0
		0	0	0	0	0	0	0	1	1	1	0	1	1	1
		0	0	0	0	0	0	1	0	0	0	1	0	0	0
		0	0	0	0	0	0	1	0	0	1	1	0	0	1
		0	0	0	0	0	0	1	0	1	0	1	0	1	0
		0	0	0	0	0	0	1	0	1	1	1	0	1	1
		0	0	0	0	0	0	1	1	0	0	1	1	0	0
		0	0	0	0	0	0	1	1	0	1	1	1	0	1
		0	0	0	0	0	0	1	1	1	0	1	1	1	0
		0	0	0	0	0	0	1	1	1	1	1	1	1	1

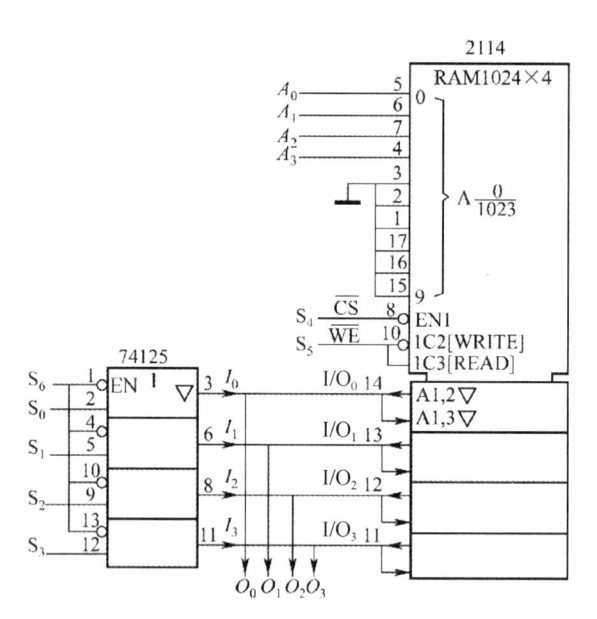

图 6-32 2114 读/写测试电路

（2）用单拍方式读出存储器的存储内容。

用单拍方式从存储器各单元中读出上面写入的数据，并填入表 6-9。读出时，$\overline{CS}$、$\overline{WE}$ 接逻辑电平开关，O_i（$i=0,1,2,3$）端接电平指示灯，按照 2114 读时序操作。

表 6-9 存储单元地址与读出数据的对应关系

控制		地址										数据			
$\overline{CS}$	$\overline{WE}$	A_9	A_8	A_7	A_6	A_5	A_4	A_3	A_2	A_1	A_0	I/O$_3$	I/O$_2$	I/O$_1$	I/O$_0$
0	1	0	0	0	0	0	0	0	0	0	0				
		0	0	0	0	0	0	0	0	0	1				
		0	0	0	0	0	0	0	0	1	0				
		0	0	0	0	0	0	0	0	1	1				
		0	0	0	0	0	0	0	1	0	0				
		0	0	0	0	0	0	0	1	0	1				
		0	0	0	0	0	0	0	1	1	0				
		0	0	0	0	0	0	0	1	1	1				
		0	0	0	0	0	0	1	0	0	0				
		0	0	0	0	0	0	1	0	0	1				
		0	0	0	0	0	0	1	0	1	0				
		0	0	0	0	0	0	1	0	1	1				
		0	0	0	0	0	0	1	1	0	0				
		0	0	0	0	0	0	1	1	0	1				
		0	0	0	0	0	0	1	1	1	0				
		0	0	0	0	0	0	1	1	1	1				

（3）用动态连续循环方式从存储器中读出数据。

使地址由 0000→0001→⋯→1111→0000→⋯连续动态循环，从存储器各单元中读出数据，用示波器观测 I/O_0～I/O_3 端波形并记录在坐标纸上。测试电路如图 6-33 所示。

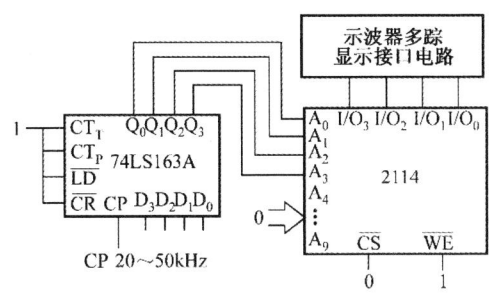

图 6-33 循环读出 2114 存储数据的测试电路

目标检测 6

一、填空题

1. _____位二进制数是 1 字节，字节通常用单个字母_____表示。
2. 1GB=_____MB，1MB=_____KB，1KB=_____B。1K=_____。
3. 在半导体存储器中，地址译码器的作用是_____，I/O 电路的作用是_____。
4. 4096 字×8 RAM 的地址码_____位，存储单元_____个，存储位_____个。
5. PLD 是_____器件，一般由_____等部分组成。

二、单项选择题

1. 对存储器进行读/写操作时，是对一个____进行读/写。
   A．存储矩阵   B．存储单元   C．字节   D．存储位
2. 存储器的存储容量为 64KB，若采用双译码方式，则 X 地址线与 Y 地址线的线数分别为____。
   A．8，8   B．10，6   C．1024，64   D．无法确定
3. 若存储器有 12 根地址线，则有____个地址空间。
   A．1K   B．2K   C．4K   D．8K
4. 8K×8b 的存储器芯片，组成 64K×16b 的内存系统，需要____个芯片。
   A．8   B．16   C．24   D．32
5. 有一组合逻辑电路，包含 7 个输入变量，7 个输出函数，用一个 PROM 实现时应采用的规格是____。
   A．64×8   B．256×4   C．256×8   D．1024×8
6. 利用 PAL 产生一组有 4 个输入变量，3 个输出变量的组合逻辑函数，每个函数所包含与项的最大数是 6，则所选 PAL 的输入端数、与项数、输出端数是____。
   A．8、18、3   B．4、18、3   C．4、6、3   D．8、6、3

三、多项选择题

1. RAM 的特点有____。
   A．可以随机读数据　　　　　　　B．可以随机写数据
   C．非破坏性读出　　　　　　　　D．易失性
2. SRAM 与 DRAM 相比，其优点是____。
   A．存取速度快　　B．不需要刷新　　C．功耗低　　D．集成度高
3. 存储器两个最重要的指标是____。
   A．译码结构形式　B．存储容量　　　C．单元位数　　D．读取速度
4. ROM 中输出缓冲器的作用是____。
   A．用作输出驱动器，提高存储器带负载能力
   B．实现输入三态控制，以便和系统总线相连
   C．实现输出三态控制，以便和系统总线相连
   D．将输入的地址码译成相应的地址控制信号，利用此控制信号从存储矩阵中选出某一单元进行读/写操作
5. 以下属于电擦除可编程的 ROM 是____。
   A．PROM　　　B．EPROM　　　C．E^{2}PROM　　　D．Flash ROM

四、判断题（正确的在括号中打"√"，错误的打"×"）

1. Cache 是 RAM 中存储速度最慢的。（　）
2. ROM 主要由存储矩阵、地址译码器、读/写电路等组成。（　）
3. 与 E^{2}PROM 相比，Flash ROM 的集成度高、成本低。（　）
4. 存储器的时序图反映了各操作信号间的时间关系，必须按照时序要求操作，存储器才能正常工作。（　）
5. 存储器既可以作为存储信息的"仓库"，又可以用来设计、实现组合逻辑函数。（　）

五、完成下列工作

1. 将 256×1 ROM 扩展为 1024×1 ROM。
2. 将 256×1 ROM 扩展为 256×8 ROM。
3. 将 256×1 RAM 扩展为 1024×8 RAM。
4. 分别用 ROM 和 PAL 实现以下逻辑函数。

$$F_1=AB+BC+C\bar{D}; \quad F_2=B+\bar{C}+CD$$

扫一扫看答案

专题讨论 6

专题 6：PC 内存储器电路的设计实现

1. 专题实现

本专题完成一个容量为 8GB、位宽为 64b 的 PC 内存条基本电路的设计。PC（Personal Computer）即个人计算机。我们日常用的多媒体计算机（俗称电脑）也是 PC 的一种，其

内存条（又称内存模组）的外观如图 6-34 所示。存储芯片制作在内存条印制电路板的一面上，目前单条容量超过 8GB 的内存条的存储芯片多是分布在两面的。

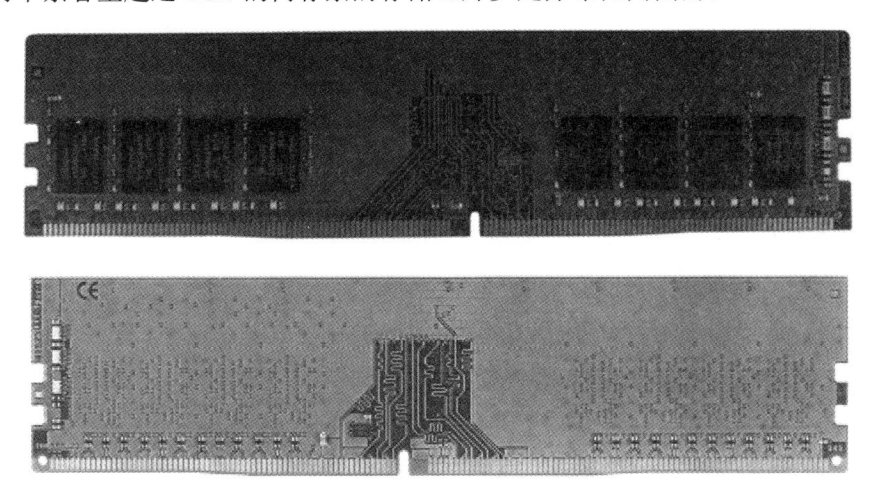

图 6-34 PC 内存条的外观

内存条的主要构成如图 6-35 所示。PCB 是内存芯片的物理载体，多为 4 层或 6 层板。存储芯片又称内存颗粒，一般有 8 颗（1 颗为 1 个 Bank），并且为同品牌、同规格、同型号、同批次，它们决定了内存条的性能、速率及容量。金手指即 PCB 上的覆铜导线（有些产品在上面镀了层金），内存条插入计算机主板的插槽时与槽内的铜簧片相触，使主板与内存条之间的地址线、数据线、电源线、地线等电路连通。SPD（Serial Presence Detect）是 8 针 E^2PROM 芯片，保存着内存的相关资料，如容量、芯片生产厂商、内存条生产厂商、工作速率等。卡槽的作用一是定位插入方向，二是利用开口的数量和位置区分是第几代内存条。

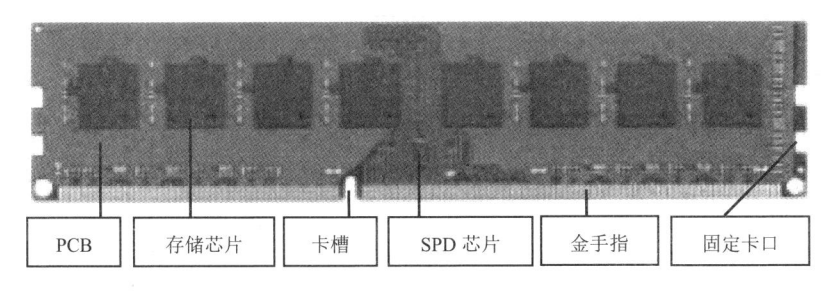

图 6-35 内存条的主要构成

2. 工程设计

（1）设计电路实现方案。

首先选定单颗颗粒容量，本项目选定颗粒容量为 1GB。根据总容量要求，确定所用颗粒数量。本项目要求位宽为 64b，内存位宽是指在一个时钟周期内由内存读出或向内存写入数据的位数，又称 Rank 位宽，单位是 b，如果选择 I/O 数据为并行传输，则可确定 I/O 线的数量。根据以上条件，完成内存条基本电路的设计实现，画出原理图。内存条基本结构可参考图 6-1，容量扩展方案可参考图 6-9 和图 6-10。

（2）确定读/写时序。设计电路的读/写时序，分别画出读周期和写周期的时序图。参考图 6-11 和图 6-12 进行设计。

3．方案展示

参照项目 3 专题 3 学习实践活动，各设计团队进行 8GB 内存条基本电路设计方案的展示和讲解，推选出优秀方案。

4．拓展讨论

（1）单颗颗粒容量为 512MB 的内存条基本电路的实现方案。

（2）单颗颗粒容量为 2GB 的内存条基本电路的实现方案。

（3）对不同颗粒容量的电路实现方案进行比较。

项目 7

数字钟电路

数字钟电路由脉冲电路和逻辑电路组成。脉冲电路的作用是产生或变换脉冲波形。本项目首先介绍各种脉冲电路的组成、工作原理及应用，然后讨论数字钟电路的设计实现。

思政目标

树立法治观念，提高运用法治思维和法治方式解决问题的意识和能力。

知识目标

1. 熟悉各种 RC 电路的组成，掌握它们的功能。
2. 掌握多谐振荡器的电路形式，会估算振荡器的振荡频率，会调整振荡周期。
3. 掌握由门电路组成的单稳态触发器的电路特点，会估算单稳态触发器的单稳态持续时间，并会通过调节电路参数来改变单稳态的持续时间。
4. 了解施密特触发器的电路特点和工作原理。
5. 熟悉 555 集成电路各引脚的功能，能用 555 集成电路组成各种脉冲电路。

技能目标

1. 会查阅手册，能识读单稳态触发器、施密特触发器的引脚和功能，能正确使用器件。
2. 能通过调节电路参数，调整 555 集成电路组成的各种脉冲电路的参数。

7.1 RC 电路

利用电阻 R 与电容 C 可以组成 RC 电路。下面介绍脉冲电路中常用的 RC 电路。

7.1.1 RC 微分电路

RC 微分电路如图 7-1（a）所示，它的作用是将矩形脉冲变换为尖脉冲。在输入矩形脉冲 u_i 时，为使输出 u_o 为尖脉冲，电路时间常数 τ 与输入脉冲宽度 t_w、脉冲间隔 t_g 之间要满足

$$\tau = RC \ll t_w; \quad \tau = RC \ll t_g$$

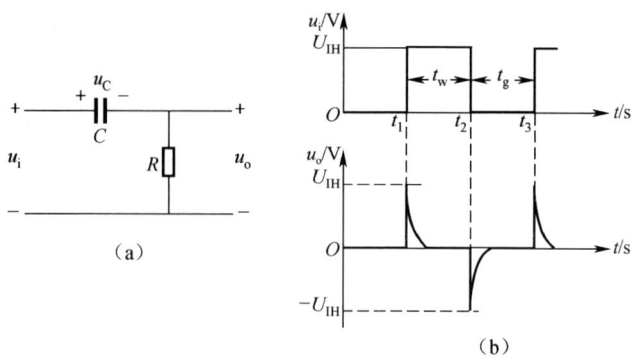

图 7-1　RC 微分电路及波形

1．工作原理

下面结合图 7-1（b）RC 微分电路的输入/输出电压波形进行分析。

（1）当 $t<t_1$ 时，$u_i=0V$，$u_C=0V$，$u_o=u_i-u_C=0V$。

（2）当 $t=t_1$ 时，u_i 由低电平 0V 跳变到高电平 U_{IH}，由于电容电压不能突变，所以，在 u_i 跳变前后时刻（分别记作 t_1^- 与 t_1^+），电容两端电压保持不变，即 $u_C(t_1^+)=u_C(t_1^-)=0V$，因此，输入电压 u_i 全部降落在 R 上，使 $u_o(t_1^+)=u_i(t_1^+)=U_{IH}$，即 u_o 随 u_i 跳变到 U_{IH}。

（3）$t_1 \sim t_2$ 期间，$u_i=U_{IH}$ 不变，在 u_i 作用下 C 被充电，电容电压 u_C 由 0V 按指数规律逐渐上升，使 u_o 由 U_{IH} 按指数规律逐渐下降。经过 $3\tau \sim 5\tau$ 的时间，C 充电基本完成，$u_C=U_{IH}$，而 u_o 下降到 0V。因为 $\tau \ll t_w$，所以相对于 t_w，上述过程所用时间很短，远在 t_2 时刻之前，充电过程已完成，输出电压 u_o 形成正尖脉冲。

（4）当 $t=t_2$ 时，u_i 由 U_{IH} 跳变到 0V。由于电容电压 $u_C(t_2^+)=u_C(t_2^-)=U_{IH}$，所以 $u_o(t_2^+)=-u_C(t_2^+)=-U_{IH}$，即 u_o 由 0V 跳变到 $-U_{IH}$。

（5）$t_2 \sim t_3$ 期间，$u_i=0V$，又有 $\tau \ll t_g$，所以 C 放电使 u_C 按指数规律迅速下降到 0V，而 u_o 由 $-U_{IH}$ 按指数规律迅速上升到 0V，形成负尖脉冲。

由上述内容可见，当 RC 微分电路输入矩形脉冲时，在输出端得到的是正、负相间的尖脉冲。

2．τ 的取值

在脉冲电路中，尖脉冲主要用来作为触发信号或控制信号，因此，要有一定的幅度和宽度。若 τ 取值很小，则尖脉冲宽度太窄。但 τ 也不能太大，必须满足 $\tau \ll t_w$，$\tau \ll t_g$ 的条件。考虑上述因素，取

$$\frac{1}{10}t_w \leqslant \tau \leqslant \frac{1}{3 \sim 5}t_w$$

7.1.2　RC 积分电路

RC 积分电路的作用是把矩形波变换成三角波。RC 积分电路如图 7-2（a）所示，输出电压取自电容两端，电路条件为

$$\tau = RC \gg t_w$$

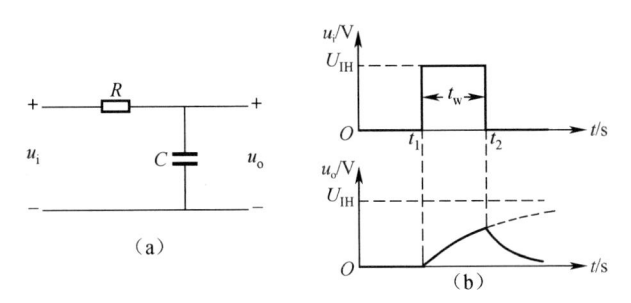

图 7-2 RC 积分电路及波形

图 7-2（b）所示为 RC 积分电路输入/输出电压波形。t_1 时刻，u_i 从 0V 跳变到 U_{IH}，因电容电压不能突变，$u_o=0V$。$t_1 \sim t_2$ 期间，$u_i=U_{IH}$，C 充电，u_o 按指数规律上升。因 $\tau \gg t_w$，所以在这段时间内可以近似认为 u_o 是线性上升的。t_2 时刻，u_i 由 U_{IH} 跳变到 0V，此后电容放电，u_o 按指数规律逐渐衰减到 0V。

可见，RC 积分电路将矩形波变换成了三角波。

7.1.3 脉冲分压器

在脉冲电路中，有时需要将脉冲信号经过电阻分压送到后级电路，如图 7-3 中实线所示。由于电路中存在寄生电容等，其作用就好像在分压器输出端并联了一个电容 C_o，如图 7-3 中虚线所示，这样，当输入电压 u_i 突变时，由于 C_o 充放电过程产生的延缓作用，u_o 不能跟随 u_i 一起跳变，输出波形边沿变差，当 u_i 由 0V 跳变到 U_{IH} 时，经过一段时间后 u_o 才达到稳态值 $U_{IH} \dfrac{R_2}{R_1 + R_2}$。

为克服 C_o 产生的影响，可在电路中加入加速电容。首先来看加速电容的作用，在图 7-4 所示的电路中，当 u_i 由 0V 跳变到 U_{IH} 时，由于 C_j 两端电压不能突变，所以 u_o 跟随 u_i 跳变到 U_{IH}。C_j 充电结束后，u_o 下降到稳态值 $U_{IH} \dfrac{R_2}{R_1 + R_2}$。由此可见。$C_j$ 与 C_o 对脉冲信号传输所产生的影响相反，C_j 有使 u_o 跟随 u_i 跳变而加速跳变的作用，因此称 C_j 为加速电容。

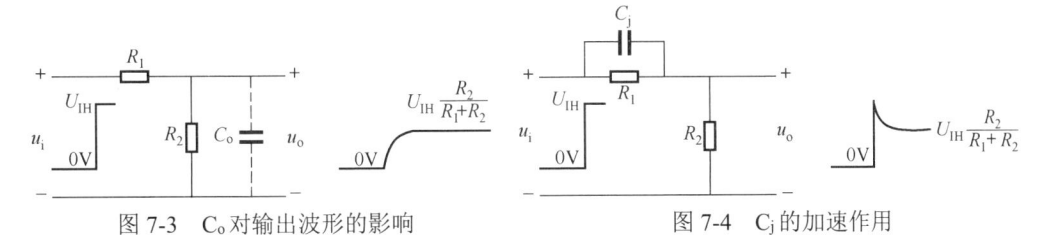

图 7-3 C_o 对输出波形的影响　　　　图 7-4 C_j 的加速作用

有加速电容 C_j 的脉冲分压器如图 7-5（a）所示。由于 C_j 的加速作用与 C_o 的延缓作用相抵消，因而输出波形得到了改善。图 7-5（b）所示为 C_j 取不同值时对输出波形的改善情况：C_j 较小时，C_j 的加速作用不足以克服 C_o 的延缓作用，输出波形仍较差，称为欠补偿；C_j 较大时，C_j 的加速作用超过 C_o 的延缓作用，输出波形出现超过稳态值的尖顶过冲，称为过补偿；只有 C_j 适合，使 C_j、C_o 的作用完全抵消，输出波形才与输入波形相一致，这时称为正补偿或最佳补偿。可以证明，C_j 的最佳值为

$$C_j = C_o \frac{R_2}{R_1}$$

实际应用时，C_j 还需要通过实验进一步调整。

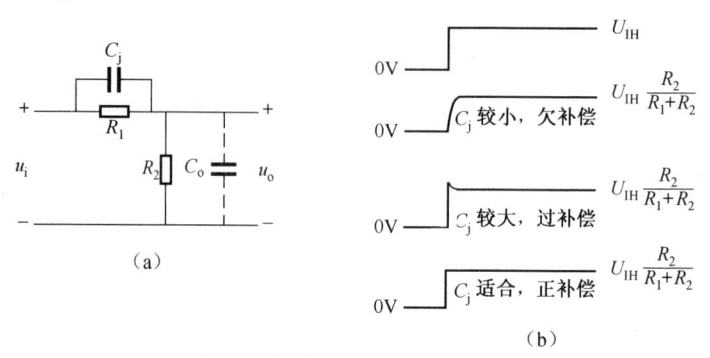

图 7-5　加速电容 C_j 改善输出波形

【**例 7-1**】设图 7-6（a）所示的电路的输入信号 u_i 为方波，周期 $T = t_w + t_g = 10\mu s$，幅度 $U_m = U_H - U_L = 5V$，如图 7-6（b）所示。画出输出信号 u_o 的波形。

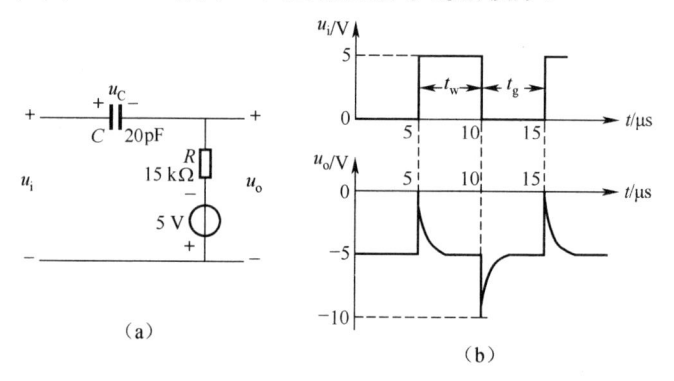

图 7-6　例 7-1 图

解：首先求时间常数为

$$\tau = RC = 15 \times 10^3 \times 20 \times 10^{-12} = 3 \times 10^{-7} s = 0.3\mu s$$

因 $\tau \ll t_w$，且输出电压由电阻两端输出，满足 RC 微分电路的条件。

设 $u_C(0) = 5V$。$0 \sim T/2$ 期间，$u_i = 0V$，电容 C 不充电也不放电，$u_o = -5V$。

$T/2 \sim T$ 期间，$u_i = 5V$，u_i 与电路中的 5V 直流电源共同对 C 充电，因电路是 RC 微分电路，在 t_w 期间，C 充电完毕，所以

$$u_C[(T/2)^+] = 5V；u_C(T^-) = 10V$$

$$u_o[(T/2)^+] = u_i[(T/2)^+] - u_C[(T/2)^+] = 5 - 5 = 0V$$

$$u_o(T^-) = u_i(T^-) - u_C(T^-) = 5 - 10 = -5V$$

$T \sim 3T/2$ 期间，$u_i = 0V$，C 通过回路放电并反向充电，因 $\tau \ll t_g$，C 充放电完毕，有

$$u_C(T^+) = u_C(T^-) = 10V；u_C[(3T/2)^-] = 5V$$

$$u_o(T^+) = u_i(T^+) - u_C(T^+) = 0 - 10 = -10V$$

$$u_o[(3T/2)^-] = 0 - 5 = -5V$$

根据以上分析，画出 u_o 的波形，如图 7-6（b）所示。其中电容充放电时间取 5τ。

项目 7　数字钟电路

📖 阅读　脉冲信号与脉冲电路

脉冲信号是指持续时间很短的电压或电流信号。更广义地讲，凡是不连续的非正弦信号都称为脉冲信号。图 7-7 所示为几种常见的脉冲信号波形。

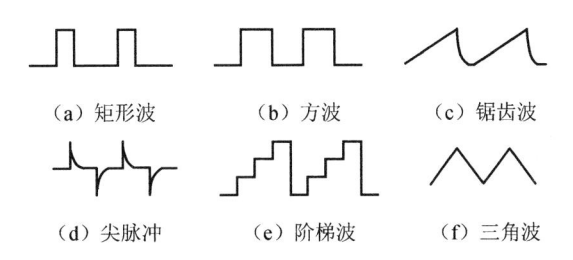

（a）矩形波　　（b）方波　　（c）锯齿波

（d）尖脉冲　　（e）阶梯波　　（f）三角波

图 7-7　几种常见的脉冲信号波形

矩形波是最常用的脉冲信号波形，如在同步时序电路中，作为时钟信号的矩形脉冲控制和协调着整个系统的工作。因此，时钟脉冲的特性直接关系到系统能否正常工作。实际的矩形脉冲并无理想跳变，顶部也不平坦，为了定量描述其特性，通常给出图 7-8 中所标注的几个主要参数。

（1）幅度 U_m——脉冲电压的最大变化幅度。
（2）上升时间 t_r——脉冲信号从 $0.1U_m$ 上升到 $0.9U_m$ 所需的时间。
（3）下降时间 t_f——脉冲信号从 $0.9U_m$ 下降到 $0.1U_m$ 所需的时间。
（4）脉宽或脉冲持续时间 t_w——脉冲信号持续的时间。
（5）脉冲间隔或休止期 t_g——前一脉冲终止时刻和后一脉冲起始时刻之间的时间间隔。
（6）周期 T——相邻 2 个脉冲对应点之间的时间间隔，$T = t_w + t_g$。

周期的倒数称为频率 f，$f = 1/T$。

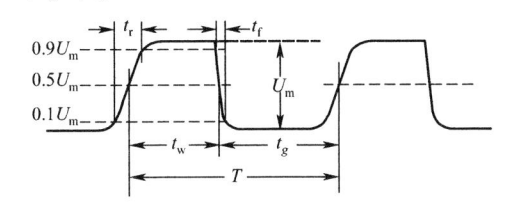

图 7-8　矩形脉冲的主要参数

脉冲电路是产生各种脉冲信号及对各种脉冲信号波形进行变换的电路。脉冲技术是脉冲信号产生、变换、测量和应用的技术。

📄 思考与练习

1. 求如图 7-9 所示理想矩形波 u_i 的脉宽 t_w、脉冲间隔 t_g、周期 T、频率 f、幅度 U_m 及占空比 t_w/T。

2. 分析如图 7-10 所示 RC 电路的功能。输入信号 u_i 如图 7-9 所示，画出输出信号 u_o 的波形。

图 7-9 理想矩形波的波形

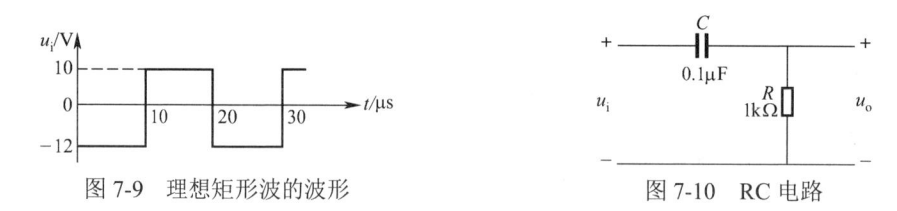

图 7-10 RC 电路

3．利用 RC 积分电路可以从宽窄不同的矩形脉冲混合波形中选出宽脉冲。图 7-11（a）所示为电视复合同步信号，其中，宽脉冲是帧同步脉冲，窄脉冲是行同步脉冲。现欲在电视接收机中把帧同步信号选择出来，试完成以下工作。

（1）确定 RC 积分电路的时间常数。

（2）试根据图 7-11（b）的框图画出电路图（提示：用二极管限幅器）。

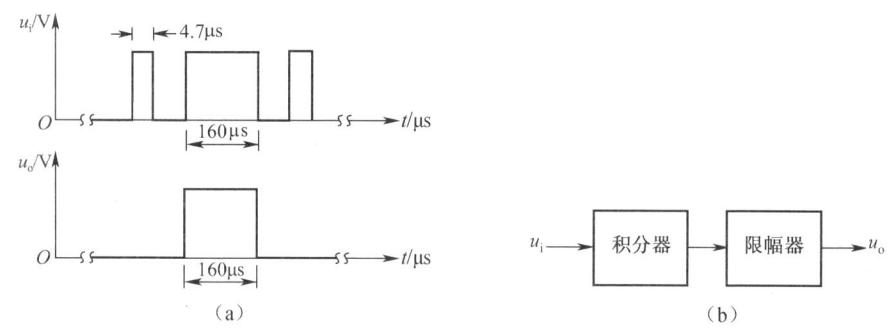

图 7-11 电视复合同步信号及帧同步信号分离电路框图

4．图 7-12 虚线框内为示波器探头电路，R_2、C_2 是示波器的输入电阻和输入电容。试求：

（1）输入信号经探头到示波器输入的衰减倍数 u_o/u_i 是多少？

（2）若示波器显示波形有较大上冲，则 C_1 应增大还是减小？

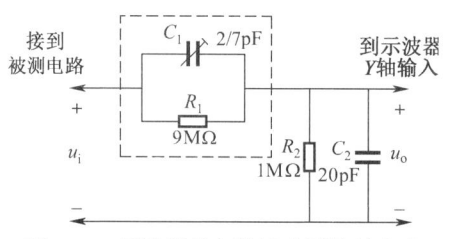

图 7-12 示波器输入脉冲分压等效电路

7.2 施密特触发器

施密特触发器是一种双稳态电路，触发方式为电平触发。与项目 4 所介绍的电平触发双稳态电路的区别是：触发信号从低电平上升与从高电平下降时的触发电平不同。

7.2.1 集成门施密特触发器

施密特触发器有多种构成形式，图 7-13（a）所示为用 TTL 门电路构成的施密特触发器。设 TTL 门电路阈值电压 U_{TH}=1.4V，二极管导通电压 U_D=0.7V，下面结合图 7-13（b）

项目7 数字钟电路

的波形进行讨论。设输入电压 u_i 为三角波。

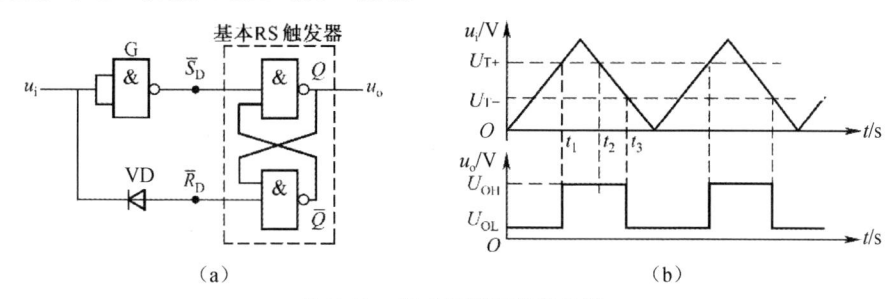

图7-13 集成门施密特触发器

1. 第一稳态

$t=0$ 时，$u_i=0$V，G 关闭，输出高电平，使 $\overline{S}_D=1$；又由于 $u_i=0$V，二极管 VD 导通，$\overline{R}_D$ 端电平为 0.7V，$\overline{R}_D=0$，所以基本 RS 触发器为 0 态，u_o 输出低电平。此时电路处于初始稳定状态，称为第一稳态。

$t>0$ 时，u_i 上升，$u_i<U_{TH}=1.4$V，G 关闭，使 $\overline{S}_D=1$，基本 RS 触发器将保持 0 态不变，即施密特触发器保持第一稳态不变。

2. 第一次翻转

$t=t_1$ 时，u_i 上升到 1.4V，G 转为开通，输出低电平，使 $\overline{S}_D=0$；$\overline{R}_D$ 端电平为 $u_i+U_D=2.1$V，$\overline{R}_D=1$，基本 RS 触发器被置 1，u_o 跳变为高电平。电路由第一稳态翻转为第二稳态。

输入电压上升，使电路由第一稳态翻转为第二稳态的电压称为上升触发电平或正向阈值电平，用 U_{T+} 表示。由以上分析可知，图 7-13 中的 $U_{T+}=1.4$V。

3. 第二稳态

$t_1 \sim t_2$ 期间，$u_i>U_{T+}$，电路保持第二稳态不变。

$t=t_2$ 时，u_i 下降到 1.4V，G 转为关闭，使 $\overline{S}_D=1$；而此时由于二极管的电平转移作用，(u_i+U_D) 仍高于 U_{TH}，$\overline{R}_D=1$，所以基本 RS 触发器状态不变，电路继续保持第二稳态不变。

4. 第二次翻转

$t \geqslant t_3$ 时，$u_i \leqslant 0.7$V，$\overline{R}_D$ 端电平 $(u_i+U_D) \leqslant U_{TH}=1.4$V，$\overline{R}_D=0$，从而使基本 RS 触发器由 1 态翻转为 0 态，电路由第二稳态翻转为第一稳态。

输入电压下降，使电路由第二稳态翻转为第一稳态的电压称为下降触发电平或负向阈值电平，用 U_{T-} 表示。由以上分析可知，图 7-13 中的 $U_{T-}=0.7$V。

综上可得如下结论。

（1）施密特触发器具有两种稳定状态，状态的维持与转换依赖外加输入电压的取值。

（2）$U_{T+} \neq U_{T-}$。通常把上升触发电平与下降触发电平不等的特性称为回差特性或滞后特性，并定义 $U_{T+}-U_{T-}=\Delta U$，ΔU 称为回差电压。

回差电压的存在有利有弊。图 7-14（a）所示为受到干扰的矩形脉冲，若要将它还原为原矩形脉冲，则要求电路具有一定的回差电压。当回差电压较小时，设 $U_{T+}=U'_{T-}$，A、B

193

段干扰信号仍起作用,如图 7-14(b)所示。只有加大回差电压才能消除干扰,还原为原矩形脉冲,如图 7-14(c)所示。

有些场合不希望回差电压太大。例如,要将图 7-15(a)的正弦波变为矩形波,若回差电压太大,则输出波形如图 7-15(b)所示,得不到所需矩形波;若回差电压小些,则输出波形如图 7-15(c)所示,达到了波形变换的目的。

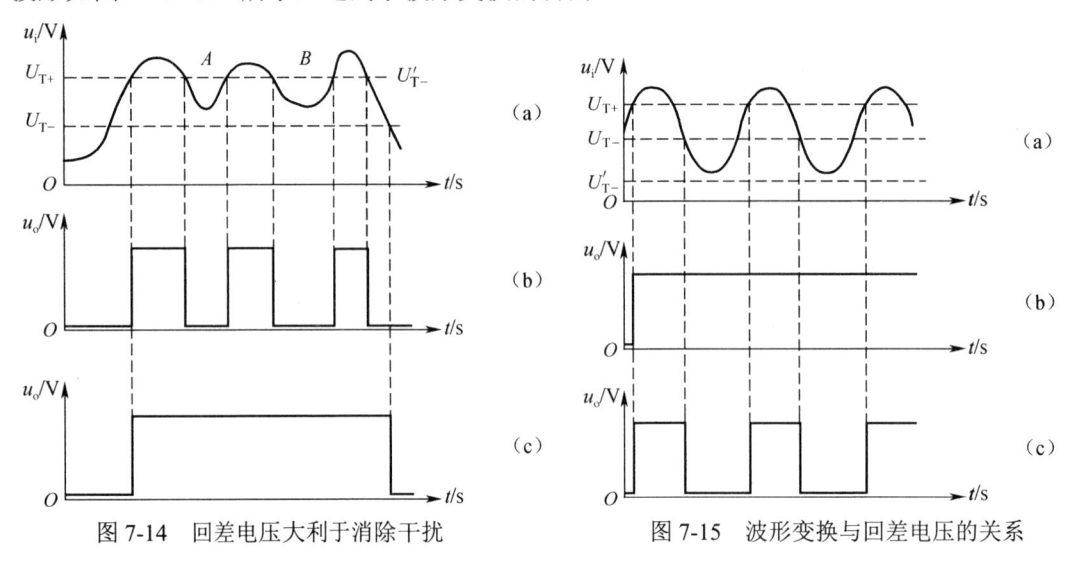

图 7-14 回差电压大利于消除干扰

图 7-15 波形变换与回差电压的关系

7.2.2 集成施密特触发器

7413 是带有施密特触发器的双 4 输入与非门,其逻辑符号如图 7-16(a)所示,传输特性如图 7-16(b)所示。图中"⊓"符号表示施密特特性。在电路状态改变时,由于 7413 内部存在强烈的正反馈,所以状态转变十分迅速,使传输特性在 2 个状态过渡区十分陡直。

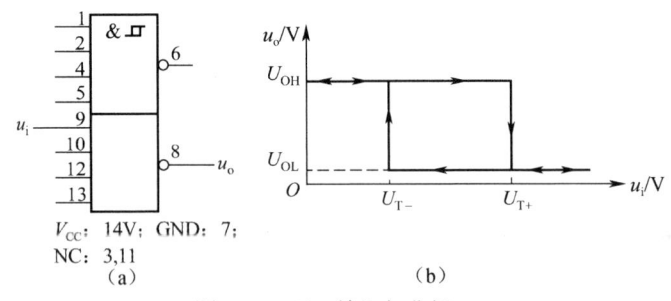

图 7-16 双 4 输入与非门 7413

> **工程应用**
>
> 施密特触发器可用于波形变换与整形、鉴别脉冲幅度等。
> 1. 波形变换与整形
> 施密特触发器可以将三角波、正弦波等变换为矩形波,如图 7-13 和图 7-15 所示。

施密特触发器用于波形整形，可以将边沿差、带有干扰的脉冲信号变换成边沿陡峭的矩形脉冲，如图 7-17 所示。

2. 鉴别脉冲幅度

在图 7-18 中，欲将输入信号 u_i 中幅度大于 U_{REF} 的脉冲保留，幅度小于 U_{REF} 的脉冲去掉，这时可将施密特触发器上升触发电平调整到 $U_{T+}=U_{REF}$，则输入信号 u_i 中幅度大于 U_{REF} 的脉冲有输出，幅度小于 U_{REF} 的脉冲没有输出。

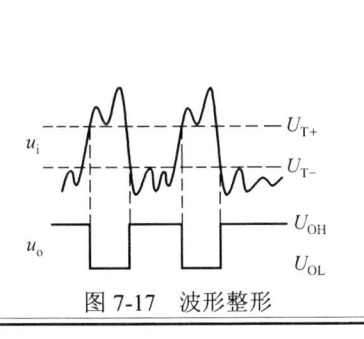

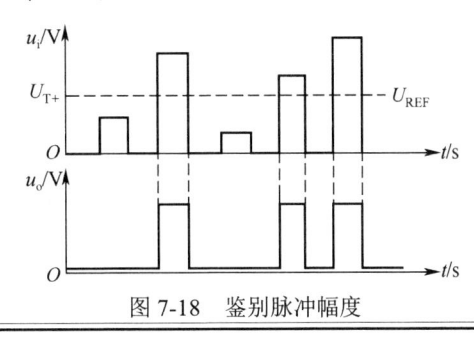

图 7-17 波形整形

图 7-18 鉴别脉冲幅度

思考与练习

1. 施密特触发器有什么特点？有哪些方面的应用？
2. 施密特触发器有无"记忆"功能？
3. 用施密特触发器组成的机械开关消颤电路如图 7-19 所示，试分析消颤原理，根据 u_i 的波形定性画出 u_A 和 u_o 的波形。

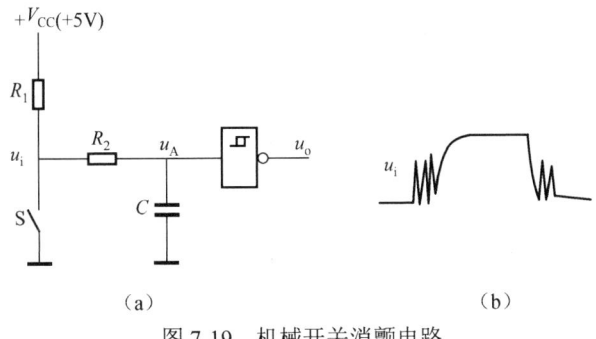

图 7-19 机械开关消颤电路

4. 如果图 7-11 中的限幅器是施密特触发器，试分析电路原理。

7.3 单稳态触发器

单稳态触发器具有一个稳态和一个暂稳态。在外加触发信号的作用下，电路能从稳态翻转为暂稳态，经过一段时间 t_W 后，又能自动返回到原稳态。暂稳态持续时间由电路本身参数决定，与触发信号无关。

7.3.1 集成门单稳态触发器

用集成门构成的单稳态触发器分为微分型和积分型两种，图 7-20 所示为微分型单稳态触发器。图中 G_1 到 G_2 利用 RC 微分电路耦合；G_2 到 G_1 直接耦合，整个电路构成正反馈环路。R 和 C 决定暂稳态的持续时间，称为定时元件。为保证稳态时 G_1 开通、G_2 关闭，要求 $R<R_{ON}$。

1. 工作原理

下面结合如图 7-21 所示波形进行分析。设 G_1、G_2 均为 74LS 系列门电路。

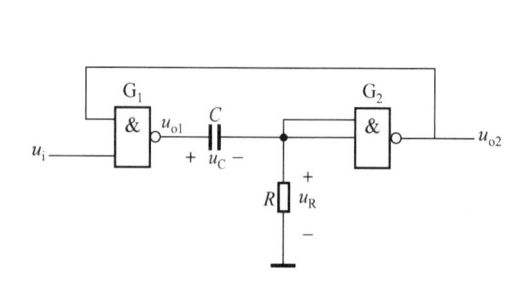

图 7-20 微分型单稳态触发器

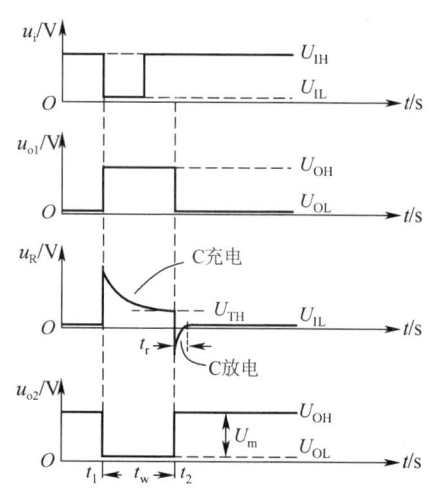

图 7-21 微分型单稳态触发器波形

（1）稳态。

u_i 为高电平时，电路处于稳态。由于 $R<R_{ON}$，G_2 关闭，u_{o2} 为高电平并反馈到 G_1 的另一个输入端，所以，G_1 两个输入端均为高电平，使 u_{o1} 为低电平。

（2）触发翻转。

$t=t_1$ 时，u_i 负跳变使 G_1 关闭，u_{o1} 跳升为 U_{OH}。由于 C 两端电压不能突变，所以，u_R 立即跟随 u_{o1} 跳升，使 u_R 大于 U_{TH}，G_2 开通，u_{o2} 下降并耦合到 G_1 输入端，维持 G_1 关闭。

（3）暂稳态。

暂稳态期间，G_1 关闭，$u_{o1}=U_{OH}$；G_2 开通，$u_{o2}=U_{OL}$。G_1 输出高电平 U_{OH} 经 R 对 C 充电，充电回路如图 7-22 所示，u_C 逐渐上升，u_R 逐渐减小。但只要 u_R 大于 U_{TH}，G_2 状态便维持不变，G_1 状态维持不变，即 u_{o1}、u_{o2} 维持不变。

（4）自动翻转。

$t=t_2$ 时，u_R 下降到 U_{TH}，使 G_2 输出电压 u_{o2} 上升，电路自动产生下列正反馈过程：

$$C充电使u_R下降到G_2阈值电压U_{TH} \rightarrow u_{o2}\uparrow \rightarrow u_{o1}\downarrow \xrightarrow{C耦合} u_R\downarrow$$

上述过程进行得很快，电路迅速翻转为 G_1 开通、G_2 关闭的状态。

（5）恢复。

电路自动翻转到 G_1 开通、G_2 关闭状态后便转入恢复阶段。C 放电，放电回路如图 7-23 所示。C 主要通过 G_2 输入端导通二极管 VD_2 放电，放电很快，从而使 u_R 迅速上升。当 u_R 恢复到 u_i 负跳变前所具有的数值时，恢复阶段结束，电路返回到稳态。

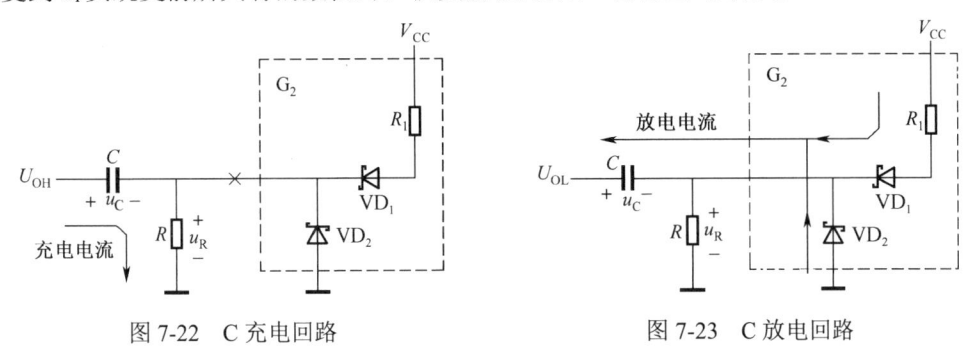

图 7-22　C 充电回路　　　　　　图 7-23　C 放电回路

2．脉冲参数估算

（1）输出脉冲幅度 U_m。

由 u_{o2} 波形可知

$$U_m = U_{OH} - U_{OL}$$

（2）输出脉宽 t_w。

t_w 是暂稳态持续时间。由工作原理分析可知，t_w 与暂稳态期间 C 充电快慢有关，即与 C 充电时间常数有关。由于门电路参数的离散性，精确计算 t_w 是困难的，实际上多用经验公式估算：

$$t_w \approx RC$$

一般 C 和 R 都是可调的，通过调节 C 或 R 的值，可以获得所需的 t_w。C 多为粗调，R 为细调。但调节 R 时，其值不能过大，应满足 $R < R_{ON}$。

（3）恢复时间 t_r。

t_r 即 C 的放电时间。由于 C 放电时间常数很小，放电很快，所以 t_r 很小。

（4）分辨时间 T_{min}。

单稳态触发器在触发翻转后，要经过暂稳态和恢复这两个阶段，即需要经过 (t_w+t_r) 时间才能完全回到稳态。所以触发信号最小周期，即分辨时间 T_{min} 应满足

$$T_{min} \geq t_w + t_r$$

而最高工作频率为

$$f_{max} = \frac{1}{T_{min}} \leq \frac{1}{t_w + t_r}$$

7.3.2　集成单稳态触发器

集成单稳态触发器有一次触发和可重触发两种类型。

1．一次触发单稳态触发器

74LS221 由 2 个独立的、相同结构的一次触发单稳态触发器构成，每个触发器的功能

表如表 7-1 所示,逻辑符号如图 7-24 所示,图中定性符号"1⊓"表示一次触发单稳态,带"×"的引脚为非逻辑连接:CX 与 RX/CX 两引脚间接定时电容,RX/CX 引脚接定时电阻。触发器型号不同,内部结构便不同,定时电阻另一端的接法也就不同,接地或接正电源端。74LS221 定时电阻/电容接法如图 7-25 所示。

表 7-1 74LS221 的功能表

输入			输出	
$\overline{R}_D$	$\overline{A}$	B	Q	$\overline{Q}$
0	×	×	0	1
×	1	×	0	1
×	×	0	0	1
1	0	↑	⊓	⊔
1	↓	1	⊓	⊔
↑	0	1	⊓	⊔

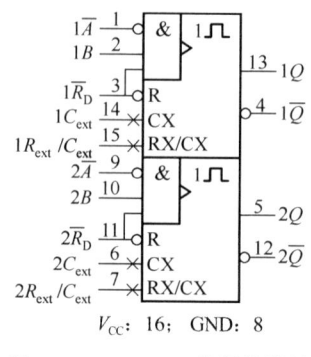

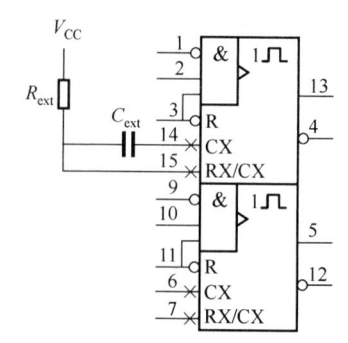

图 7-24 74LS221 的逻辑符号

图 7-25 74LS221 定时电阻/电容接法

(1) 触发方式。

74LS221 的触发方式为一次触发,在暂稳态期间不接收新的触发信号。

由逻辑符号及功能表可见,触发信号 $\overline{A}$ 低电平有效,B 高电平有效,即只要 $\overline{A}=1$,B 任意;或者 $B=0$,$\overline{A}$ 任意,便不能构成触发条件,触发器处于 $Q=0$ 的稳定状态。

触发时,内部连接符号">"表示内部触发信号为上升沿触发,因此,$\overline{A}$ 取非与 B 相与后若形成上升沿,则触发 Q 翻转,且 $\overline{A}$ 为下降沿触发,B 为上升沿触发,所以有 2 种触发方式:$\overline{A}=0$,B 由 $0→1$;$B=1$,$\overline{A}$ 由 $1→0$。由于触发信号具有上升沿触发和下降沿触发 2 种方式可供选择,所以在构成系统时十分方便。

(2) 复位功能。

$\overline{R}_D$ 为直接复位端,低电平有效。当 $\overline{R}_D=0$ 时,不论电路处于何种工作情况,均使输出 Q 立即为 0。在 $\overline{R}_D$ 恢复为 1 时,若 $\overline{A}$ 和 B 未构成触发条件,则 Q 仍为 0;若 $\overline{A}$ 和 B 构成了触发条件,则从 $\overline{R}_D$ 变 1 时起,Q 输出正常宽度正脉冲,如功能表 7-1 最后一行所示。

(3) 输出脉宽 t_w。

输出脉宽 t_w 由下式估算.

$$t_w \approx 0.7 R_{ext} C_{ext}$$

式中,R_{ext} 取值范围是 $2 \sim 100 k\Omega$;C_{ext} 取值范围是 $10pF \sim 10\mu F$。

2. 可重触发单稳态触发器

可重触发单稳态触发器在暂稳态期间能再次接收新的触发脉冲,产生以新触发信号作用时刻起,规定脉宽的矩形波输出。

74LS122 是具有可重触发功能的单稳态触发器,其逻辑符号如图 7-26 所示,功能表如表 7-2 所示。

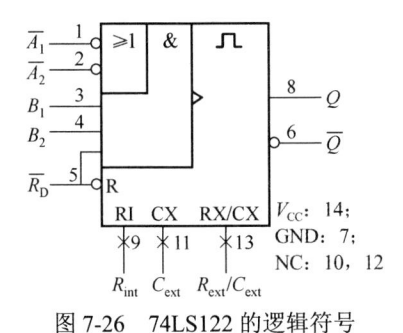

项目 7　数字钟电路

表 7-2　74LS122 的功能表

输入					输出	
$\overline{R}_D$	$\overline{A}_1$	$\overline{A}_2$	B_1	B_2	Q	$\overline{Q}$
0	×	×	×	×	0	1
×	1	1	×	×	0	1
×	×	×	0	×	0	1
×	×	×	×	0	0	1
1	0	×	↑	1	⊓	⊔
1	0	×	1	↑	⊓	⊔
1	×	0	↑	1	⊓	⊔
1	×	0	1	↑	⊓	⊔
1	1	↓	1	1	⊓	⊔
1	↓	↓	1	1	⊓	⊔
1	↓	1	1	1	⊓	⊔
↑	0	×	1	1	⊓	⊔
↑	×	0	1	1	⊓	⊔

V_{CC}: 14;
GND: 7;
NC: 10, 12

图 7-26　74LS122 的逻辑符号

（1）触发方式。

稳态时，Q 为 0。触发时，内部触发信号上升沿触发。由于触发信号$(\overline{\overline{A}_1+\overline{A}_2})(B_1B_2)=\overline{\overline{A}_1A_2}(B_1B_2)$，并结合表 7-2 可知，有以下 2 种触发方式。

①利用 B 信号上升沿触发。稳态时$\overline{A}_1$ 和 $\overline{A}_2$ 中必须有一个为 0，B_1 和 B_2 中必须有一个为 0，一个为 1。设 $B_1=1$，$B_2=0$，当 B_2 由 0→1 时形成触发。

②利用 $\overline{A}$ 信号下降沿触发。稳态时$\overline{A}_1$ 和 $\overline{A}_2$ 都为 1，B_1 和 B_2 都为 1。当 $\overline{A}_1$ 和 $\overline{A}_2$ 中有一个由 1→0，或者$\overline{A}_1$ 和 $\overline{A}_2$ 同时由 1→0 时形成触发。

（2）输出脉宽 t_w。

74LS122 可以使用内部定时电阻 R_{int} 来确定 t_w，此时只需将 R_{int} 即 9 脚连接到 V_{CC} 即可，如图 7-27 所示，$R_{int}=10k\Omega$。如果使用外接电阻 R_{ext}，则使 R_{int} 即 9 脚悬空，R_{ext} 接在 13 脚与 14 脚之间。R_{ext} 取值范围为 5～260kΩ。C_{ext} 为外接电容，C_{ext} 取值范围不限制，但建议 $C_{ext} \geq 1000pF$。在 $C_{ext} \geq 1000pF$ 时，输出脉宽为

$$t_w \approx 0.45 R_{ext} C_{ext}$$

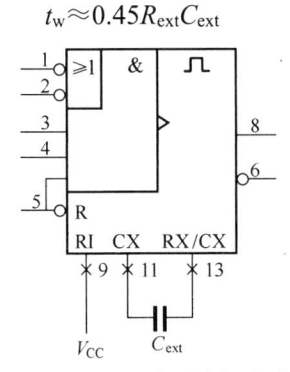

图 7-27　74LS122 使用内部定时电阻

工程应用

单稳态触发器应用极为广泛，可用于脉冲波形整形、定时、延时、产生脉冲信号等。

1. 脉冲波形整形

单稳态触发器在输入触发信号的作用下，能够输出宽度和幅度都固定的矩形脉冲。用于脉冲波形整形时，可以将幅度和宽度不等的矩形输入信号 u_i 整形为具有固定幅度和宽度的规则脉冲输出 u_o，如图 7-28 所示。

2. 定时

在图 7-29 中，单稳态触发器输出信号 u_C 作为与门 G 的控制信号，当触发器处于暂稳态时，u_C 为高电平，G 开通，允许信号 u_i 传输；而当 u_C 为低电平时，封锁 G，信号 u_i 不能通过。G 开通时间长短取决于单稳态触发器暂稳态持续的时间。

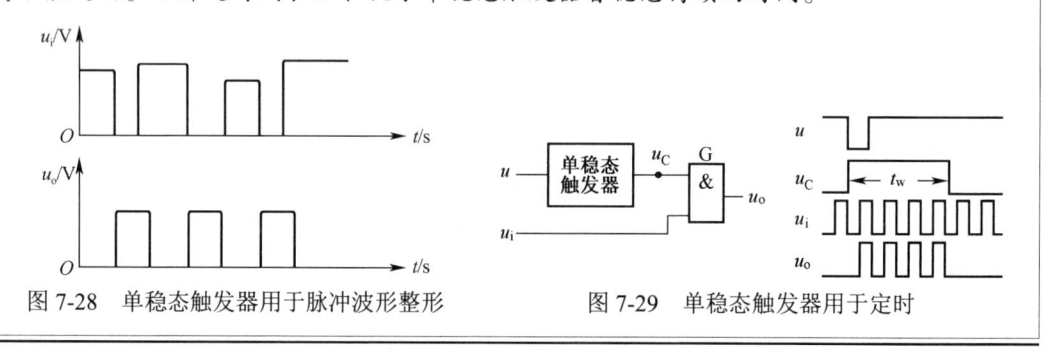

图 7-28 单稳态触发器用于脉冲波形整形

图 7-29 单稳态触发器用于定时

思考与练习

1. 图 7-30 电路输入 5μs 方波 u_i。已知：$R_1=10\text{k}\Omega$，$C_1=50\text{pF}$，$R=300\Omega$，$C=5100\text{pF}$。

（1）计算输出负方波宽度，画出输出电压 u_o 的波形。

（2）如果无 R_1 和 C_1，需要对输入信号 u_i 脉宽提出何种限制？$R_1<R_{ON}$ 时，电路能否正常工作？

（3）G_3 有何作用？

2. 图 7-31 电路是积分型单稳态触发器，u_i 是 100kHz 方波，$R=500\Omega$，$C=500\text{pF}$。

（1）试分析电路工作原理。

（2）定性画出 u_i、u_{o1}、u_{i2}、u_o 的波形。

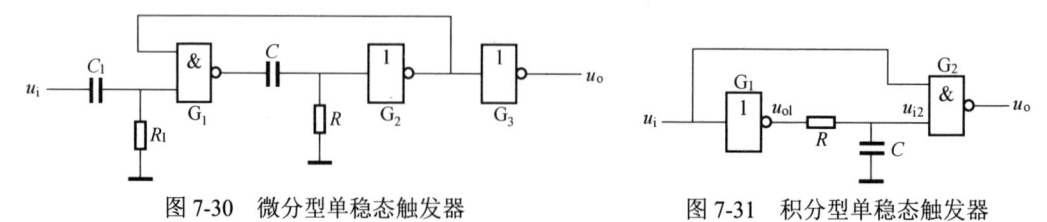

图 7-30 微分型单稳态触发器

图 7-31 积分型单稳态触发器

3. 请回答下列问题。

（1）用 74LS221 组成单稳态触发器时，若将 $\overline{A}$ 端接地，问如何设置 B 端信号？

（2）外接电阻电容分别为 $R_{ext}=50\text{k}\Omega$，$C_{ext}=100\text{pF}$，问输出脉宽 t_w 是多少？

4．用 74LS122 组成具有可重触发功能的单稳态触发器，回答下列问题。

（1）$\overline{A_1}=0$，$\overline{A_2}=1$，$B_1=0$ 时，B_2 为触发信号，B_2 用正脉冲触发还是负脉冲触发？

（2）若设置 $\overline{A_1}=\overline{A_2}=0$，$B_1=1$，$B_2$ 信号能否形成触发？

（3）若 $\overline{A_1}=B_1=B_2=1$，如何设置触发信号 $\overline{A_2}$？

（4）如果使用外部定时电阻，已知：$R_{ext}=10\text{k}\Omega$，$C_{ext}=0.01\mu\text{F}$，求输出单次脉宽 t_w。

（5）外接定时电阻/电容不变，如果触发信号第一次作用后，间隔 10μs 第二次作用于电路，求两次触发总输出脉宽 t_w。

（6）如何设置复位信号 $\overline{R_D}$？如果有复位负脉冲信号作用，那么当 $\overline{R_D}$ 由 0 变为 1 后，触发器如何工作？

7.4 多谐振荡器

多谐振荡器具有两个暂稳态，它不需要外加触发信号便能在两个暂稳态之间自行转换，产生一定频率和脉宽的矩形脉冲。在数字系统中，多谐振荡器被作为脉冲信号源使用。

7.4.1 基本多谐振荡器

用 TTL 非门和一对 RC 定时元件构成的基本多谐振荡器如图 7-32 所示。为保证电路正常工作，R_1 和 R_2 均小于开门电阻 R_{ON}。

1．工作原理

多谐振荡器的两种工作状态都是暂稳态，可以从任意一种暂稳态的开始时刻着手分析。设 G_1 输出 u_{o1} 由低电平变为高电平，G_2 输出 u_{o2} 由高电平变为低电平，如图 7-33 所示，电路开始了第一暂稳态。

图 7-32 基本多谐振荡器

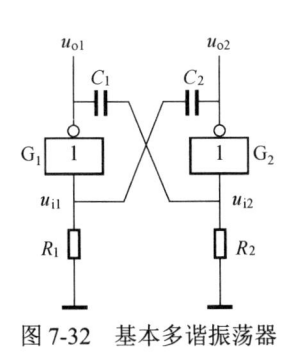

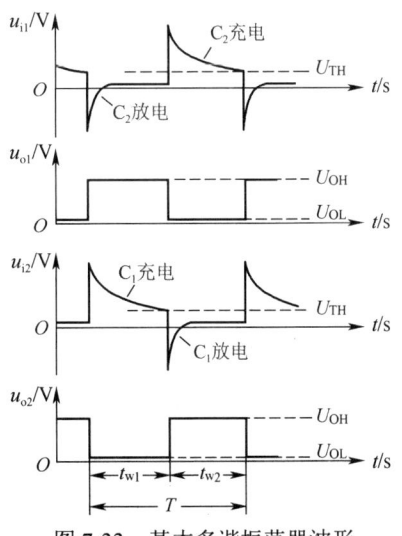

图 7-33 基本多谐振荡器波形

(1) 第一暂稳态。

在第一暂稳态期间，G_1 关闭，$u_{o1}=U_{OH}$；G_2 开通，$u_{o2}=U_{OL}$。电容 C_1 充电，C_2 放电，电容充放电回路如图 7-34 所示。

随着 C_2 放电，u_{i1} 逐渐升高。由于 C_2 放电时间常数很小，因此 C_2 很快放电完毕，u_{i1} 很快上升到稳定值。因 $R_1 < R_{ON}$，该稳定值低于 G_1 阈值电压 U_{TH}。

随着 C_1 充电，u_{i2} 逐渐下降。当 u_{i2} 下降到 G_2 阈值电压 U_{TH} 时（此时 C_2 放电已经结束），u_{o2} 上升，引起如下正反馈过程：

$$C_1 充电 \to u_{i2} 下降到 U_{TH} \to u_{o2}\uparrow \xrightarrow{C_2 耦合} u_{i1}\uparrow \to u_{o1}\downarrow \xrightarrow{C_1 耦合} u_{i2}\downarrow$$

正反馈过程结束，电路从第一暂稳态翻转为第二暂稳态。

第一暂稳态持续时间 t_{w1} 取决于电容 C_1 充电时间常数 R_2C_1。按经验公式估算 $t_{w1} \approx R_2C_1$。

(2) 第二暂稳态。

在第二暂稳态期间，G_1 开通，$u_{o1}=U_{OL}$；G_2 关闭，$u_{o2}=U_{OH}$。电容 C_1 放电，C_2 充电，电容充放电回路如图 7-35 所示。C_1 很快放电完毕，u_{i2} 上升到稳定值。其稳定值低于 G_2 阈值电压 U_{TH}。C_2 充电使 u_{i1} 逐渐下降，当 u_{i1} 下降到 G_1 阈值电压 U_{TH} 时，引起如下正反馈过程：

$$C_2 充电 \to u_{i1} 下降到 U_{TH} \to u_{o1}\uparrow \xrightarrow{C_1 耦合} u_{i2}\uparrow \to u_{o2}\downarrow \xrightarrow{C_2 耦合} u_{i1}\downarrow$$

正反馈过程导致电路从第二暂稳态迅速翻转为第一暂稳态。

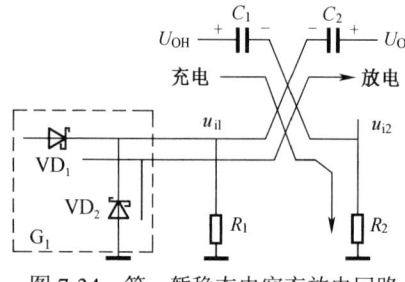

图 7-34　第一暂稳态电容充放电回路 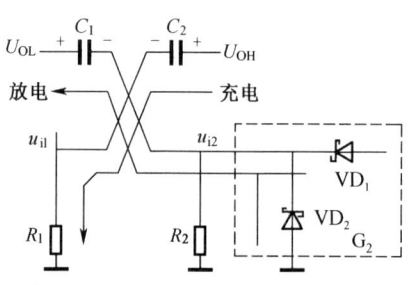　　图 7-35　第二暂稳态电容充放电回路

第二暂稳态持续时间 t_{w2} 取决于电容 C_2 充电时间常数 R_1C_2。按经验公式估算 $t_{w2} \approx R_1C_2$。

2. 振荡周期

多谐振荡器在两个暂稳态之间不停地翻转，振荡周期 T 为两个暂稳态持续时间之和，即

$$T = t_{w1} + t_{w2} \approx R_2C_1 + R_1C_2$$

7.4.2　简易多谐振荡器

图 7-36（a）所示为简易多谐振荡器原理图，其工作波形如图 7-36（b）所示。为便于分析，设门电路 $U_{TH}=1.4V$，$U_{OL}=0.3V$，$U_{OH}=3.5V$。从 u_A 下降到 U_{TH}，使 u_B 跳变为高电平的时刻开始讨论。此时，u_o 由高电平 3.5V 跳变为低电平 0.3V，经电容 C 耦合到 A 点，使 u_A 由 1.4V 跳变为 -1.8V，电路进入第一暂稳态。此后，G_1 输出高电平经电阻 R 对 C 充电，

使 u_A 逐渐上升。当 u_A 上升到 1.4V 时，电路产生正反馈过程，G_1、G_2 状态翻转，使 u_B 跳变为低电平，u_o 跳变为高电平，经 C 耦合到 A 点，使 u_A 跳变为 4.6V，电路进入第二暂稳态。在第二暂稳态期间，G_2 输出高电平通过 R 对 C 反充电，使 u_A 逐渐下降。当 u_A 下降到 1.4V 时，G_1、G_2 再次翻转，u_B 跳变为高电平，u_o 跳变为低电平，电路回到第一暂稳态。此后电容 C 又开始充电，重复上述过程。

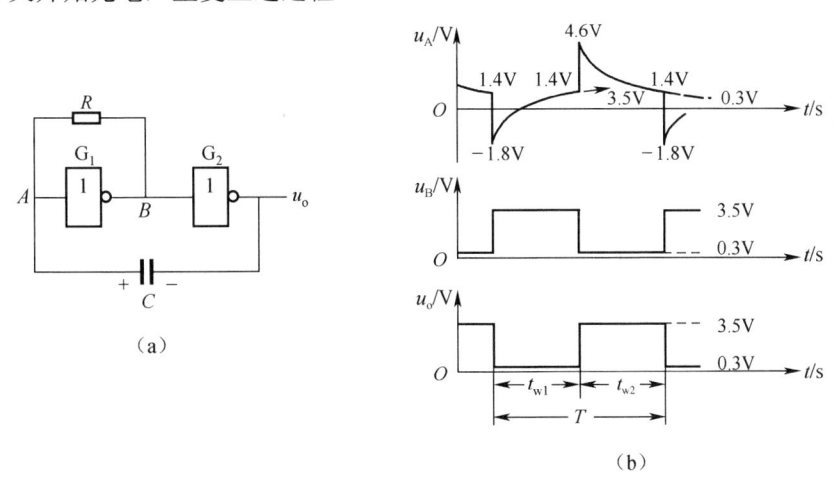

图 7-36 简易多谐振荡器的原理图及工作波形

简易多谐振荡器的振荡周期 T 为

$$T=t_{w1}+t_{w2}$$

式中，t_{w1} 为第一暂稳态持续时间，$t_{w1} \approx 0.9RC$；t_{w2} 为第二暂稳态持续时间，$t_{w2} \approx 1.4RC$。

所以

$$T \approx 2.3RC$$

7.4.3 晶体振荡器

晶体振荡器如图 7-37 所示，当石英晶体工作在串联谐振频率时相当于短路，能够使电路构成正反馈，产生振荡，所以，振荡器的振荡频率取决于石英晶体的串联谐振频率，振荡频率非常稳定。在图 7-37 中，C_1 是石英晶体的负载电容，用于微调频率；C_2 是耦合电容；电阻 R、R_1 和 R_2 是门电路的偏置电阻。

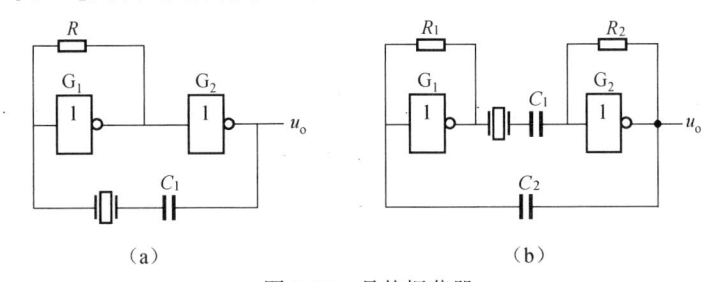

图 7-37 晶体振荡器

晶体振荡器在调试中若遇停振现象，可适当减小偏置电阻的值。偏置电阻的值与门电路特性有关，在保证可靠振荡的前提下应尽量选大些，以减小门电路的负载。

📄 **思考与练习**

1. 多谐振荡器有哪些特点？有什么用途？
2. 如何估算图 7-32、图 7-36 和图 7-37 多谐振荡器的输出脉冲幅度和宽度，以及振荡频率？

7.5 555 定时器

555 定时器是一种多用途单片集成电路，利用它能方便地接成施密特触发器、单稳态触发器和多谐振荡器。

555 定时器有双极型产品，也有单极型 CMOS 产品。几乎所有双极型产品型号的最后 3 位是 555，所有 CMOS 产品型号的最后 4 位是 7555。

7.5.1 555 定时器电路构成及功能

以 CC7555 为例介绍。CC7555 电路及引脚排列如图 7-38 所示，电路由以下 3 部分组成。

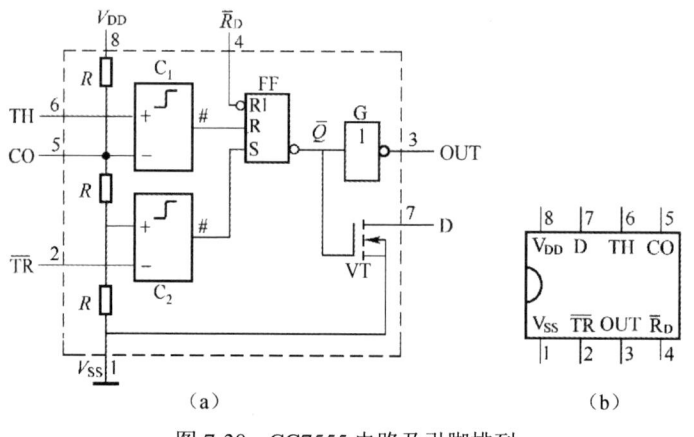

图 7-38 CC7555 电路及引脚排列

（1）RS 触发器。$\overline{R}_D$ 为直接置 0 端，低电平有效。当 $\overline{R}_D=0$ 时，$\overline{Q}=1$，输出 OUT=0，即在 $\overline{R}_D$ 端加低电平可将定时器直接置 0。$\overline{R}_D$ 端不用时，应接高电平。

（2）比较器 C_1 和 C_2 与 3 个分压电阻 R 构成比较电路。"#"表示比较器输出数字信号。3 个电阻 R 串联对 V_{DD} 分压，确定比较器 C_1 的 "−" 端电压 $U_-=\frac{2}{3}V_{DD}$ 及 C_2 的 "+" 端电压 $U_+=\frac{1}{3}V_{DD}$。当阈值输入端 TH 电压超过 $\frac{2}{3}V_{DD}$ 时，C_1 输出高电平，使 RS 触发器置 0，OUT=0；当触发输入端 $\overline{TR}$ 电压低于 $\frac{1}{3}V_{DD}$ 时，C_2 输出高电平，使 RS 触发器置 1，OUT=1。CO 是控制电压输入端，若在此端加控制电压，则可改变 C_1 "−" 端及 C_2 "+" 端参考电压。若 CO 端不用，则一般通过一个 0.01μF 电容接地，以旁路高频交流干扰，保证该端电压稳定在 $\frac{2}{3}V_{DD}$。

（3）NMOS 管 VT 及输出缓冲器 G。VT 是开关管，状态受 $\overline{Q}$ 控制。当 $\overline{Q}$ 为低电平时，VT 截止；当 $\overline{Q}$ 为高电平时，VT 导通，若此时有外接电容，则外接电容可经 D 端通过 VT 放电，所以称 D 端为放电端。D 端也可作为漏极开路输出端使用。

输出缓冲器 G 使定时器具有较强的驱动能力，同时起隔离负载对定时器电路影响的作用。CC7555 的功能表如表 7-3 所示。

表 7-3　CC7555 的功能表

阈值输入端 TH 电压	触发输入端 $\overline{TR}$ 电压	复位 $\overline{R}_D$	输出端 OUT	放电端 D
×	×	0	0	导通
$>\frac{2}{3}V_{DD}$	$>\frac{1}{3}V_{DD}$	1	0	导通
$<\frac{2}{3}V_{DD}$	$>\frac{1}{3}V_{DD}$	1	原状态	原状态
$<\frac{2}{3}V_{DD}$	$<\frac{1}{3}V_{DD}$	1	1	截止

7.5.2　用 555 定时器构成脉冲电路

1. 单稳态触发器

将 CC7555 按图 7-39（a）连接即可构成单稳态触发器，R、C 为定时元件，决定暂稳态的持续时间，u_i 为触发输入脉冲。

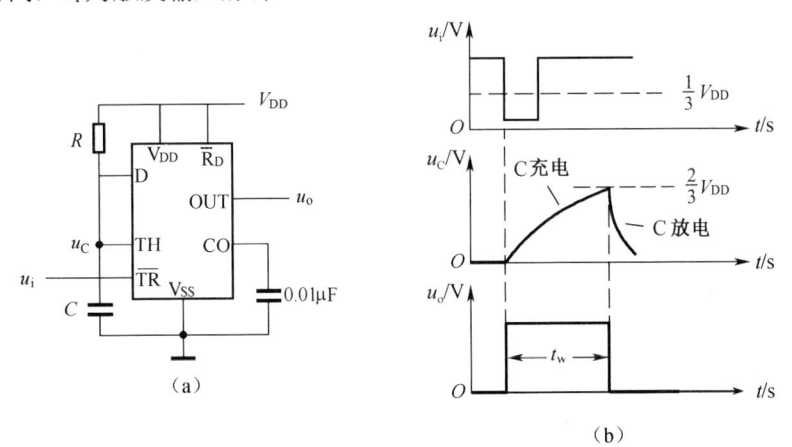

图 7-39　由 CC7555 构成的单稳态触发器原理图及工作波形

为便于讨论，设接通电源后电路进入稳态：开关管 VT 导通，电容 C 两端电压 u_C=0V，输出电压 u_o 为低电平，如图 7-39（b）所示。

当触发负脉冲输入后，使 $\overline{TR}$ 端电压低于 $\frac{1}{3}V_{DD}$，u_o 跳变为高电平，同时 VT 截止，电路翻转为暂稳态。

在暂稳态期间，V_{DD} 通过电阻 R 对电容 C 充电，使 u_C 上升，即 TH 端电压上升。当 u_C 上升到 $\frac{2}{3}V_{DD}$ 时，u_o 跳变为低电平。同时 VT 导通，电容 C 经 VT 迅速放电，使电路恢复到稳态。

该电路输出脉宽 t_w 按经验公式估算：$t_w \approx 1.1RC$。

2. 多谐振荡器

由 CC7555 构成的多谐振荡器原理图如图 7-40（a）所示，其工作波形如图 7-40（b）所示。

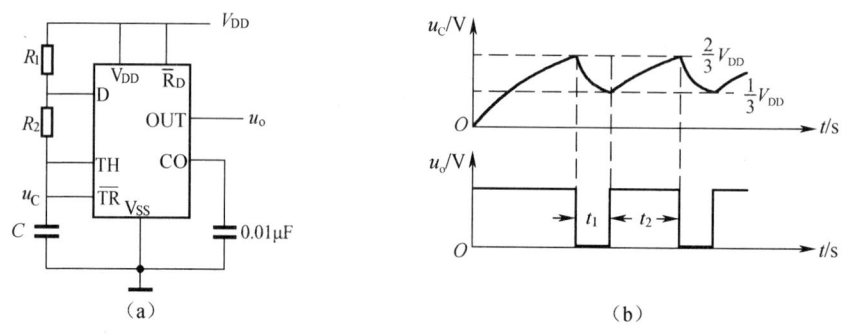

图 7-40 由 CC7555 构成的多谐振荡器原理图及工作波形

接通电源时，电容 C 两端电压 $u_C=0V$，即 TH、$\overline{TR}$ 端电压小于 $\frac{1}{3}V_{DD}$，CC755 内部的开关管 VT 截止，输出电压 u_o 为高电平。之后 V_{DD} 通过 R_1、R_2 对 C 充电，使 u_C 上升。当 u_C 上升到 $\frac{2}{3}V_{DD}$ 时，u_o 跳变为低电平，同时 VT 导通。此刻 C 通过 R_2 和 VT 放电，使 u_C 下降。当 u_C 下降到 $\frac{1}{3}V_{DD}$ 时，VT 截止，u_o 跳变为高电平。随后电源又通过 R_1、R_2 对 C 充电，使 u_C 上升，当 u_C 上升到 $\frac{2}{3}V_{DD}$ 时，u_o 又跳变为低电平，电路重复以上过程，形成振荡。

电路进入稳定振荡后，由经验公式估算电容 C 放电时间 $t_1 \approx 0.7R_2C$；C 充电时间 $t_2 \approx 0.7(R_1+R_2)$。输出矩形波周期 $T=t_1+t_2$，占空比为 t_1/T。

3. 间歇振荡器

CC7556 为双定时器，其逻辑符号如图 7-41 所示。由 CC7556 构成的间歇振荡器原理图如图 7-42（a）所示。低频振荡器的输出控制高频振荡器，两个振荡器的振荡频率可分别调节。当低频振荡器输出 u_{o1} 为低电平时，将高频振荡器复位，高频振荡停止；而当 u_{o1} 为高电平时，高频振荡器输出较高频率的方波。若此时调节高频振荡频率为 1kHz，则可使扬声器发出间歇鸣响声。图 7-42（b）所示为其工作波形。

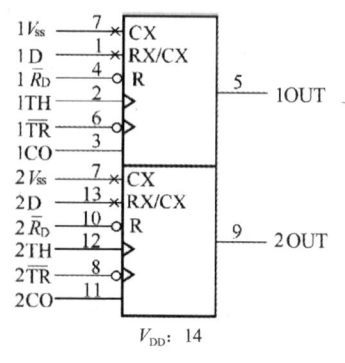

图 7-41 CC7556 的逻辑符号

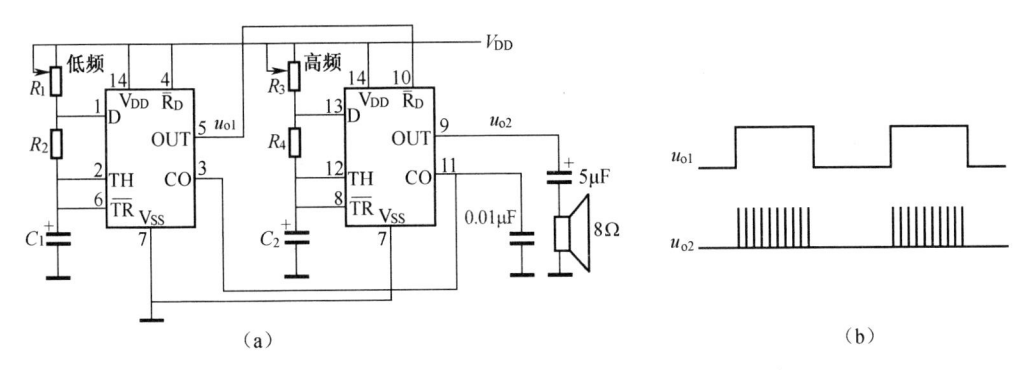

图 7-42 由 CC7556 构成的间歇振荡器原理图及工作波形

4. 施密特触发器

将 CC7555 阈值输入端 TH 和触发输入端 $\overline{\text{TR}}$ 连接在一起作为触发信号 u_i 的输入端，就构成施密特触发器，如图 7-43 所示。显然，电路的正向阈值电平 $U_{T+}=\frac{2}{3}V_{DD}$，而负向阈值电平 $U_{T-}=\frac{1}{3}V_{DD}$。如果在控制端 CO 外加电压 U_{CO} 用于改变比较器 C_1、C_2 的参考电压，便可以调节回差电压的大小。如果在 D 端通过一个电阻 R 与电源 V'_{DD} 相连，便可得到另一矩形脉冲输出 u'_o。u'_o 的幅度由 V'_{DD} 决定，参见本节思考与练习第 4 题。

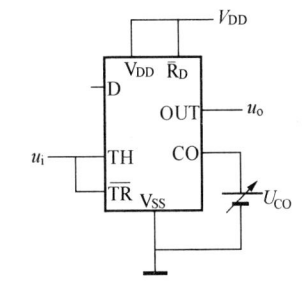

图 7-43 由 CC7555 构成的施密特触发器

💡应用实例

声光控开关是一种自动开关，通常安装在楼道或走廊上。当夜间有人走动时，开关自动接通 1~2min 后自动熄灭，对节电有显著效果。利用 555 定时器构成的声光控开关电路如图 7-44 所示，MIC 为驻极体话筒，R_2^* 是微调电阻，VD_1 为光敏二极管，555 接成单稳态电路。白天光线较强时，VD_1 受强光照射导通，使 $\overline{R_D}$ 端为低电平，555 输出低电平，VT_2 截止，这时既使话筒有输入信号对 555 输出，又不起作用，电灯 L 始终不亮。夜间无光照射 VD_1，使 $\overline{R_D}$ 端为高电平，因此，当话筒受到外界声音激励后，其信号通过 VT_1 放大，触发单稳态电路，此时电灯 L 被点亮，当 C_3 充电完毕后，电灯 L 熄灭，调节 R_2^*，可调节开关的声控灵敏度。

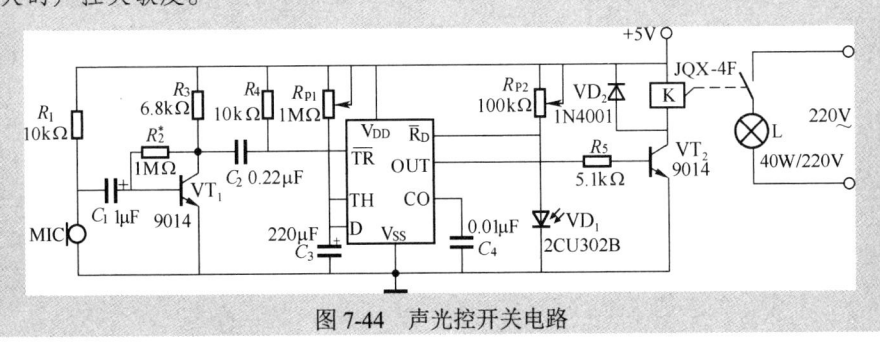

图 7-44 声光控开关电路

思考与练习

1．555定时电路由哪几部分组成？

2．图7-45所示为利用CC7555组成的门铃电路。每按一次按键SB，扬声器发出频率为1kHz的鸣响声，时间为10s，试确定R_1和R_2的值。

如果考虑节电，请对电路进行改造，画出改造后的原理图。

3．图7-46所示为占空比可调的多谐振荡器，试分析电路工作原理。问：当R_A的值增大时，占空比是增大还是减小？

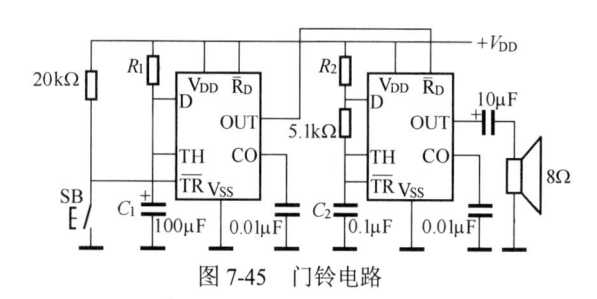

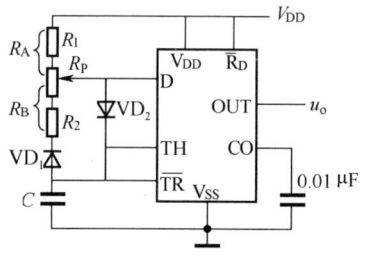

图7-45 门铃电路

图7-46 占空比可调的多谐振荡器

4．对应u_i的波形，画出图7-47电路中u_{o1}、u_{o2}的波形。

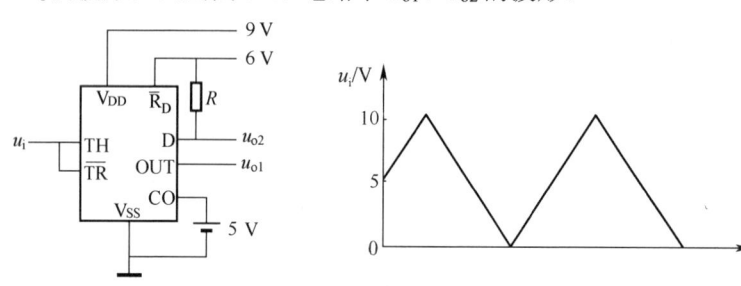

图7-47 施密特触发器及输入电压波形

5．用CC7556构成的电路如图7-48所示。

（1）定性画出u_{o1}、u_{o2}的波形，说明电路功能。

（2）估算u_{o1}、u_{o2}的振荡频率。

（3）若在11脚加+5V参考电压，将对电路振荡频率有何影响？

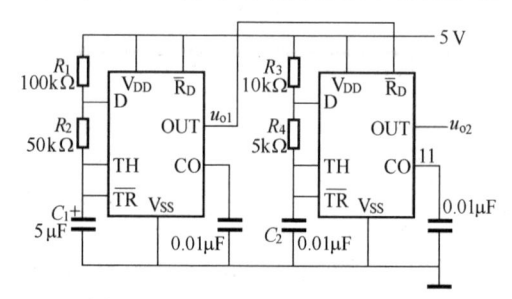

图7-48 CC7556构成的脉冲电路

项目7 数字钟电路

小结

1. 利用 RC 微分电路能够将矩形脉冲变换成尖脉冲。利用 RC 积分电路可以由矩形波得到三角波、锯齿波,或者从宽窄不同的矩形脉冲中选出宽脉冲。利用加速电容可以改善电阻分压器的输出波形。

由 RC 组成脉冲电路时,要注意电路的参数条件。否则,即使电路形式正确,也不能实现所要求的功能。

2. 施密特触发器与单稳态触发器都能对波形整形,但方法不同。前者靠输入信号电平触发翻转,输出脉宽与输入波形密切相关,后者输出脉宽由电路定时元件决定,与输入信号无关,输入信号仅起触发作用。

3. 单稳态触发器和多谐振荡器都有定时元件,单稳态触发器有一个稳态和一个暂稳态,多谐振荡器有两个暂稳态。单稳态触发器的主要参数是脉宽,它需要在外加信号触发下才发生状态改变,而多谐振荡器的主要参数是重复周期,它不需要触发信号便可以自动转换状态。

4. 555 定时器是一种使用方便、功能灵活的集成器件,它将模拟功能与逻辑功能巧妙地结合在一起,可以用来产生脉冲、定时和对波形整形。

实验与技能训练

实验 13. 多谐振荡器

1. 实验目的

掌握用计数器构成分频器的方法;掌握用集成振荡器外接元件构成多谐振荡器的方法。

2. 实验用设备、器件

数字电路通用实验仪、双踪示波器、万用表,74HC4060、74HC112。

74HC4060 是 14 位二进制异步计数器(带振荡器),其逻辑图及逻辑符号如图 7-49 所示。其中,$\overline{CP}$ 为时钟输入端,下降沿有效;CR 为清零端,高电平有效;$Q_3 \sim Q_9$、$Q_{11} \sim Q_{13}$ 是计数输出信号。74HC4060 的计数器由 14 个 T′触发器依次连接组成,低位触发器的输出作为高位触发器的时钟,每个触发器就是一个二分频器,因此,能实现 14 级分频,即 Q_{13} 的输出信号频率为输入时钟 $\overline{CP}$ 频率的 $1/2^{14}$。74HC4060 的振荡器与外接阻容元件或晶体构成振荡器时,振荡频率由 OSC 和 $\overline{OSC}$ 端外接的阻容定时元件或晶体控制。

3. 实验内容

(1)用 74HC4060 外接 RC 构成振荡器。

①实验电路如图 7-50 所示,V_{DD} 取 5V。调节 R_P,用示波器观测 9 脚波形。

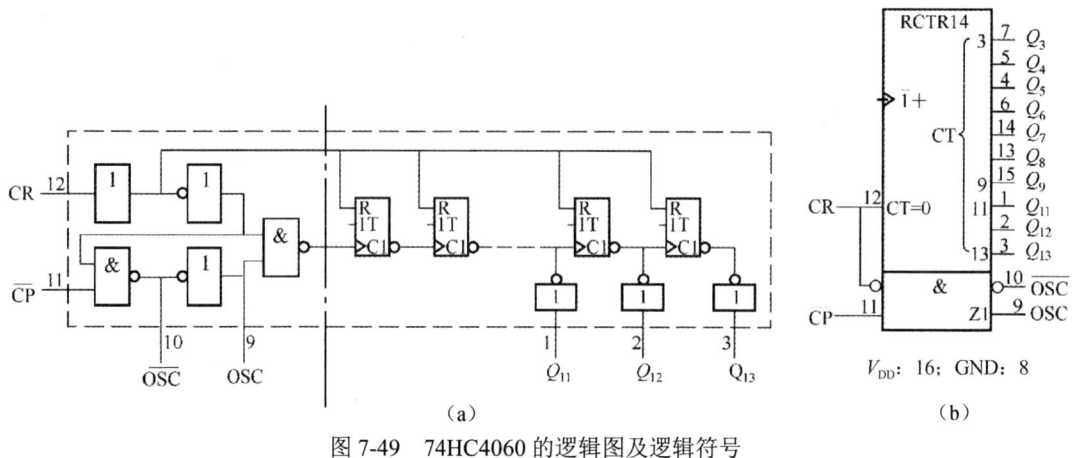

(a) (b)

图 7-49 74HC4060 的逻辑图及逻辑符号

② 分别调节 $R_P=4\text{k}\Omega$、$44\text{k}\Omega$，测量振荡信号频率，并将所测值与计算值 $f=\dfrac{1}{2.2(R_P+R)C}$ 进行比较。

③ 用示波器双踪显示 9、7 脚波形，观测并进行比较。

（2）秒信号发生器。

用 74HC4060 与 74HC112 构成的秒信号发生器如图 7-51 所示。74HC4060 的振荡器外接 32.768kHz 的晶振构成多谐振荡器，计数器与 74HC112 构成 15 级分频器，对 32.768kHz 信号进行分频，产生秒信号。

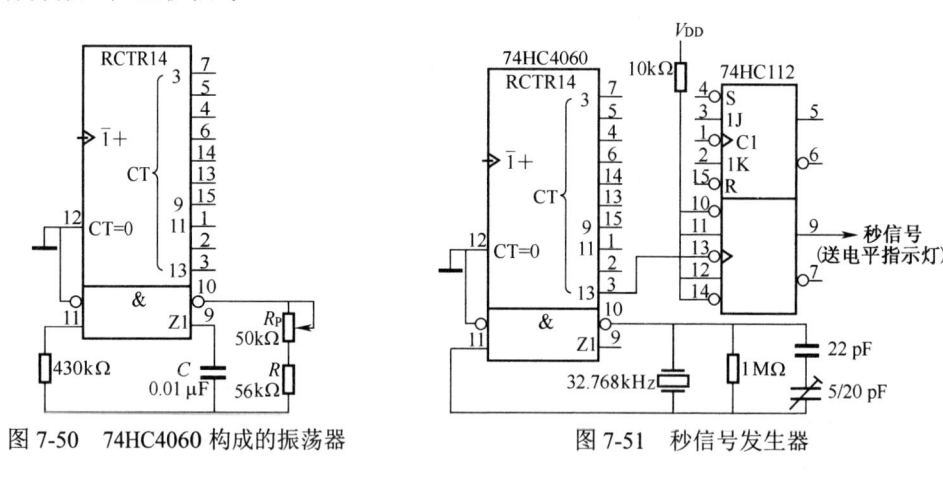

图 7-50 74HC4060 构成的振荡器

图 7-51 秒信号发生器

实验 14. 555 定时器

1．实验目的

进一步理解 555 定时器的工作原理，掌握其使用方法。

2．实验用设备

数字电路通用实验仪、脉冲信号发生器、双踪示波器、万用表。

3. 实验内容

（1）555 定时器功能测试。

测试电路如图 7-52 所示，其中 S_1、S_2、S_3 接逻辑开关；L_1、L_2 接电平指示灯。参照表 7-3，自拟实验表格，并将测试结果填入表中。

（2）多谐振荡器。

实验电路参考图 7-40，取 V_{DD}=5V，R_1=5.1kΩ，R_2 用 5.1kΩ 电阻与 51kΩ 可变电阻串联，C=0.1μF。调可变电阻分别取 0 Ω、51kΩ，用示波器观测并记录 u_o、u_C 的波形，记录输出脉冲的周期及宽度，并与理论计算值进行比较。

（3）压控振荡器。

参考电路如图 7-53 所示。调节 R_P，分别使 u_{CO} 为 1V、2V、3V、4V、5V，测量输出电压周期及脉宽，并与理论计算值进行比较。

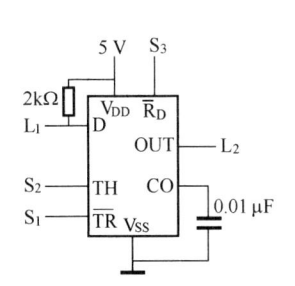

图 7-52 555 定时器功能测试电路

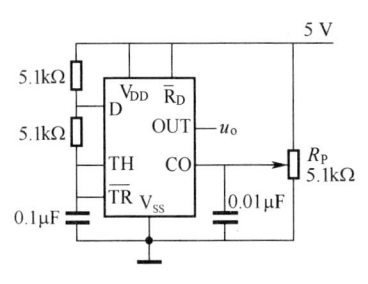

图 7-53 555 定时器构成的压控振荡器

（4）单稳态触发器。

实验电路如图 7-39 所示。取 V_{DD}=5V，R=51kΩ，C=0.1μF。u_i 为幅度 3V、周期 20μs 的方波。观测并记录 u_i、u_o 的波形，记录输出脉宽，并与理论计算值进行比较。

（5）模拟声响电路。

图 7-54 所示为救护车发音电路。分析电路原理，连接电路，调节 R_P 并试听声响效果，直至满意。

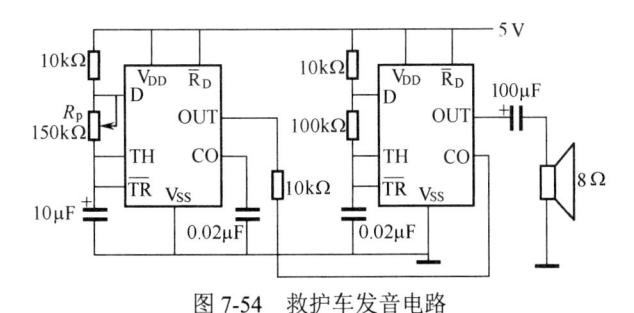

图 7-54 救护车发音电路

（6）秒信号发生器。

用 555 定时器构成秒信号发生器。请设计实验电路，画出电路图，拟定实验步骤，搭建并测试电路，总结实验结论。

目标检测 7

一、填空题

1. RC 微分电路的作用是_____，对电路参数的选择是_____。
2. RC 积分电路的作用是_____，对电路参数的选择是_____。
3. 一次触发和可重触发单稳态电路的区别是_____。

二、单项选择题

1. 如果脉冲分压器的加速电容为 5pF，与之并联的电阻为 10MΩ，负载电阻和电容分别为 1MΩ、20pF，则加速电容的补偿是____。
   A．过补偿　　　　　　　　　B．正补偿
   C．欠补偿　　　　　　　　　D．无法确定
2. 将输入的不规则波形转换为脉冲宽度和幅度都相等的矩形波可以选用____。
   A．施密特触发器　　　　　　B．多谐振荡器
   C．单稳态触发器　　　　　　D．数据选择器
3. 能延时的电路是____。
   A．译码电路　　　　　　　　B．多谐振荡电路
   C．施密特电路　　　　　　　D．单稳态电路
4. 将正弦波变为同频率的矩形波，应选用____。
   A．施密特触发器　　　　　　B．多谐振荡器
   C．单稳态触发器　　　　　　D．脉冲分配器
5. 施密特电路的输入波形为三角波，则输出波形为图 7-55 中的____。
6. 555 定时器，改变电压控制端（5 脚）的电压，可改变____。
   A．阈值输入端（6 脚）、触发输入端（2 脚）的电平
   B．定时器的输出高/低电平
   C．开关放电管的开关电平
   D．置 0 端（4 脚）的电平
7. 555 定时器的置 0 端不用时，一般与____相连。
   A．阈值输入端　　　　　　　B．触发输入端
   C．地　　　　　　　　　　　D．电源正端
8. 图 7-56 所示为单稳态电路，当改变控制电压端的电压时，可以改变输出电压的____。
   A．高/低电平　　　　　　　　B．脉宽
   C．周期　　　　　　　　　　D．频率

项目7 数字钟电路

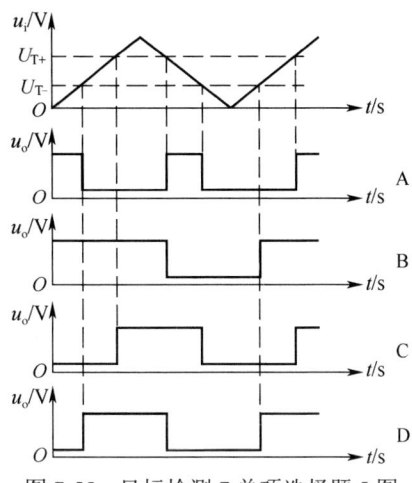

图 7-55 目标检测 7 单项选择题 5 图

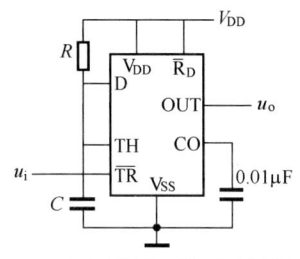

图 7-56 目标检测 7 单项选择题 8 图

三、多项选择题

1. 单稳态电路的主要特点有____。
   A．具有一个稳态和一个暂稳态
   B．在外来触发脉冲作用下，电路能从稳态翻转为暂稳态
   C．在暂稳态持续一段时间后，自动返回到稳态
   D．暂稳态持续时间的长短与触发脉冲无关，由电路参数决定

2. 单稳态电路的主要用途有____。
   A．定时　　　　B．整形　　　　C．延时　　　　D．计数

3. 施密特电路的主要特点有____。
   A．具有两个稳态
   B．两个稳态依靠输入信号维持
   C．依靠输入信号的变化实现两种状态的转换
   D．输出电压与输入电压的关系具有滞回特性，所以电路具有很好的抗干扰能力

4. 施密特电路的主要用途有____。
   A．定时　　　　B．整形　　　　C．波形变换　　　D．幅度鉴别

5. 555 定时器的置 0 端是____。
   A．同步置 0　　B．直接置 0　　C．同步复位　　　D．直接复位

6. 在图 7-56 电路中，为改变输出脉宽，可以改变____。
   A．电阻 R 或电容 C 的值　　　　B．电源电压 V_{DD}
   C．控制电压 V_{CO}　　　　　　D．输入信号脉宽

7. 在图 7-40 的多谐振荡器中，为使输出信号的周期增加，可以____。
   A．增大电阻 R_1 或 R_2 的值　　　B．增大电容 C 的值
   C．增大电源电压 V_{DD}　　　　　D．增大引脚 CO 的电压

四、判断题（正确的在括号中打"√"，错误的打"×"）

1. 脉冲信号是指在短暂时间内出现的电压或电流信号。（　）
2. 衡量矩形波的主要参数有脉冲幅度 U_m、脉宽 t_w、周期 T。（　）

3. 单稳态电路用于定时,就是用之产生一定宽度的脉冲作定时信号。( )
4. 单稳态电路与施密特电路的整形作用相同。( )
5. 多谐振荡器的功能是产生一定频率和脉宽的矩形脉冲。( )
6. 晶体振荡器的振荡频率取决于晶体的标称串联谐振频率。在调试中,如果出现停振现象,可适当调整电路中电阻的值。( )

专题讨论 7

专题 7：数字钟电路的设计实现

1. 专题实现

本专题完成显示时、分的数字钟电路的设计与制作。数字钟组成框图如图 7-57 所示,可以选用触发器、计数器、锁存器、555 定时器和数码显示器等器件构成电路。

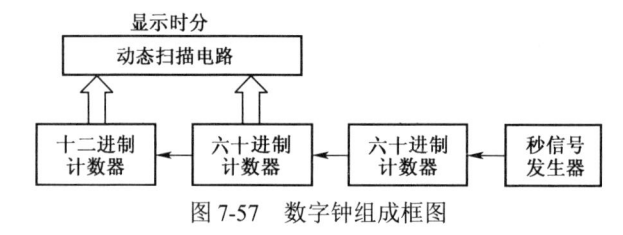

图 7-57　数字钟组成框图

2. 工程设计

（1）设计电路实现方案。
（2）确定电路参数及器件。

3. 制作与调试

（1）搭建实验电路,对数字钟电路功能进行验证,并修改、完善设计方案。
（2）如果具备条件,可进行印制电路板的设计和制作,完成元器件安装,完成电路测试。
（3）撰写用户手册,内容包括数字钟使用说明、注意事项等。
（4）成果交付。

4. 方案展示

参照项目 3 专题 3 学习实践活动,各设计团队进行数字钟电路实现方案的展示和讲解,推选出优秀方案。

5. 拓展讨论

（1）同时显示"时、分、秒"的数字钟电路实现方案,画出数字钟结构框图,并完成逻辑电路图及工程布线图设计。
（2）采用十二/二十四时显示方式的数字钟电路实现方案。
（3）探究数字钟扩展功能的实现方案,扩展功能包括但不限于闹钟、计时、秒表等。
（4）谈谈对时间的认识,包括但不限于使用时间的方法,管理时间的方法,如何让时间成为为人民、为社会、为国家创造价值的人生"财富"。

6．专题拓展

（1）成果评价。对已完成的数字钟电路进行评价，确定在功能、节能、应用场景等方面的创意和创新。

（2）申请专利。将创意或创新整理成文案，根据《中华人民共和国专利法》判断是否符合专利申请的条件，如果符合条件可开展专利申请活动。

扫一扫看拓展阅读：《中华人民共和国专利法》

项目 8

数字电压表电路

数字电压表电路是模/数转换电路的代表性应用案例。本项目首先介绍模/数转换与数/模转换的基本原理，典型数/模转换器与模/数转换器的应用电路及集成数/模转换器与集成模/数转换器的使用方法，最后讨论数字电压表电路的设计实现。

思政目标

学习大国工匠，敬业奉献，进取创新，追求卓越，为实现中国梦贡献智慧和力量。

知识目标

1. 理解模/数转换、数/模转换的基本概念。
2. 熟悉倒 T 形电阻网络数/模转换器的电路形式，理解其工作原理。
3. 熟悉模/数转换器的组成，每部分的作用，理解其工作原理。

技能目标

1. 能通过查阅器件手册，识读典型的集成数/模转换器和集成模/数转换器的引脚功能，并会使用。
2. 能用数字电压表检查集成数/模转换器和集成模/数转换器的转换特性。

随着数字技术的发展，数字系统的应用日益普及。数字系统只能对数字信号进行处理，而自然界大量出现的物理量是连续变化的模拟量，如工业过程控制中遇到的温度、压力、流量等，这些模拟量通过传感器可以转换成电压或电流模拟信号，如图 8-1 所示，只有将这些模拟信号转换成数字信号，数字系统才能对其进行处理。将模拟信号转换成数字信号的电路称为模/数转换器（Analog-to-Digital Converter，ADC）。ADC 常被看作编码装置，因为转换后的数字信号是以编码形式送入数字系统的。数字系统处理后的结果仍是数字信号，如果用它控制伺服电机等模拟量的执行机构，还需要转换成等效的模拟信号。将数字信号转换成模拟信号的电路称为数/模转换器（Digital-to-Analog Converter，DAC）。DAC 常被看作解码装置。

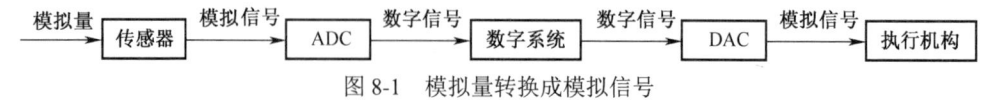

模拟量 → 传感器 → 模拟信号 → ADC → 数字信号 → 数字系统 → 数字信号 → DAC → 模拟信号 → 执行机构

图 8-1 模拟量转换成模拟信号

因为 DAC 结构比较简单，而且在 ADC 中经常用到 DAC，以下首先讨论 DAC。

项目 8 数字电压表电路

8.1 DAC

下面先讨论 D/A 转换的基本原理，然后介绍几种 DAC 的组成及工作原理。

8.1.1 D/A 转换的基本原理

数字量是用代码按数位组合起来表示的，每位代码都有一定的权值。例如，二进制数 1010，第 4 位代码的权值是 2^3，代码"1"表示数值为"8"；第 3 位代码的权值是 2^2，代码"0"表示这一位没有数；依次类推，这样 1010 所代表的十进制数就是 $8×1+4×0+2×1+1×0=10$。由上述内容可见，D/A 转换只要将数字量的每位代码，按其权值转换成相应的模拟量，将各位模拟量相加，即可得与数字量成正比的模拟量。

图 8-2 所示为 k 位 DAC 组成框图。首先将输入数字量存入输入寄存器，然后由寄存器输出控制模拟开关，模拟开关将根据寄存器输出各位取值，将译码网络相应部分接参考电压源（又称基准电压源）V_{REF} 或接地，产生与各位数值成正比的电流或电压，最后求和放大器将所有电流或电压相加放大，即可得转换后的模拟电压输出。由于这种转换器是将数字量的各位代码同时转换的，所以又称并行 DAC。

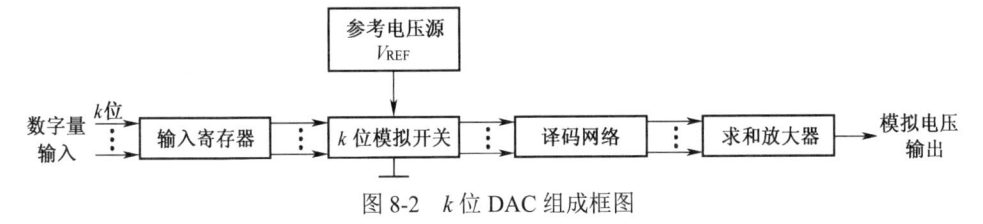

图 8-2 k 位 DAC 组成框图

DAC 输出电压 u_o 与输入数字量 N 之间的一般关系式为

$$u_o = \lambda N \tag{8-1}$$

式中，λ 是与 DAC 有关的比例常数；N 表示 k 位二进制数，即

$$N = \sum_{i=0}^{k-1} d_i \times 2^i$$

例如，3 位 DAC 的 N 值变化范围是 $0 \sim (2^3-1)$，若 $\lambda=1V$，则可求得输出电压 u_o 的变化范围是 $0 \sim 7V$。图 8-3 所示为 DAC 输出电压 u_o 与输入数字量 N 之间的转换关系，由图 8-3 可见，当输入 3 位二进制数为 111 时，输出电压为 7V。

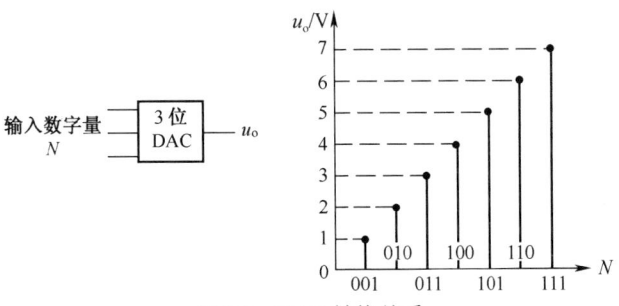

图 8-3 DAC 转换关系

8.1.2 D/A 转换的方法

D/A 转换的具体方法有很多，倒 T 形电阻网络 DAC（又称倒 T 形权电流 DAC）是常用的 DAC 之一。

1. 倒 T 形电阻网络 DAC

图 8-4（a）所示为 4 位倒 T 形电阻网络 DAC 的原理图，它由以下 3 部分组成。

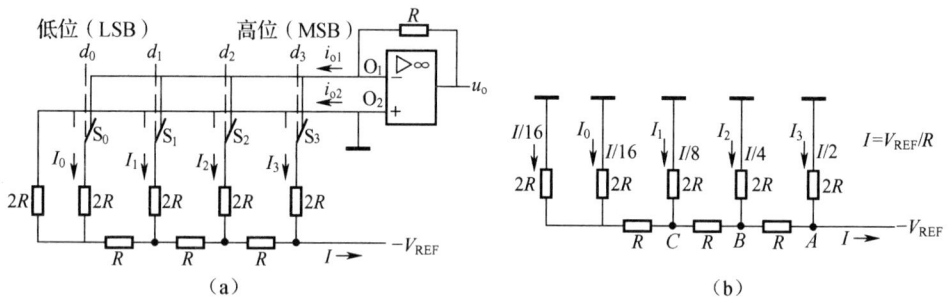

图 8-4 4 位倒 T 形电阻网络 DAC

（1）电阻译码网络。

电阻译码网络由 R 及 2R 两种电阻接成倒 T 形构成。由于网络的两个输出端 O_1、O_2 都处于零电位（O_1 端为虚地），所以从 A、B、C 任一节点向左看等效电阻都是 2R，如图 8-4（b）所示，因此，基准源电流 I 为

$$I = \frac{V_{REF}}{R}$$

流过每个 2R 电阻的电流从高位到低位依次为

$$I_3 = I/2 = \frac{1}{2} \frac{V_{REF}}{R} = \frac{V_{REF}}{16R} 2^3$$

$$I_2 = I/4 = \frac{1}{4} \frac{V_{REF}}{R} = \frac{V_{REF}}{16R} 2^2$$

$$I_1 = I/8 = \frac{1}{8} \frac{V_{REF}}{R} = \frac{V_{REF}}{16R} 2^1$$

$$I_0 = I/16 = \frac{1}{16} \frac{V_{REF}}{R} = \frac{V_{REF}}{16R} 2^0$$

即各支路电流按权值依次减小。

S_i（i=0, 1, 2, 3）受输入数字信号 d_i 控制：d_i=1 时，S_i 接 O_1 端；d_i=0 时，S_i 接 O_2 端。由此得电阻网络输出电流为

$$\begin{aligned}
i_{o1} &= d_3 I_3 + d_2 I_2 + d_1 I_1 + d_0 I_0 \\
&= d_3 \times \frac{V_{REF}}{16R} 2^3 + d_2 \times \frac{V_{REF}}{16R} 2^2 + d_1 \times \frac{V_{REF}}{16R} 2^1 + d_0 \times \frac{V_{REF}}{16R} 2^0 \\
&= \frac{V_{REF}}{16R} (d_3 \times 2^3 + d_2 \times 2^2 + d_1 \times 2^1 + d_0 \times 2^0) \\
&= \frac{V_{REF}}{16R} N
\end{aligned}$$

（8-2）

$$i_{o2} = \bar{d}_3 I_3 + \bar{d}_2 I_2 + \bar{d}_1 I_1 + \bar{d}_0 I_0 \tag{8-3}$$

（2）模拟开关 S_i。

S_i 是能够传输电流信号的模拟开关，又称电流开关，用双极型管构成的电路如图 8-5 中虚线框所示，其中 I_i（i=0,1,2,3）表示权电流。输入数字信号 d_i 作用在 VT_1 基极，并与 VT_2 基极的基准电压进行比较。当 d_i=1 时，VT_1 导通能力减弱，由于 I_{EE} 为常数，相应 VT_2 导通能力加强，因此 VT_3 基极电位下降，VT_3 截止，而 VT_4 基极电位升高，VT_4 导通，权电流 I_i 由 O_1 端通过 VT_4 流入电阻网络，即电阻网络接通 O_1 端。当 d_i=0 时，VT_1 导通能力加强，相应 VT_2 导通能力减弱，使 VT_3 基极电位升高，VT_3 导通，而 VT_4 基极电位下降，VT_4 截止，权电流 I_i 由 O_2 端通过 VT_3 流入电阻网络，即电阻网络接通 O_2 端。

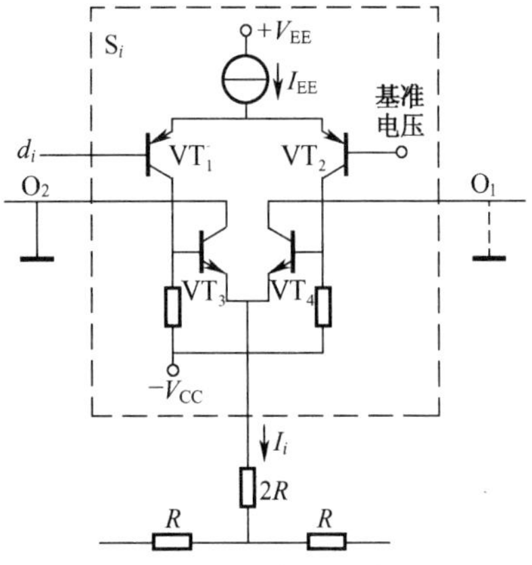

图 8-5 模拟开关

（3）运算放大器。

运算放大器的作用是将电阻网络中的输出电流转换成与输入数字量成正比的模拟电压输出。输出电压 u_o 为

$$u_o = i_{o1}R$$

将式（8-2）代入上式，得

$$u_o = \frac{V_{REF}}{16} N = \frac{V_{REF}}{2^4} N$$

可见，输出模拟电压正比于输入数字量。将上式推广到 k 位，有

$$u_o = \frac{V_{REF}}{2^k} N = \frac{V_{REF}}{2^k} \times (d_{k-1} \times 2^{k-1} + d_{k-2} \times 2^{k-2} + \cdots + d_2 \times 2^2 + d_1 \times 2^1 + d_0 \times 2^0)$$

2. 集成 DAC

将译码网络、模拟开关等集成在一块芯片上，根据应用需要，附加一些功能电路，可构成具有各种特性、不同型号的 DAC 芯片，这里简要介绍以下两种。

（1）AD7524。

AD7524 是单片 CMOS 8 位并行 DAC，功耗为 20mW，其结构框图如图 8-6 所示，引脚说明如表 8-1 所示。AD7524 的最大特点是参考电压极性可正可负，因而能使输出电压相应改变极性。另一个特点是片内具有输入数据寄存器，可直接与数据总线相连接。当 $\overline{C}$ 和 $\overline{W}$ 均为低电平时，将来自数据总线的数据 $d_0 \sim d_7$ 写入寄存器，此时模拟量输出对应 8 位数据输入。在这种模式下，它与没有输入寄存器一样，输入寄存器呈直通状态。但当 $\overline{C}$ 或 $\overline{W}$ 二者之一为高电平时，AD7524 则处于保持模式，此时输出保持在 $\overline{C}$ 或 $\overline{W}$ 变高电平时刻输入数字量所对应的模拟量。到 $\overline{C}$ 与 $\overline{W}$ 再同时为低电平时，输入数字量更新，输出模拟量随之更新。AD7524 输出为电流型。对于电流输出型 DAC 要获得模拟电压输出，需要外加转换电路。

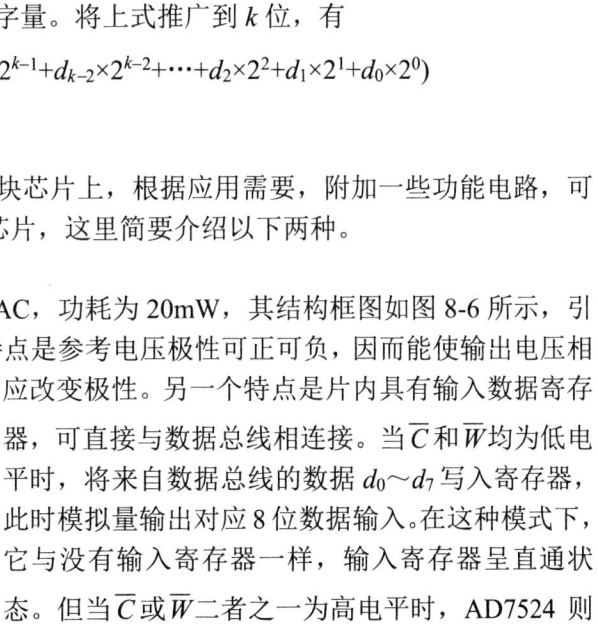

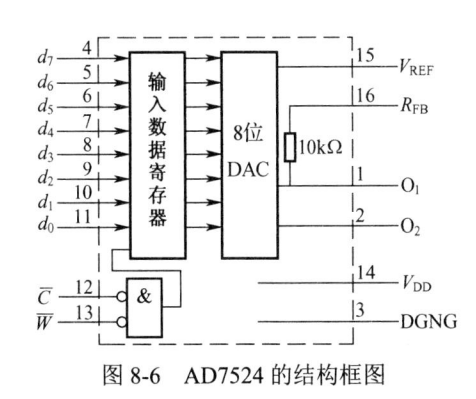

图 8-6 AD7524 的结构框图

表 8-1　AD7524 引脚说明

符号	名称	说明
V_{DD}	电源	供电电压范围为+5~+15V
DGND	数字信号地	接数字电路地，即工作电源地与数字逻辑地
O_1	电流输出 1	DAC 中为 "1" 的各位权电流汇集输出端。当 DAC 各位全为 1 时，此电流最大；各位全为 0 时，此电流为 0
O_2	电流输出 2	DAC 中为 "0" 的各位权电流汇集输出端。当 DAC 各位全为 0 时，此电流最大；各位全为 1 时，此电流为 0
R_{FB}	外接电阻	外部运算放大器反馈电阻连接端
V_{REF}	参考电压输入	外接参考电压输入，取值范围为-10~+10V
$\overline{C}$	片选	片选使能输入，低电平有效
$\overline{W}$	写入控制	写入控制输入，低电平有效
d_0~d_7	数据输入	8 路并行数据输入

图 8-7 所示为 AD7524 实用电路。图 8-7（a）电路输出电压为单极性，参考电压 V_{REF} 取正值时，输出电压为负；V_{REF} 取负值时，输出电压为正。输出电压范围为 0~$\pm(255/256)V_{REF}$。R_1、R_2 用来调整放大器增益。图 8-7（b）电路多了运算放大器 A_2，因而能输出双极性电压。图中点 Σ 经 R_3 与 V_{REF} 相连，由 V_{REF} 向 A_2 提供一个与 A_1 输出电流相反的偏置电流。调整 R_3 与 R_4 的比值，使偏置电流为 A_1 输出电流的 1/2，这样 A_2 输出就变成双极性了。在双极性输出时，输出电压范围为 $-(127/128)V_{REF}$ ~ $+(127/128)V_{REF}$。

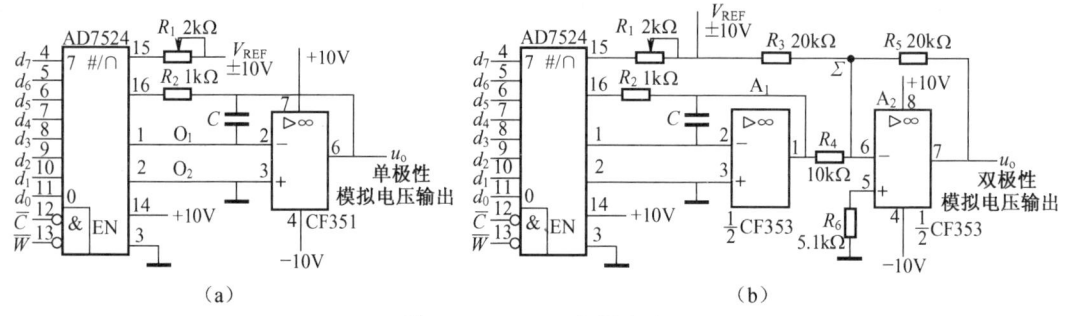

图 8-7　AD7524 实用电路

如果放大器是高速运放，通常需要接补偿电容 C，取值范围为 10~15pF，以对放大器进行相位补偿，消除自激振荡。

📖 阅读　数字信号地与模拟信号地

> DAC 或 ADC 在工作时，处理的信号既有数字信号又有模拟信号。为了防止数字信号干扰模拟信号，以提高工作稳定性，减小转换误差，集成转换器在芯片内部通常分设两个地，一个是数字信号地 DGND，另一个是模拟信号地 AGND。在芯片外围电路中，所有芯片的 AGND 相连，DGND 相连，AGND 与 DGND 仅在一处相连。

项目 8 数字电压表电路

（2）DAC0832。

DAC0832 是 8 位 DAC，内部采用双缓冲寄存器，能方便地用于多个 DAC 同时工作，且在精度允许下，可作为 12 位 DAC 使用。它与 12 位的 DAC1230 引脚兼容，可以互换使用。图 8-8 所示为 DAC0832 的结构框图，表 8-2 所示为部分引脚说明。

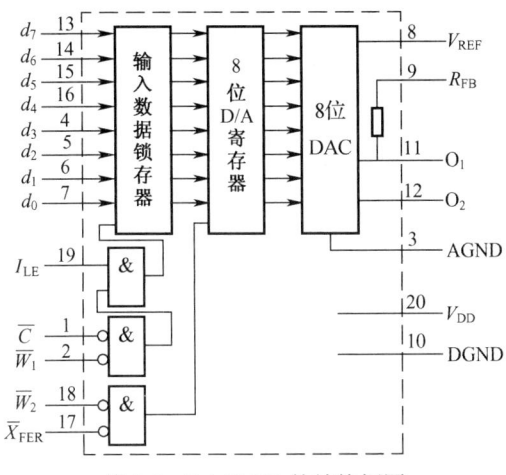

图 8-8 DAC0832 的结构框图

表 8-2 DAC0832 引脚说明

符号	名称	说明
V_{DD}	电源	供电电压范围为 +5~+15V，用 +15V 最佳
DGND	数字信号地	接数字电路地，即工作电源地与数字逻辑地
AGND	模拟信号地	接模拟电路地，即模拟信号与参考电压源的地
I_{LE}	输入锁存选通	高电平有效。I_{LE} 与 $\overline{C}$ 组合选通 $\overline{W_1}$
$\overline{W_1}$	输入锁存器写选通	低电平有效。当 $\overline{C}=0$ 且 $I_{LE}=1$，$\overline{W_1}$ 有效时，将输入数据送入锁存器。当 $\overline{W_1}=1$ 时，输入到锁存器的数据被锁定
$\overline{X}_{FER}$	数据传送控制	选通 $\overline{W_2}$，低电平有效
$\overline{W_2}$	D/A 寄存器写选通	低电平有效。当 $\overline{X}_{FER}=0$ 且 $\overline{W_2}$ 有效时，输入锁存器的 8 位数据传送到 D/A 寄存器
R_{FB}	内部电阻连接	为外部运算放大器提供反馈电阻
V_{REF}	参考电压输入	电压范围为 −10~+10V

DAC0832 为电流输出型 DAC，要获得模拟电压输出需要外加转换电路。图 8-9 所示为 DAC0832 实用电路，u_{o1} 为单极性电压，u_o 为双极性电压。

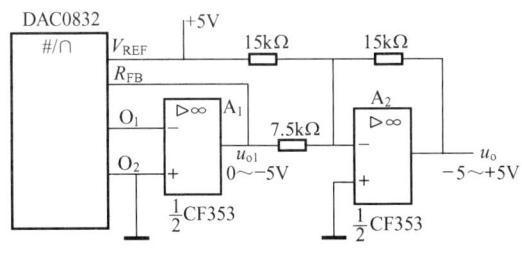

图 8-9 DAC0832 实用电路

该芯片有两级锁存功能，能实现多通道 D/A 同步转换输出。对于多片 DAC0832 要求同时进行转换的系统，可使各芯片片选信号不同，由片选信号 $\overline{C}$ 与 $\overline{W}_1$ 分时将数据输入到每片输入数据锁存器中，而各片 $\overline{X}_{FER}$ 与 $\overline{W}_2$ 则接在一起，共用一组信号，在 $\overline{X}_{FER}$ 与 $\overline{W}_2$ 同为低电平时，数据同一时刻由输入数据锁存器传送到 D/A 寄存器，各 D/A 转换芯片同时开始转换，图 8-10 给出了 DAC0832①、②同步转换输出的时序图。

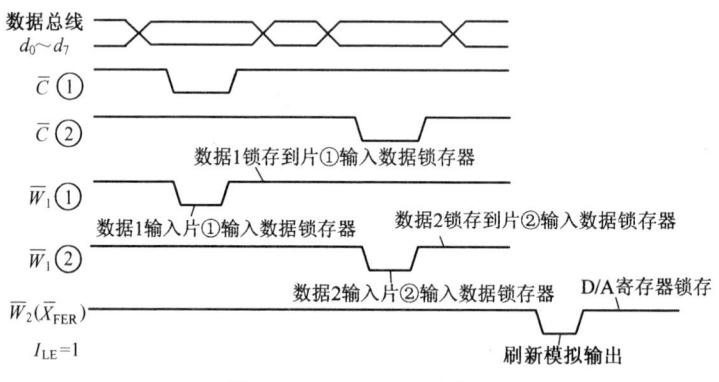

图 8-10 DAC0832 时序图

8.1.3 DAC 的主要参数

衡量 DAC 性能的参数很多，此处仅介绍主要参数。

1. 静态参数

（1）分辨率。

分辨率指输入数字量发生单位数码变化时，所对应输出模拟量的变化量。因此，它反映了 DAC 分辨输出最小模拟电压的能力。规定分辨率用输出模拟电压最大值 U_{Omax} 与最大输入数码 (2^k-1) 之比衡量。例如，若 U_{Omax}=10V，则 10 位 DAC 分辨率为 0.009775V，而 8 位 DAC 分辨率为 0.039215V。可见，输入数字量位数越多，分辨能力越强，分辨率越高。实际中，更常用的方法是用输入数字量位数表示分辨率。例如，8 位 DAC，其分辨率为 8 位。

（2）转换精度。

DAC 转换精度与 DAC 的结构和接口配置电路有关。一般来说，不考虑其他 D/A 转换误差时，DAC 分辨率即转换精度。

（3）失调误差。

失调误差是指输入数字量全为 0 时，模拟输出值与理论输出值的偏差。对于单极性 DAC，模拟输出值为 0V；对于双极性 DAC，理论输出值为负满量程值。

在一定温度下，失调误差可通过调整措施进行补偿。有些 DAC 设计有调零端；有些 DAC 无调零端，要求用户外接校正偏置电路加到运算放大器求和端以消除失调。

（4）满值误差。

满值误差又称增益误差，是指输入数字量全为 1 时，实际输出电压不等于满值的偏差值。满值误差可以通过调整运算放大器的反馈电阻加以消除。

项目 8 数字电压表电路

图 8-11 所示为典型的单极性 DAC 失调误差和满值误差校正电路（以 DAC-08 为例）。

2．动态参数

建立时间 t_s 是描述 DAC 转换速度的重要参数，一般指输入数字量变化后，输出模拟量稳定到相应数值范围内所经历的时间，如图 8-12 所示。

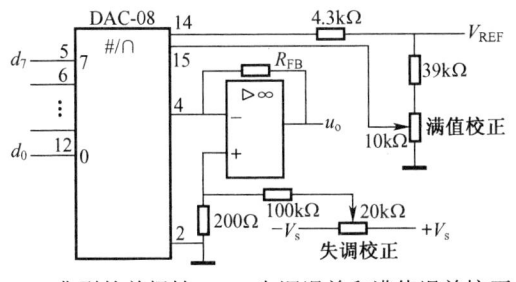

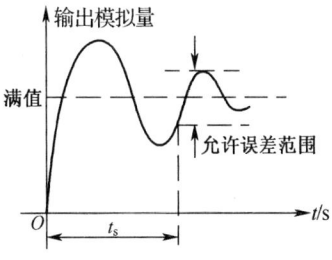

图 8-11 典型的单极性 DAC 失调误差和满值误差校正电路　　图 8-12 DAC 建立时间

DAC 的译码网络、模拟开关等均非理想元器件，各种寄生参量及开关延迟等都会限制转换速度。实际建立时间长短不仅与转换器本身转换速度有关，还与数字量变化大小有关。输入数字从全 0 变到全 1（或从全 1 变到全 0）时，建立时间最长，称为满量程变化建立时间。手册上给出的一般都是满量程变化建立时间。

根据建立时间 t_s 的长短，DAC 分为以下几种类型：低速 $t_s \geqslant 100\mu s$；中速 $t_s=10 \sim 100\mu s$；高速 $t_s=1 \sim 10\mu s$；较高速 $t_s=100ns \sim 1\mu s$；超高速 $t_s<100ns$。

选用 DAC 时，考虑的主要指标是转换速度与精度。表 8-3 列出了几种常用集成 DAC 参数供参考。

表 8-3　常用集成 DAC 参数

型号	分辨率/位数	建立时间	电源范围/V	特点
DAC0830 DAC0831 DAC0832	8	≤1μs	+5～+15	具有两个数据寄存器；具有极好的温度补偿特性；采用 CMOS 电流开关和控制逻辑，因此具有低功耗和低输出泄漏电流误差
AD7522	10	并行时 ≤1μs	+5～+15	内部提供了极好的温度补偿特性；具有两级数据寄存器，既能数字量并行输入，又能数字量串行输入
DAC811	12	≤4μs	±18	内有精密基准电源、微机接口逻辑、双缓冲锁存器；电压输出放大器；输出模拟电压：±10V（双极性）、±5V、+10V（单极性）
AD7546	16	≤10μs	±15 +15	高精度乘法型芯片，输入数据与 TTL、CMOS 逻辑兼容；内有数据锁存器，易与微机配接

-💡-应用实例

DAC 除主要用于 D/A 转换以外，还可用于其他用途。

1．波形发生器

（1）锯齿波发生器。

把计数器输出送给 DAC，便可以得到锯齿波，如图 8-13 所示。计数器的计数值按时钟脉冲频率不断增加，使 DAC 输出一个阶梯电压，经低通滤波器滤波，形成线性锯齿波。

223

待计数器计满后，自动回到全 0 状态，开始下一个锯齿波。

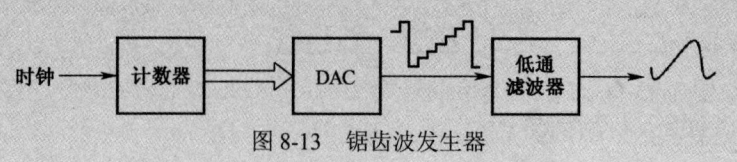

图 8-13 锯齿波发生器

（2）任意波形发生器。

先把计数器的计数值作为地址码送到只读存储器的地址输入端，再把只读存储器的读出数据送给 DAC，便可得到任意波形。波形形状取决于只读存储器的存储数据，改换存储不同数据的只读存储器，便可得到不同形状的波形。

2. 乘法器

前面已经介绍，DAC 输出电压 u_o 不仅与输入数字量 N 成正比，而且与参考电压 V_{REF} 成正比。一般应用时，参考电压 V_{REF} 为恒定直流电压，如果将 V_{REF} 用输入信号 u_i 替换，那么 DAC 输出电压 u_o 便与输入数字量 N 和模拟信号 u_i 的乘积成正比。图 8-14 所示为用倒 T 形电阻网络实现 N 与 u_i 相乘的乘法器，根据式（8-2）可得

$$i_{o1} = \frac{V_{REF}}{16R} N = \frac{u_i}{16R} N$$

所以

$$u_o = i_{o1} R_F = (\frac{u_i}{16R} N) R_F = \lambda u_i N$$

式中，N 取值范围为 0~15；$\lambda = R_F / 16R$ 是一个常数。

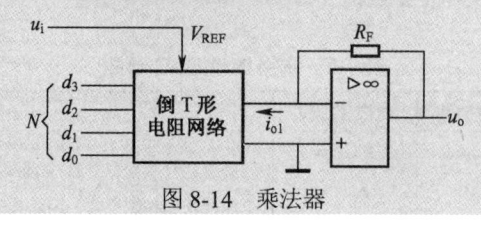

图 8-14 乘法器

📄 **思考与练习**

1. DAC 的功能是什么？
2. 有一个 8 位 DAC 满值输出为 10V。求输入为 10110010 时的输出模拟电压。
3. 在图 8-4 的 DAC 中，如果输入数字量为 8，$R=1k\Omega$，$V_{REF}=1V$。
（1）求输入为全 1 时的输出电压。
（2）求输入为全 0 时的输出电压。
（3）求输入为 10110010 时的输出电压。
4. 如果用 4 片 DAC0832 实现 4 通道 D/A 同步转换输出，请画出工作时序图。
5. 晶体管图示仪中三极管的基极驱动信号是阶梯信号，显像管的场扫描和行扫描信号都是锯齿波信号。问：能否利用 DAC 组成电路产生上述信号？请画出组成框图。

8.2 ADC

8.2.1 A/D 转换的基本原理

A/D 转换将模拟量转换为数字量，通常分为取样、保持、量化、编码四个步骤。这些步骤往往合并进行，取样和保持用同一电路完成，量化和编码用同一电路完成。

1. 取样

取样就是对一个时间上连续变化的模拟量定时进行检测，得到一个时间上断续、幅度上连续变化的模拟量。取样过程可通过图 8-15 说明。图中，取样器是一个受取样脉冲 $S(t)$ 控制的模拟开关，在 t_w 期间，开关接通，输出信号 u' 等于输入模拟信号 u_i，而在两次取样间隔时间 t_g 内，开关断开，u' 等于 0V。

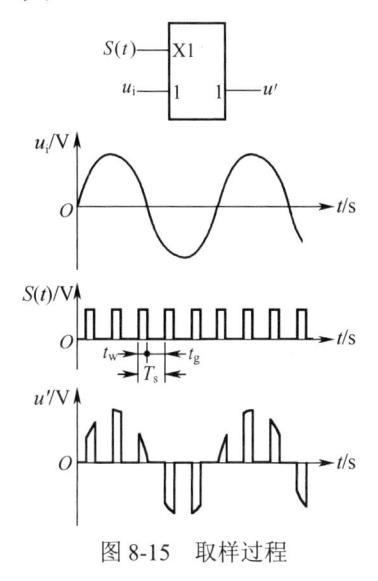

图 8-15 取样过程

为使取样信号 u' 能精确复现原输入模拟信号 u_i，要求取样周期 T_s 必须满足

$$T_s \leqslant \frac{1}{2f_{max}}$$

上式称为取样定理。其中 f_{max} 是输入模拟信号 u_i 中的最高频率分量。通常选取取样频率 f_s 为

$$f_s = 1/T_s = (2.5 \sim 3)f_{max}$$

2. 取样-保持

为便于对取样信号进行量化和编码，每次取样后应在一定时间内保持取样信号不变，即电路应具有取样-保持功能。图 8-16（a）所示为取样-保持电路的原理图。图中 A_1、A_2 均接成跟随器，C_H 为保持电容。取样期间，$S(t)$ 为高电平，模拟开关接通，C_H 两端电压 u_C 及输出电压 u_A 跟随输入电压 u_i 变化，即 $u_A = u_C = u_i$；保持期间，模拟开关断开，若集成运算放大器输入电阻足够大，则 C_H 两端电压几乎不变，一直保持到下一个取样信号到来。当模拟开

关再接通时，u_A 又跟随 u_i 变化。图 8-16（b）所示为 u_i、u_A 波形，细实线是 u_i，粗实线是 u_A。

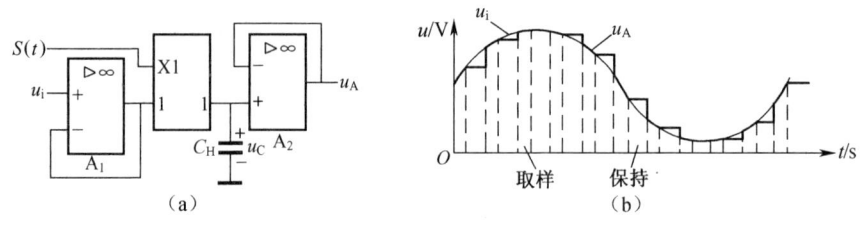

图 8-16 取样-保持电路的原理图及波形

图 8-17 所示为集成取样-保持电路 LF398 的结构框图及典型接线图，供电电压取值范围为±5～±15V。8 脚是控制端，7 脚接逻辑控制参考电压，所接电压要符合 8 脚逻辑控制电平的要求。若 7 脚接地，则 8 脚所接电平大于 1.4V 时为高电平，LF398 处于取样状态，输出电压 u_A 跟随输入电压 u_i 变化；当 8 脚电平为低电平（小于 1.4V）时，LF398 处于保持状态，u_A 保持在 8 脚变低电平时刻 u_i 所对应的电压上。

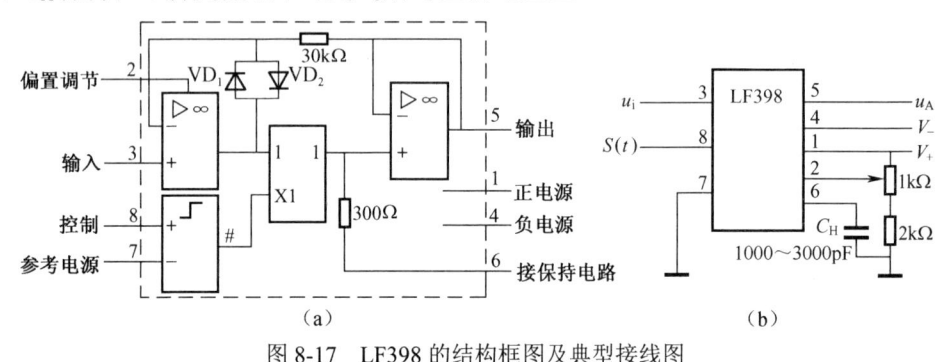

图 8-17 LF398 的结构框图及典型接线图

3. 量化与编码

在保持期间，u_A 不变，电路对 u_A 进行量化-编码。量化就是将 u_A 按要求划分成某个最小量化单位 s 的整数倍。编码就是把量化数值用二进制代码表示，这个二进制代码就是 ADC 输出。

由于实际电路所能表示的数字量位数有限，k 位二进制代码只能代表 2^k 个数值。因此，任意一个取样-保持信号 u_A，不可能正好与某一量化电平即量化单位 s 的整数倍相等，只能接近于某一个量化电平。所以，量化方法有两种：一种是只舍不入法；另一种是有舍有入法。

（1）只舍不入法。

当 $0s \leqslant u_A < 1s$ 时，u_A 量化值取 $0s$；当 $1s \leqslant u_A < 2s$ 时，u_A 量化值取 $1s$；依次类推。例如，取 $s=\frac{1}{8}$V 且采用 3 位二进制数编码，则输入模拟电压与输出二进制代码的关系如图 8-18（a）所示。不难看出，最大量化误差为 s，即 $\frac{1}{8}$V。

（2）有舍有入法。

当 $0s \leqslant u_A < 0.5s$ 时，u_A 量化值取 $0s$；当 $0.5s \leqslant u_A < 1.5s$ 时，u_A 量化值取 $1s$；当 $1.5s \leqslant u_A < 2.5s$ 时，u_A 量化值取 $2s$；依次类推。有舍有入法的输入模拟电压与输出二进制代码的关系如

图 8-18（b）所示。此方法最大量化误差为 $\frac{1}{2}s$，即 $\frac{1}{15}V$。这是因为把每个二进制代码所表示的模拟电压规定为它所对应的模拟电压范围中心的缘故。

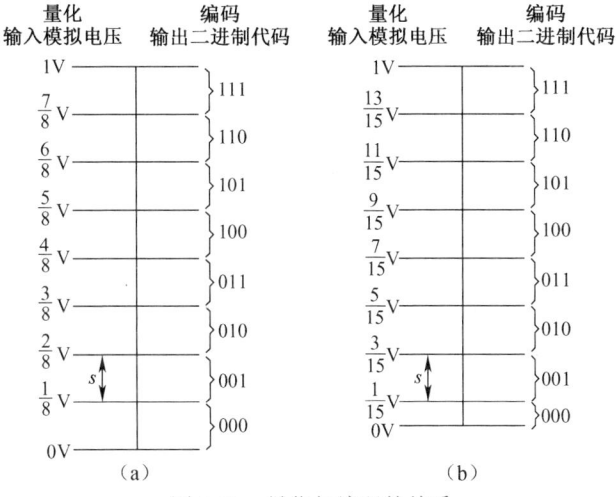

图 8-18 量化与编码的关系

对同一模拟电压来说，量化方法不同，最后编码输出可能就不同。

【例 8-1】已知取样-保持电路在某一时刻输出电压为 1.4V。量化-编码电路的量化单位 s=0.5V，采用 3 位二进制数编码。问：（1）用只舍不入法，输出数字量 $D=d_2d_1d_0$=?（2）用有舍有入法，输出数字量 $D=d_2d_1d_0$=?

解：已知 u_A=1.4V；s=0.5V，所以 u_A=2.8s。

（1）因 $2.0s \leq u_A < 3.0s$，u_A 量化值取 2s，所以输出数字量 $D=d_2d_1d_0$=010。

（2）因 $2.5s \leq u_A < 3.5s$，u_A 量化值取 3s，所以输出数字量 $D=d_2d_1d_0$=011。

8.2.2 ADC 的主要参数

1. 量化误差与分辨率

分辨率又称分解度，是描述 ADC 转换精度的参数，习惯上用输出二进制数的位数或 BCD 码的位数表示。因为对同一模拟电压，描述它的数字量位数越多，量化单位越小，转换精度越高。例如，ADC0809 的分辨率为 8 位，即该转换器输出数据可用 2^8 个二进制数进行量化，分辨率为 1s（手册上记作 1LSB）。

BCD 码输出的 ADC 用位数表示分辨率的方法举例说明如下：ICL7135 双积分型 ADC 的分辨率为 $4\frac{1}{2}$ 位，意味着输出满度字为 0001 1001 1001 1001 1001$_{BCD}$，对应十进制数为 19999。

量化误差和分辨率是统一的。量化误差是用有限个数字量对模拟数进行离散取值（量化）而引起的误差。因此，量化误差理论上为一个单位的分辨率，即 1LSB 或±1/2LSB。提高分辨率可减小量化误差。

2. 转换时间与转换速率

转换时间定义为 ADC 完成一次完整转换所需的时间，即从输入端加入信号到输出端出现相应数码的时间。

转换速率是转换时间的倒数。

目前，转换时间最短的是并行型 ADC，高速并行型 ADC 的转换时间为 5～50ns，即转换速率达 20～200MHz；其次是逐次比较型 ADC，若采用双极型工艺，则其转换时间可达到 0.4μs，即转换速率为 2.5MHz。

ADC 按转换时间长短分为：20～300μs 的为中速型；大于 300μs 的为低速型；小于 20μs 的为高速型。

选用 ADC 要考虑的主要参数是转换速率及分辨率。表 8-4～表 8-6 列出了几种常用 ADC 参数供参考。

表 8-4 并行比较型 ADC 参数

型号	转换速率/MHz	分辨率/位数	电源范围/V	说明
TDC1019	15	9	+5～-6	瞬时比较编码式器件
CA3308	15	8	±5.2	CMOS 单片集成
TDC1007J	20	8	+5～-6	内部有取样-保持电路
TDC1029J	100	6	+5～-6	内部有取样-保持电路
SDA5010	100	6	±5.2	双极型工艺，多用途器件
AD770	200	8	+5～-5.2	功耗约为 200mW
AD9028	300	8	+5～-5.2	功耗约为 2.2W

表 8-5 逐次比较型 ADC 参数

型号	分辨率/位数	转换时间/μs	模拟输入/V	电源范围/V	特点
ADC0801～ADC0805 5G0801 5G0804	8	≤100	0～5	4.5～6.5	中速廉价型器件。单通道输入，不需要零点调整；内有时钟发生器和三态输出锁存器，可与 8 位 CPU 直接接口。精度最高的是 ADC0801，最差的是 ADC0804 和 ADC0805
ADC0808 ADC0809	8	≤120	0～5	4.5～6.5	单极性 8 通道输入，不需要外调零和满量程调整；内带地址锁存器、多路开关和 8 位三态输出锁存器，输出符合 TTL 逻辑电平，易与微机接口
ADC1001 ADC1021	10	≤200	0～5	4.5～6.5	单通道输入，不需要零点调整；内带时钟发生器和 10 位三态输出锁存器；逻辑输入/输出满足 CMOS 和 TTL 逻辑电平规范；可与 8 位或 16 位 CPU 直接接口。其中 ADC1001 与 8 位 ADC 引脚兼容
ADC1210 ADC1211	12	≤100	±10	±15	具有双极性和单极性模拟输入选择；数据输出与 CMOS 逻辑电平兼容；可在连续或逻辑控制转换方式下工作；可接成 10 位 ADC，此时转换时间为 30μs；需要外加基准电压和时钟；成本较低
AD1380	16	≤14	±2.5，±5，±10，0～5，0～10	模拟±15 数字+5	内有取样-保持电路、基准电源和与微机接口的逻辑控制电路；并行/串行输出

项目 8 数字电压表电路

表 8-6 双积分型 ADC 参数

型号	转换位数	转换速率/Hz	电源范围/V	特点
MC14433 CC14433	$3\frac{1}{2}$	4~10	±4.5~±8	单片 CMOS 器件，输出为 BCD 码动态扫描方式；既可适用于组成数字仪表，又可方便与微机接口；片内采用模拟与数字自动校零技术，可保证长期零点稳定，能自动转换极性
ICL7135 CC7135 CH7135	$4\frac{1}{2}$	≤30	±5	单片 CMOS 器件，输出为 BCD 码动态扫描方式；具有自动转换极性、自动校零和差动输入功能；在 2.0000V 满度测量中精度保证±1 字；只需单参考电源，具有多种接口，可方便地构成电压表和微机接口电路

8.2.3 A/D 转换的方法

A/D 转换的方法主要有并行比较型、逐次逼近型和双积分型。

1. 并行比较型 ADC

图 8-19 所示为 3 位并行比较型 ADC。图中参考电压 V_{REF} 经电阻分压器形成 7 个比较电平 $\frac{1}{8}V_{REF}, \frac{2}{8}V_{REF}, \cdots, \frac{7}{8}V_{REF}$，分别加到 7 个比较器的反相输入端。输入电压 u_A 同时加到 7 个比较器的同相输入端，与各参考电平进行比较。当 u_A 高于比较电平时，比较器输出 1，反之为 0。比较器输出经编码器编码，输出 3 位二进制代码 $D_2D_1D_0$。输入电压 u_A、比较器输出及编码器输出之间的对应关系如表 8-7 所示。

图 8-19 3 位并行比较型 ADC

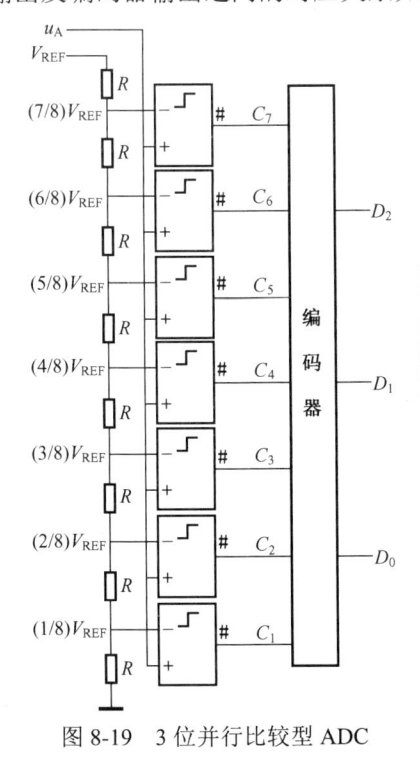

表 8-7 并行比较型 ADC 转换关系

输入电压 u_A/V	比较器输出							编码器输出		
	C_7	C_6	C_5	C_4	C_3	C_2	C_1	D_2	D_1	D_0
$0<u_A\leq\frac{1}{8}V_{REF}$	0	0	0	0	0	0	0	0	0	0
$\frac{1}{8}V_{REF}<u_A\leq\frac{2}{8}V_{REF}$	0	0	0	0	0	0	1	0	0	1
$\frac{2}{8}V_{REF}<u_A\leq\frac{3}{8}V_{REF}$	0	0	0	0	0	1	1	0	1	0
$\frac{3}{8}V_{REF}<u_A\leq\frac{4}{8}V_{REF}$	0	0	0	0	1	1	1	0	1	1
$\frac{4}{8}V_{REF}<u_A\leq\frac{5}{8}V_{REF}$	0	0	0	1	1	1	1	1	0	0
$\frac{5}{8}V_{REF}<u_A\leq\frac{6}{8}V_{REF}$	0	0	1	1	1	1	1	1	0	1
$\frac{6}{8}V_{REF}<u_A\leq\frac{7}{8}V_{REF}$	0	1	1	1	1	1	1	1	1	0
$\frac{7}{8}V_{REF}<u_A<V_{REF}$	1	1	1	1	1	1	1	1	1	1

分析表 8-7，可写出编码器的逻辑函数表达式为

$$D_2=C_4;\quad D_1=C_6+C_2\bar{C}_4;\quad D_0=C_7+C_5\bar{C}_6+C_3\bar{C}_4+C_1\bar{C}_2$$

根据上式画编码器逻辑图，如图 8-20 所示。

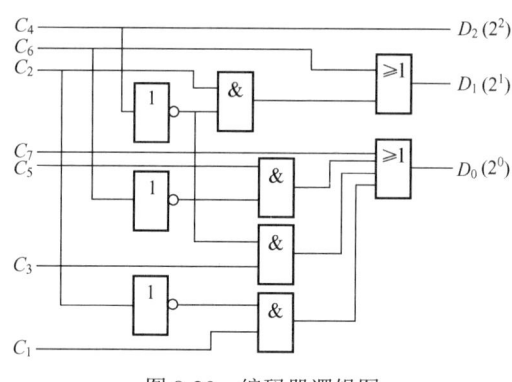

图 8-20 编码器逻辑图

并行比较型 ADC 转换速度快，但增加转换位数时，比较器数量大大增加，若输出 k 位二进制代码，则需要(2^k-1)个比较器，因此一般只用于 $k\leqslant 4$ 的情况。

2．逐次逼近型 ADC

逐次逼近型 ADC 的转换过程与天平称量物重过程相似。例如，有一物体质量 $W=1.565$g。天平有 5 个砝码，质量依次为 1g、0.5g、0.25g、0.125g、0.0625g，后一个砝码质量恰为前一个砝码质量的一半，相互间为二进制关系。为较快地用天平称出物重，采用由大到小逐次试验的方法。

（1）把物体放在左盘，1g 砝码放在右盘，与左盘物体相比较，砝码质量不够，即 1g<W=1.565g，于是把砝码留在盘中，称为留码，1 次比较结果记作 1。

（2）再加 0.5g 砝码，因(1+0.5)<W=1.565g，保留这 2 个砝码。2 次比较结果记作 11。

（3）再加 0.25g 砝码，(1+0.5+0.25)g>W=1.565g，取下此砝码，称为去码，3 次比较结果记作 110。

（4）再加 0.125g 砝码，(1+0.5+0.125)g>W=1.565g，去码，4 次比较结果记作 1100。

（5）再加 0.0625g 砝码，(1+0.5+0.0625)g<W=1.565g，留码，5 次比较结果记作 11001。

所有砝码都参与比较后，得到用二进制数表示的物重为 11001_2。上述 5 个砝码的质量相当于二进制数各位代码的权值，于是，所称物重为 1×1+1×0.5+1×0.0625=1.5625g，它与实际物重只相差 1.565g-1.5625g=0.0025g。显然，砝码越多，用二进制数表示物重的位数越多，与实际物重的误差就越小。这种用已知砝码质量逐次与未知物重比较，使天平上累计砝码总质量逐次逼近被称物重的方法称为逐次逼近法。

逐次逼近型 ADC 的基本组成如图 8-21 所示，工作过程如下：启动转换后，控制电路首先将锁存器、逐次逼近逻辑寄存器 SAR 清零，同时时钟电路开始工作。当第一个 CP 到达时，SAR 最高位被置 1，DAC 输入为 100…00，DAC 输出 u_{oA}（称为砝码电压）为满值输出电压 E_{oA} 的一半，即 $u_{oA}=E_{oA}/2$。u_A 与 u_{oA} 比较，若 $u_A>u_{oA}$，则比较器 C 输出 1，SAR 最高位保持 1，即留码；若 C 为 0，则去码，SAR 最高位变为 0。设此次比较结果为留码。接着第二个 CP 到达，使 SAR 次高位置 1，DAC 输入变为 110…00，于是 $u_{oA}=(E_{oA}/2)+(E_{oA}/2^2)$，

u_A 与 u_{oA} 的比较结果决定次高位是留码还是去码,依次类推,直到最末位,此时再来一个 CP,SAR 有溢出信号,此信号便可作为 A/D 转换结束信号 E_{OC},这时锁存器的锁存结果就是 A/D 转换结果。

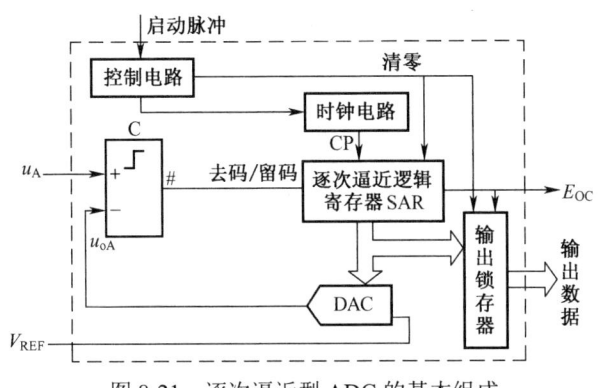

图 8-21 逐次逼近型 ADC 的基本组成

【例 8-2】在图 8-21 中,已知 $E_{oA}=1V$,$u_A=0.85V$,锁存器输出 5 位,求 $D=d_4d_3d_2d_1d_0=?$

解:由逐次逼近型 ADC 转换原理可知,相应于输出 D,各位的砝码电压分别为 $E_{oA}/2$、$E_{oA}/2^2$、$E_{oA}/2^3$、$E_{oA}/2^4$、$E_{oA}/2^5$,即 0.5V、0.25V、0.125V、0.0625V、0.03125V。根据上述工作过程可以确定

$$d_4=1;\ d_3=1;\ d_2=0;\ d_1=1;\ d_0=1$$

所以

$$D=d_4d_3d_2d_1d_0=11011$$

逐次逼近型 ADC 的特点是转换精度高、速度较快,所以应用广泛。集成 ADC 芯片 AD574A/674A、ADC0809、AD678、AD1376/77/78 均采用此转换方法。

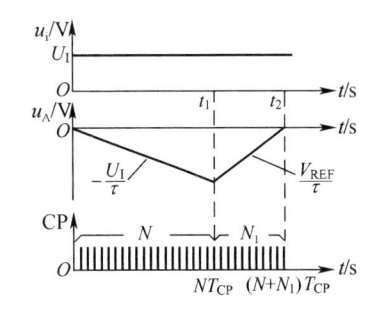

3. 双积分型 ADC

双积分型 ADC 又称双斜率 ADC,是一种间接 A/D 转换方法。其基本原理是先将输入模拟电压通过积分器转换成与输入电压平均值成正比的时间间隔,然后用计数器测量这一时间间隔,计数器输出数字量就是正比于输入模拟量的数字信号。

图 8-22 所示为双积分型 ADC 的结构框图,下面结合图 8-23 的波形,说明 A/D 转换原理。

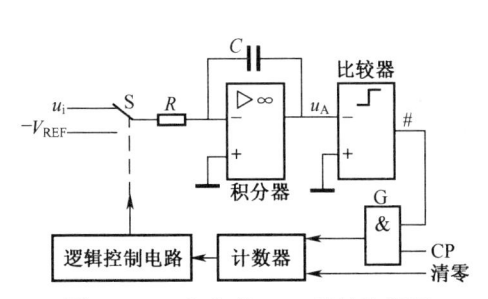

图 8-22 双积分型 ADC 的结构框图　　图 8-23 双积分型 ADC 的波形

转换之前,计数器清零。当 $t=0$ 时,开关 S 接模拟输入电压 u_i,电路进入第一工作阶段——取样阶段,由集成运算放大器与 RC 组成的积分器对 u_i 积分,积分器输出电压为

$$u_A = -\frac{1}{\tau}\int_0^t u_i dt$$

式中，$\tau=RC$ 为积分器的时间常数。

设 $u_i=U_I$，则

$$u_A = -\frac{U_I}{\tau}t$$

可见 u_A 线性下降。又因为 $u_A<0V$，比较器输出为 1，G 开通，计数器开始计数。当计数器计满并由最大值回到全 0 的 t_1 时刻时，产生溢出脉冲。溢出脉冲通过逻辑控制电路使开关 S 接参考电压 $-V_{REF}$，积分器停止对 u_i 积分，开始对 $-V_{REF}$ 积分，电路进入第二工作阶段——比较阶段。因 u_i 与 $-V_{REF}$ 极性相反，所以积分器输出从初始负值 $u_A=-U_It_1/\tau$，以固定斜率 (V_{REF}/τ) 向正方向回升。当 $u_A=0V$ 时，比较器输出为 0，G 关闭，计数器停止计数，第二工作阶段结束。因为 $t=t_1$ 时计数器已计满回零，因此，在 t_2 时刻，计数器记下的数就是 (t_2-t_1) 期间累计的脉冲数，记作 N_1。

设计数器容量为 N，计数脉冲 CP 周期为 T_{CP}，则取样阶段所经历的时间 $t_1=NT_{CP}$，这是固定值，不随 U_I 大小而改变。但在 t_1 时刻，积分器输出 u_A 与 U_I 大小有关，即

$$u_A(t_1) = -\frac{U_I}{\tau}t_1 = -\frac{U_I}{\tau}NT_{CP}$$

由于比较阶段的 u_A 以固定斜率回升，所以 $u_A(t_1)$ 的绝对值越大，(t_2-t_1) 越长，即 N_1 越大。可以求得 N_1 与 U_I 的关系为

$$N_1 = \frac{N}{V_{REF}} U_I$$

因此，计数值 N_1 正比于输入电压 U_I，完成 A/D 转换。

实际双积分型 ADC 能够根据输入电压 u_i 的极性，自动改变参考电压的极性，保证取样阶段与比较阶段积分器输出电压 u_A 的极性相反，如图 8-24 所示。

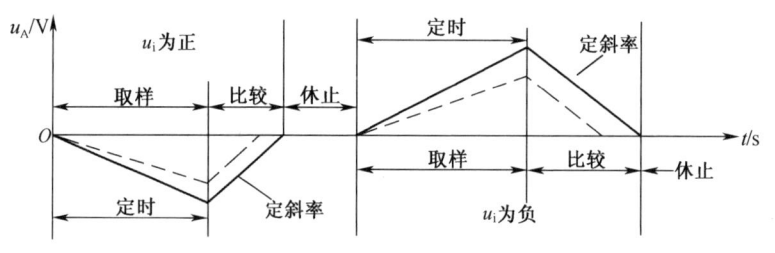

图 8-24 参考电压极性随输入电压极性而变化

双积分型 ADC 有许多优点，一是数字量输出与积分器时间常数无关，对积分元件参数精度要求不高；二是由于 (t_2-t_1) 仅正比于 u_i 在 t_1 时刻的平均值，因此，对叠加在 u_i 上的 50Hz 工频干扰有很强的抑制能力。为此，一般选 t_1 为 20ms 的整数倍。双积分型 ADC 的缺点是速度低，只适用于对慢变化信号或直流信号进行转换，在数字测量仪器中得到了广泛应用，如数字式直流电压表、数字式温度计等。

4．集成 ADC

下面介绍两种常用的集成 ADC。

（1）12 位逐次逼近型 ADC——AD574A。

AD574A 内部包含参考电压源电路和时钟电路，使用方便。加之其转换速度快（只有

项目 8 数字电压表电路

$25\mu s$），具有良好的性能价格比，因此是应用较多的器件之一。

AD574A 为 28 脚双列直插封装，其结构框图如图 8-25 所示，它由两部分组成，一部分是模拟芯片，另一部分是数字芯片，部分引脚说明如表 8-8 所示。工作过程如下：当逻辑控制电路接到转换指令（$\overline{C}_S=0$、$C_E=1$、$R/\overline{C}=0$）后，立即启动时钟电路，同时将 SAR 清零。第一个 CP 送入 SAR 后，输入信号首先与 DAC 对应 SAR 最高位输出电压在比较器中进行比较，判断 SAR 最高位取舍。然后在 CP 控制下，按顺序进行逐次比较，直到 SAR 各位数码都被确定，这时 SAR 向逻辑控制电路送回结束信号，转换结束，时钟电路输出状态变低，将比较器锁定。当外部输入读数指令（$\overline{C}_S=0$、$C_E=1$、$R/\overline{C}=1$）时，逻辑控制电路发出指令，三态输出数据锁存器向外输出数字信号，将数据读出。

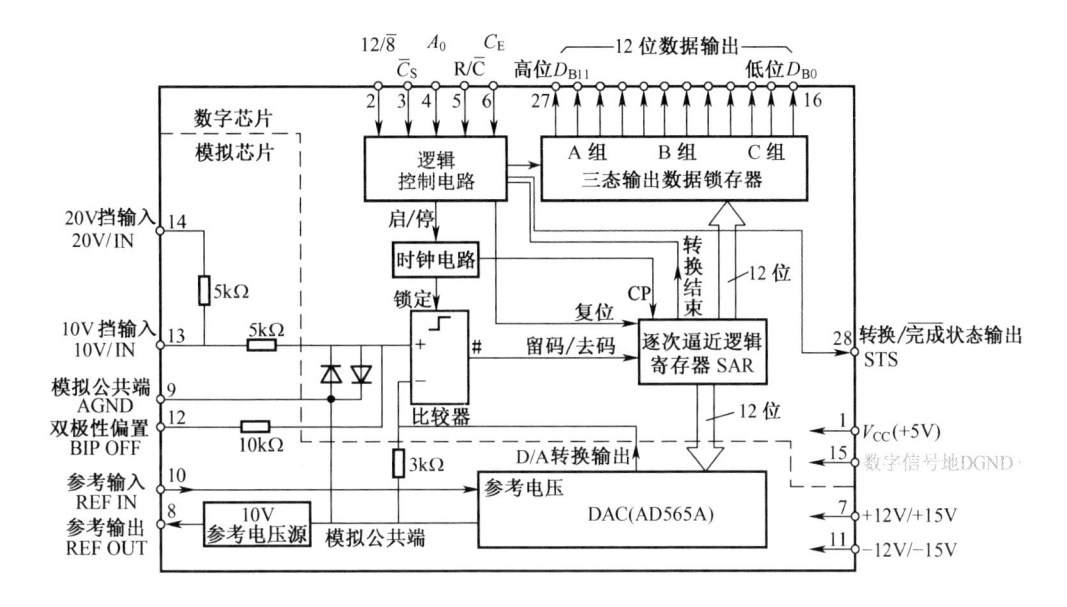

图 8-25 AD574A 的结构框图

表 8-8 AD574A 部分引脚说明

引脚序号	符号	名称	说明
1	V_{CC}	电源	数字芯片正电源电压输入端。电源电压为+5V
11	-12V/-15V	电源	为 DAC 提供负电源电压。电源电压为-12V 或-15V
7	+12V/+15V	电源	为 DAC 提供正电源电压，并为参考电压源提供正电源电压
8	REF OUT	参考输出	内部+10V 参考电压源电压输出端
10	REF IN	参考输入	参考电压输入端。外接参考电压输入或通过电阻连 8 脚，使用 8 脚提供电压
12	BIP OFF	双极性偏置	通过选择该端连接方式，设置允许输入电压极性为双极性或单极性
13	10V/IN	10V 量程输入	0～10V 模拟电压输入端
16～27	D_{B0}～D_{B11}	数据输出	12 位数据输出。D_{B0} 为低位（LSB），D_{B11} 为高位（MSB）
3	$\overline{C}_S$	片选	低电平有效
6	C_E	片使能	片使能信号，高电平有效。正常使用时，只有 $C_E=1$ 且 $\overline{C}_S=0$，芯片才能工作

续表

引脚序号	符号	名称	说明
5	R/$\overline{C}$	读/转换控制	R/$\overline{C}$=0 时，启动转换；R/$\overline{C}$=1 时，读出数据
28	STS	标志输出	STS 为 1 时，表示 A/D 转换正在进行；STS 为 0 时，表示 A/D 转换完成，可以读出数据
4	A_0	数据输出长度控制	在转换之前，若 A_0=0，则按完整的 12 位 A/D 转换工作；若 A_0=1，则按 8 位 A/D 转换工作；在读操作（R/$\overline{C}$=1）期间，如果 A_0=0，则允许三态缓冲器输出转换结果的高 8 位；如果 A_0=1，则允许三态缓冲器输出转换结果的低 4 位；A_0 控制一般要和 12/$\overline{8}$ 端控制信号结合使用
2	12/$\overline{8}$	数据输出格式控制	(12/$\overline{8}$)=1 时，对应 12 位并行输出；(12/$\overline{8}$)=0 时，与 A_0 配合，使数据分为 8 位双字节 2 次输出：A_0=0 时，输出高 8 位；A_0=1 时，输出低 4 位，并用 4 个 0 补足尾随的 4 位；必须注意，12/$\overline{8}$ 端只能用硬布线接到+5V 或 0V 上

AD574A 可为单极性模拟输入或双极性模拟输入，其连接图如图 8-26 所示。操作方式如表 8-9 所示。

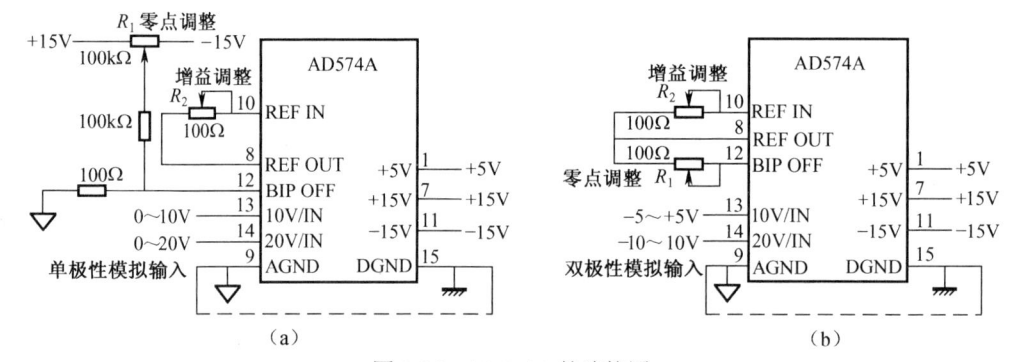

图 8-26 AD574A 的连接图

表 8-9 AD574A 的操作方式

C_E	$\overline{C_S}$	R/$\overline{C}$	12/$\overline{8}$	A_0	工作状态
0	×	×	×	×	禁止
×	1	×	×	×	禁止
1	0	0	×	0	启动 12 位 A/D 转换
1	0	0	×	1	启动 8 位 A/D 转换
1	0	1	接 1 脚（+5V）	×	12 位并行输出有效
1	0	1	接 15 脚（0V）	0	高 8 位并行输出有效
1	0	1	接 15 脚（0V）	1	低 4 位加上尾随 4 个 0 输出有效

AD574A 以独立方式工作时，将 C_E、12/$\overline{8}$ 端接至+5V，$\overline{C_S}$ 和 A_0 接至 0V，R/$\overline{C}$ 作为数据读出和转换启动控制。当 R/$\overline{C}$=1 时，数据输出端出现被转换后的数据；当 R/$\overline{C}$=0 时，启动一次 A/D 转换，在延时 0.5μs 后，STS 为 1 表示转换正在进行，经过一个转换周期 T_c（典

型值 25μs）后，STS 跳变回 0，表示 A/D 转换完毕，可以从数据输出端读取新的数据。典型时序图如图 8-27 所示。

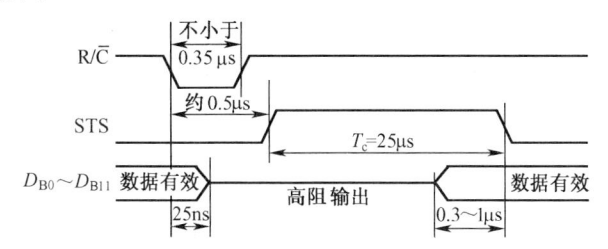

图 8-27 AD574A 由 R/$\overline{C}$ 控制的 A/D 转换时序图

（2）$3\frac{1}{2}$ 位双积分型 ADC——CC14433。

CC14433 是采用 CMOS 工艺制成的双积分型 ADC，广泛用于数字电压表、数字温度计及各种低速数据采集系统。仅需外接 2 只电阻和 2 只电容就可组成具有自动调零和自动转换极性功能的 A/D 转换系统。用作数字电压表时有 2 个基本量程：满刻度 1.999V 和 199.9mV。CC14433 是 24 脚双列直插封装，其组成框图如图 8-28 所示，引脚说明如表 8-10 所示。

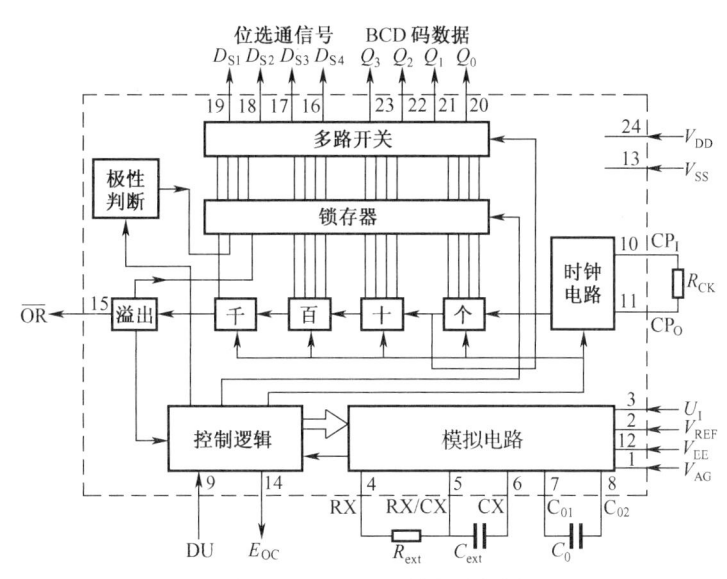

图 8-28 CC14433 的组成框图

表 8-10 CC14433 引脚说明

引脚序号	符号	名称	说明
24	V_{DD}	电源	正电源端。工作电压范围为 ±4.5～±8V 或 9～16V
13	V_{SS}	数字地	
12	V_{EE}	电源	模拟电路负电源端。一般取 –5V
1	V_{AG}	模拟地	

续表

引脚序号	符号	名称	说明
2	V_{REF}	参考电压输入	外接参考电压输入：若量程为 1.999V，则参考电压为 2V；若量程为 199.9mV，则参考电压为 200mV； 若此端加一个大于 5 个时钟周期的负脉冲（V_{EE} 电平），则系统复位到转换周期起点
3	U_I	量程输入	被测模拟电压 u_i 输入端。量程为 1.999V 时，最大输入电压为 1.999V；量程为 199.9mV 时，最大输入电压为 199.9mV
20~23	$Q_0 \sim Q_3$	数据输出	A/D 转换结果输出端，输出 BCD 码，Q_0 为低位，Q_3 为高位
15	$\overline{OR}$	过量程标志	过量程标志输出，低电平有效：$|u_i|>V_{REF}$ 时，$\overline{OR}$ 输出低电平；$|u_i|<V_{REF}$ 时，$\overline{OR}$ 输出高电平
14	E_{OC}	转换结束标志	转换周期结束标志输出，高电平有效； 每个 A/D 转换周期结束时，E_{OC} 输出一个正脉冲，脉宽为时钟周期的 1/2
19~16	$D_{S1} \sim D_{S4}$	位选通输出信号	千位、百位、十位、个位输出位选通信号，高电平有效； 4 种选通脉冲均为宽 18 个时钟周期的正脉冲，间隔时间为 2 个时钟周期
9	DU	实时输出控制	实时输出控制端，主要控制转换结果输出：在 DU 端输入正脉冲，转换结果送入输出锁存器并经多路开关输出；否则输出端继续输出锁存器中原转换结果。 使用中，若将该端与 14 脚（E_{OC} 输出）直接相连，则每个转换周期结果都将被输出
4	RX	外接积分电阻	外接积分电阻端。当 U_I 量程为 1.999V 时，外接电阻 R_{ext} 取 470kΩ；当 U_I 量程为 199.9mV 时，R_{ext} 取 27kΩ
6	CX	外接积分电容	外接积分电容 C_{ext} 端，C_{ext} 一般取 0.1μF
5	RX/CX	外接阻容公共连接	外接积分电阻 R_{ext} 和电容 C_{ext} 的公共连接端，且为积分波形输出端
7, 8	C_{01}, C_{02}	外接补偿电容	两端之间外接补偿电容 C_0，C_0 通常取 0.1μF
10, 11	CP_I, CP_O	时钟输入/输出	当在 CP_I 与 CP_O 之间外接电阻 R_{CK}=470kΩ 时，CC14433 可自行产生时钟。若从外部输入时钟，则从 CP_I 端输入

多路选通脉冲信号 $D_{S1} \sim D_{S4}$ 是由多路开关输出的，在每次 A/D 转换周期结束时，先输出一个 E_{OC} 信号，再依次输出 D_{S1}、D_{S2}、D_{S3}、D_{S4}、D_{S1}、D_{S2}、…，大约 16400 个时钟周期循环一次，如图 8-29 所示。在 D_{S1} 输出正脉冲期间，$Q_3Q_2Q_1Q_0$ 输出千位及过量程/欠量程和极性标志，编码表如表 8-11 所示。在 D_{S2}、D_{S3}、D_{S4} 输出正脉冲期间，$Q_3Q_2Q_1Q_0$ 输出 BCD 码，分别为 D_{S2} 对应输出百位数，D_{S3} 对应输出十位数，D_{S4} 对应输出个位数。

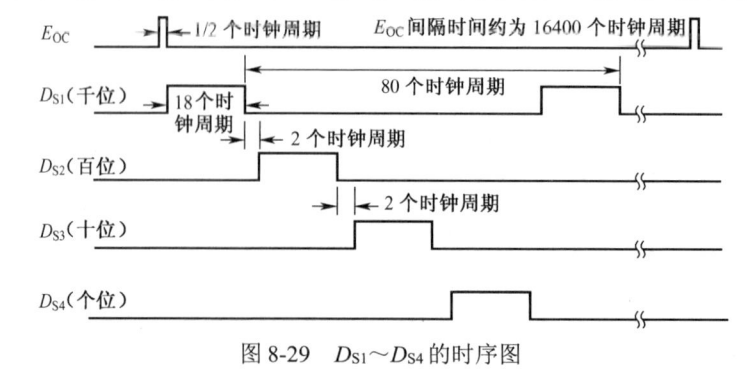

图 8-29 $D_{S1} \sim D_{S4}$ 的时序图

项目 8　数字电压表电路

表 8-11　$Q_3Q_2Q_1Q_0$ 输出功能编码表

$D_{S1}=1$				意义	说明
Q_3	Q_2	Q_1	Q_0		
0	×	×	×	千位数 1	用 Q_3 状态表示千位数取值
1	×	×	×	千位数 0	
×	1	×	×	正极性	用 Q_2 状态表示电压极性
×	0	×	×	负极性	
×	×	×	0	量程合适	用 Q_0 状态表示量程是否合适。在量程不合适时结合 Q_3 表示是过量程还是欠量程
0	×	×	1	过量程	
1	×	×	1	欠量程	

应用实例

图 8-30 所示为将 ADC 用于数字电压表的实例。这是一个 $3\frac{1}{2}$ 位数字电压表电路,$3\frac{1}{2}$ 是指低 3 位可以显示数字 0~9,最高位只显示 0 或 1。图中共用 4 片集成电路,其中,CC14433 用于 A/D 转换,CC4511 用于译码驱动,另外 2 片为双极型电路,5G1403 是参考电压源,向 CC14433 提供参考电压 V_{REF},5G1413 为七路达林顿晶体管驱动器,D_S 信号控制其中四路:当 $D_S=1$ 时,对应一路晶体管导通,相应数码管阴极通过晶体管接地,该路数码管能够发光。

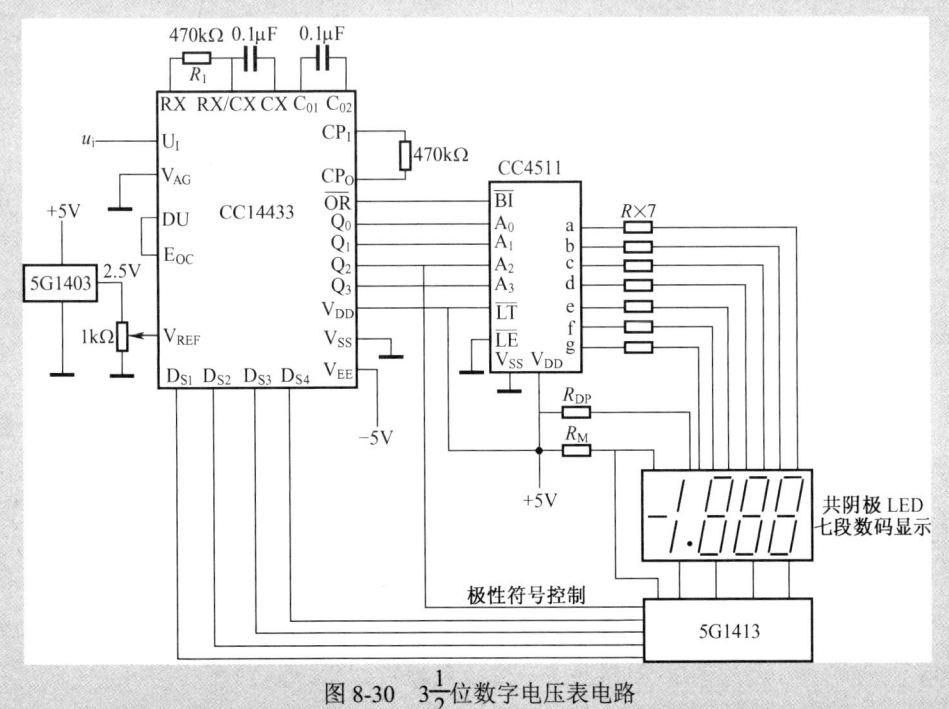

图 8-30　$3\frac{1}{2}$ 位数字电压表电路

显示电压极性符号"-"的 LED 阴极与最高位数码管的阴极连在一起,"-"是否点亮由 CC14433 在 $D_{S1}=1$ 期间的 Q_2 决定。Q_2 控制 5G1413 其中一路晶体管,当输入正电压时,

> $Q_2=1$，使 5G1413 该路晶体管导通，将 R_M 通过导通的晶体管接地，"-" 熄灭；当输入负电压时，$Q_2=0$，Q_2 所控制的晶体管截止，V_{DD}（+5V）通过 R_M 将 "-" 点亮。小数点由 V_{DD} 通过电阻 R_{DP} 点亮。R_M、R_{DP} 及 CC4511 输出端 7 只限流电阻，要根据 LED 七段发光器件电流要求选取电阻值，当用 5V 电源供电时，电阻值为数百欧姆。
>
> 若 u_i 大于 1.999V，则由 $\overline{OR}$ 输出信号控制 CC4511 的 $\overline{BI}$ 端，使显示数字熄灭，而小数点和 "-" 仍然能够点亮。
>
> 若要求将满量程改为 199.9mV，只要把 V_{REF} 调到 200mV，R_1 的值由 470kΩ 变为 27kΩ，并把小数点位置移动就可以实现。

思考与练习

1. ADC 功能是什么？

2. 在图 8-19 中，若 $V_{REF}=8V$，输入电压 $u_A=2.82V$，求输出数字量。

3. 画出输出为 2 位二进制数码的并行 ADC 原理图，并推导编码器的逻辑函数表达式。

4. 在图 8-21 中，若 $E_{oA}=6V$，输入电压 $u_A=2.82V$，ADC 输出 5 位，求输出数字量。

5. 在图 8-21 中，ADC 输出数字量位数为 k，则完成一次 A/D 转换需要多少 CP？转换时间是多少？设 CP 周期为 T_{CP}。

6. 在图 8-22 中，若 $V_{REF}=6V$，计数器模 16，输入电压 $u_i=2.82V$，求输出数字量。

7. 双积分型 ADC 为什么要求 $|u_i| \leqslant |V_{REF}|$，且要求 u_i 与 V_{REF} 极性相反？

8. 已知 AD574A 转换输出为 12 位二进制码。求输入量程分别为 0~10V、0~20V 时的分辨率及最大总量化误差。

9. 根据所介绍的 CC14433，试设计一个温度计。与图 8-30 的电路比较，还需要增加什么电路？

10. 如何改造图 8-30 的电路，使测量电压从单量程±1.999V 扩展到多量程±1.999~±1999V？

11. ADC 中一定要有取样-保持电路吗？如果可以不加取样-保持电路，那么必须满足什么条件？

小结

1. ADC 与 DAC 是模拟系统与数字系统间的接口电路。评价 ADC 与 DAC 的最重要指标是转换精度和速率。

2. DAC 利用权电流求和及电流-电压放大器使输出电压与输入数字量成正比。

3. 将模拟量转换为数字量的数学基础是取样定理，只要取样频率大于模拟信号最高频率分量的 2 倍，即 $f_s>2f_{max}$，便可不失真地重现原输入信号。

ADC 包括取样-保持电路和量化-编码电路两部分。取样-保持电路有许多成型产品，可供直接选用。本书介绍了 3 种量化-编码电路。其中速度最快的是并行比较型 ADC。逐次逼近型 ADC 速度略低一些，在需要质量好而速度较快的转换器件时是最常用的。双积分型 ADC 转换速率最慢，但有抑制 50Hz 市电干扰的优点，在数字式直流电压表中得到了广泛应用。

实验与技能训练

实验 15. DAC

1．实验目的
进一步理解 D/A 转换原理，熟悉 DAC 的使用方法。

2．实验用设备、器件
数字电路通用实验仪、双电压直流电源、数字电压表，AD7524、CF353。

3．实验内容
CF353 为双运算放大器，内部有失调电压调节，输入电流小，输入电阻大。极限参数为电源电压±18V；差模输入电压±30V；共模输入电压±15V。引脚排列如图 8-31 所示。

实验参考电路如图 8-7 所示。

（1）将实验仪逻辑开关 $S_0 \sim S_7$ 接至 AD7524 数据输入 $d_0 \sim d_7$，开关 S_8、S_9 分别接至 AD7524 片选 $\overline{C}$ 与写控制 $\overline{W}$。

（2）检查电路连接无误后，接通电源。按表 8-12 输入数字量 $d_7 \sim d_0$，用数字电压表测量输出电压 u_o，并与理论计算值比较。

图 8-31 CF353 引脚排列

表 8-12 实验 15 输入/输出表

使能输入		数据输入								单极性输出 u_o/V		双极性输出 u_o/V	
$\overline{C}$	$\overline{W}$	d_7	d_6	d_5	d_4	d_3	d_2	d_1	d_0	测量值	计算值	测量值	计算值
0	0	0	0	0	0	0	0	0	0				
		0	0	0	0	0	0	0	1				
		0	0	0	0	0	0	1	0				
		0	0	0	0	0	0	1	1				
		0	0	0	0	1	0	0	0				
		...											
		1	1	1	1	1	1	1	0				
		1	1	1	1	1	1	1	1				
×	1	0	0	0	0	0	0	0	0				
		0	0	0	0	0	0	0	1				
		0	0	0	0	0	0	1	0				
		...											
		1	1	1	1	1	1	1	0				
		1	1	1	1	1	1	1	1				

续表

使能输入		数据输入								单极性输出 u_o/ V		双极性输出 u_o/ V	
$\overline{C}$	$\overline{W}$	d_7	d_6	d_5	d_4	d_3	d_2	d_1	d_0	测量值	计算值	测量值	计算值
1	×	0	0	0	0	0	0	0	0				
		0	0	0	0	0	0	0	1				
		0	0	0	0	0	0	1	0				
		...											
		1	1	1	1	1	1	1	0				
		1	1	1	1	1	1	1	1				

目标检测 8

一、填空题

1. 8 位 DAC 的基准电压 V_{REF} =-12V，输入为 00000001 时的 u_o=_____V。
2. DAC 的最小分辨电压为 5mV，最大满刻度输出电压为 10V，则输入数字量的位数是_____。
3. 取样定理是指_____。
4. 在所介绍的 3 种类型 ADC 中，速度最快的是_____型。
5. 在需要抑制 50Hz 市电干扰，并且转换速度要求不高的情况下，可以选用_____型 ADC。

二、多项选择题

1. A/D 转换电路的转换过程包含____过程。
   A．保持　　　　　　　　　　B．取样
   C．量化与编码　　　　　　　D．量化与解码
2. DAC 的主要参数有____。
   A．分辨率　　　　　　　　　B．转换精度
   C．失调误差　　　　　　　　D．满值误差
3. ADC 的主要参数有____。
   A．量化误差　　　　　　　　B．分辨率
   C．转换时间　　　　　　　　D．转换速率
4. ADC 的量化方法有____。
   A．有舍有入　　　　　　　　B．只舍不入
   C．只入不舍　　　　　　　　D．四舍五入
5. 具有两级输入数据缓冲锁存器的 DAC 的输入模式可以是____。
   A．直通式　　　　　　　　　B．单缓冲式
   C．双缓冲式　　　　　　　　D．以上都不对
6. DAC 的调零端不用来消除____。
   A．满值误差　　B．失调误差　　C．增益误差　　D．建立时间

7. 电流输出型 DAC 要获得模拟电压输出需要外接____。
   A．运算放大器 B．三极管放大器
   C．比较器 D．积分器
8. 为了防止数字信号对模拟信号的干扰，在 ADC 或 DAC 中通常分设____。
   A．2 个正电源端 B．2 个负电源端
   C．2 个工作电源 D．模拟信号地和数字信号地
9. 以下说法正确的是____。
   A．当量化编码电路的工作速度远快于输入信号的频率时，可以不加取样-保持电路
   B．转换时间在 20～300μs 的为中速型 ADC，大于 300μs 的为低速型 ADC，小于 20μs 的为高速型 ADC
   C．ADC 输出二进制数位越多，分辨率越高，量化误差越小
   D．ADC 输出 BCD 码的位数越多，分辨率越高

扫一扫看答案

专题讨论 8

专题 8：数字电压表电路的设计实现

1．专题实现

本专题完成 $4\frac{1}{2}$ 位数字电压表电路的设计与制作。数字电压表参数如下：测量范围为 1mV～2V；量程为 200mV、2V 两挡；显示范围为十进制数 0~19999；测量分辨率为 1mV（2V 挡）；测量误差≤±0.5%±5 字；采样速率≥2.5 次/s；输入电阻≥1MΩ；LED 数码管显示。

2．工程设计

（1）设计电路实现方案。可参考图 8-30 电路设计数字电压表的组成框图。
（2）单元电路设计。根据数字电压表组成框图及各单元功能，设计单元电路，确定电路参数及器件。
（3）列出元器件明细表。
（4）画原理图。根据单元电路设计，画出数字电压表电路的总原理图。

3．制作与调试

（1）搭建实验电路，对数字电压表电路功能进行验证、调试，并修改、完善设计方案。
（2）如果具备条件，可进行印制电路板的设计和制作，完成元器件安装及电路测试。
（3）撰写用户手册。
（4）成果交付。

4．方案展示

参照项目 3 专题 3 学习实践活动，各设计团队进行数字电压表电路方案的展示和讲解，推选优秀方案。

5. 拓展讨论

（1）扩展数字电压表测量量程，最高量程为 1000V。

（2）数字电压表可测量正/负电压，测量值能对应正/负电压显示正/负值。

（3）改造数字电压表为数字电压/电流表，即数字电表不仅能测量电压，还能测量电流。

6. 探究与应用

（1）交流数字电压表电路。综合利用模拟电子线路和脉冲电路的理论知识，结合直流数字电压表电路组成，设计交流数字电压表电路。

（2）数字电压表的应用。结合日常所见所闻，开拓思路，改造数字电压表，创设更多新的应用场景。

扫一扫看视频：大国工匠夏立

附录 A

图形符号说明

国家标准 GB/T4728.12—2022《电气简图用图形符号 第 12 部分：二进制逻辑元件》是 2022 年颁布的，以下对该标准的图形符号进行简单说明。

1．图形符号结构

符号由方框或方框的组合和一个或多个限定符号一起组成，如附图 1 所示。图中，"*"表示与输入和输出有关的限定符号；"**"表示总限定符号的位置。

2．方框

共有 3 种方框：元件框、公共控制框和公共输出元件框，如附图 2 所示。

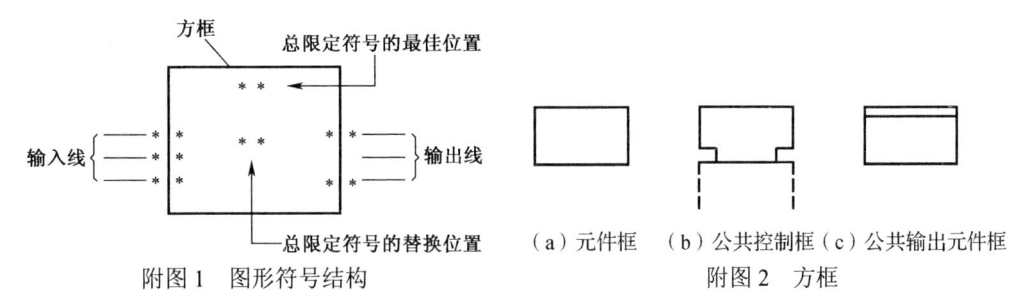

附图 1　图形符号结构

附图 2　方框

（1）元件框是基本方框，用于表示单个元件、阵列元件或复杂功能元件的组成部分。

（2）公共控制框用于表示元件阵列的公共部分，在其上标注元件阵列的公共输入、公共输出等。

（3）公共输出元件框用于表示公共输出元件、公共输出元件阵列等。

3．总限定符号

常用总限定符号如附表 1 所示。

附表 1　常用总限定符号

符号	说明	符号	说明
&	与	⊢⊣	二进制延迟
≥1	或	I=0	初始 0 状态
=1	异或	I=1	初始 1 状态
>m	逻辑门槛（输入呈现 1 状态的数目等于或大于 m 表示的数值时，输出才为 1）	⊓	单稳，可重复触发
		1⊓	单稳，不可重触发

续表

符号	说明	符号	说明
1	缓冲		
=	逻辑恒等		
>n/2	多数（只有多数输入为 1 状态时，输出才为1）	G	非稳态
2k	偶数（偶数校验）	!G	非稳态，同步启动
2k+1	奇数（奇数校验）		
▷	缓冲	G!	非稳态，完成最后一个脉冲后停止输出
&▷	与（具有缓冲、驱动能力）		
⊓	具有滞后特性		
X/Y	转换（译码、编码）	!G!	同步启动，非稳态，完成最后一个脉冲后停止输出
HPRI	优先编码器		
7SEG	七段码		
MUX	多路选择	SRGm	m 位移位寄存
DX	多路分配	CTRm	循环长度为 2^m 的计数
Σ	加法运算	CTRDIVm	循环长度为 m 的计数
P-Q	减法运算	ROMm×n	m×n 位只读存储器
Π	乘法运算	PROMm×n	m×n 位可编程只读存储器
COMP	数值比较	RAMm×n	m×n 位随机存储器
ALU	算术逻辑		

4．输入、输出限定符号和其他连接符号

附表 2 所示为输入、输出限定符号；附表 3 所示为内部连接符号。

附表 2 输入、输出限定符号

符号	说明	符号	说明
	逻辑非，输入端	EN	使能输入
	逻辑非，输出端	D	D 输入
	极性指示符，输入端	2D	仅受一种关联作用控制的 D 输入
	极性指示符，输出端	1,3D	受两种关联作用控制的 D 输入
	信息流方向	Cm	关联控制作用
	动态输入	C1/→	既作控制关联影响信号，又作右移触发信号
	逻辑非动态输入	2←	移位输入，从左到右或从顶到底 这里的 2 表示受相应关联作用控制

续表

符号	说明	符号	说明
	带极性指示符的动态输入	3→	移位输入，从右到左或从底到顶 这里的3表示受相应关联作用控制
	延迟输出	1+	加法计数 这里的1表示受相应关联作用控制
	双向门槛输入	3−	减法计数 这里的3表示受相应关联作用控制
	开路输出（H 型）（例如，PNP 开集电极、NPN 开发射极、P 沟道开漏极、N 沟道开源极）		在输入边的线组合（表示实现一个逻辑，输入需要 2 或 2 根以上引线，逻辑电平不同于其他输入端的逻辑）
	开路输出（L 型）（例如，PNP 开发射极、NPN 开集电极、P 沟道开源极、N 沟道开漏极）		在输出边的线组合
	无源下拉输出	>	数值比较器的"大于"输入
	无源上拉输出	=	数值比较器的"等于"输入
	三态输出	<	数值比较器的"小于"输入
E⊣ ⊢E	扩展输出与输入	*>*	数值比较器的"大于"输出
⊣Pm	操作数输入	*=*	数值比较器的"等于"输出
		<	数值比较器的"小于"输出

附表 3　内部连接符号

符号	说明	符号	说明
	内部连接		有逻辑非和动态特性的内部连接
	具有逻辑非的内部连接		内部输入（左边）
	动态特性内部连接		内部输出（右边）

5. 关联标记

关联标记是用字母和数字表示输入之间、输出之间、输入和输出之间的内部逻辑状态关系的一种方法。附表 4 列出了几种关联标记。

附表4 关联标记

关联类型字母	关联标记名称	关联类型字母	关联标记名称
G	与关联	R	复位关联
V	或关联	EN	使能关联
N	非关联	M	方式关联
Z	互连关联	A	地址关联
C	控制关联	X	传输关联
S	置位关联		

参考文献

[1] 阎石，王红．数字电子技术基础[M]．6 版．北京：高等教育出版社，2016．
[2] 杨振江．A/D、D/A 转换器接口技术与实用线路[M]．西安：西安电子科技大学出版社，1996．
[3] 王毓银．数字电路逻辑设计[M]．3 版．北京：高等教育出版社，2018．
[4] 电子工程手册编委会、集成电路手册编委会．标准集成电路数据手册．北京：电子工业出版社．